高等数学习题与解析

（上册）

◎ 任雪昆　洪成杓　张　夏　编著

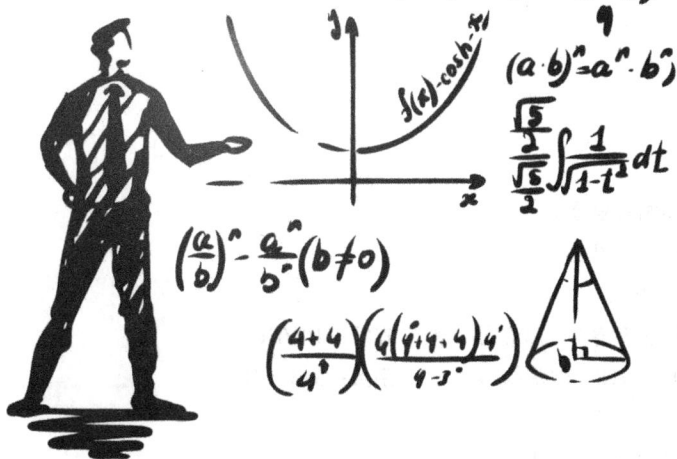

电子工业出版社

Publishing House of Electronics Industry

北京·BEIJING

内 容 简 介

本书以全国硕士研究生招生考试数学考试大纲为依据，精讲了高等数学中的重要知识点，同时配备了相应的例题和习题．本书共 11 章，分上、下两册，每章都由知识点提要、例题与方法、习题三部分组成．其中，知识点提要部分精讲了每章的重要知识点；例题与方法、习题部分包含历年考研真题和相似类型的练习题，便于学生练习和巩固．本书上册共 7 章，内容包括函数、极限与连续、导数与微分、中值定理及导数应用、不定积分、定积分及反常积分、微分方程；下册共 4 章，内容包括空间解析几何、多元函数微分学、多元函数积分学、无穷级数．

本书适合想要提高高等数学学习能力和解题能力的大一、大二本科生，也适合参加全国硕士研究生招生考试的考生．

图书在版编目 (CIP) 数据

高等数学习题与解析．上册 / 任雪昆，洪成构，张夏编著．— 北京：电子工业出版社，2022.2
ISBN 978-7-121-42643-8

Ⅰ．①高…　Ⅱ．①任…　②洪…　③张…　Ⅲ．①高等数学－高等学校－题解　Ⅳ．①O13-44

中国版本图书馆 CIP 数据核字 (2022) 第 015174 号

责任编辑：张　鑫
印　　刷：河北虎彩印刷有限公司
装　　订：河北虎彩印刷有限公司
出版发行：电子工业出版社
　　　　　北京市海淀区万寿路 173 信箱　　邮编：100036
开　　本：787×1 092　1/16　印张：14.5　　字数：353 千字
版　　次：2022 年 2 月第 1 版
印　　次：2025 年 9 月第 6 次印刷
定　　价：52.00 元

凡所购买电子工业出版社图书有缺损问题，请向购买书店调换．若书店售缺，请与本社发行部联系，联系及邮购电话：(010)88254888，88258888．

质量投诉请发邮件至 zlts@phei.com.cn，盗版侵权举报请发邮件至 dbqq@phei.com.cn．

本书咨询联系方式：zhangxinbook@126.com．

高等数学是本科高校所有理工科大一新生入学后都要学习的一门公共基础课, 其涉及的内容非常多, 难度大, 一直以来都令大一学生感到"头疼". 同时, 数学也是全国硕士研究生招生考试中十分重要的一门课程, 所以高等数学是学生在大学数学学习中的重中之重.

本书是针对非数学专业本科生学习高等数学的辅导资料, 旨在帮助学生能更好地理解和掌握高等数学的定义、定理、公式、解题方法. 本书共 11 章, 分上、下两册, 每章都由知识点提要、例题与方法、习题三部分构成. 其中, 知识点提要部分精讲了高等数学中的重要知识点, 帮助学生理解基本概念, 掌握基本理论, 熟悉基本公式; 例题与方法部分详细讲解了解题的方法和技巧, 帮助学生梳理解题思路, 澄清困惑; 习题部分由历年考研真题和相似类型的练习题构成, 使学生感受考研真题的难易, 体会考研数学的命题特点, 从而提高学生学习高等数学的能力和参加全国硕士研究生招生考试的应试能力.

本书作者都是常年从事高等数学教学工作的一线教师, 对高等数学中知识点的重点、难点的把握及易错点的分析有着丰富的经验, 在选择例题和习题时特别注重题目的针对性. 本书特色如下:

● 按照高等数学的教学进度安排章节内容, 而且内容全面、精炼, 知识点总结细致, 典型例题讲解透彻, 易错点分析清晰. 本书是对主教材的一个很好补充, 适合大一、大二学生初学和考研学生进行系统复习时使用.

● 习题难度由浅入深、循序渐进, 包含历年考研真题和一些遵循研究生考试大纲思路的扩展题目, 使学生在提前感受考研试题的同时, 还能进行考前强化训练, 以开阔眼界.

● 书后配有习题解析, 学生查阅十分方便.

本书上册共 7 章, 内容包括函数、极限与连续、导数与微分、中值定理及导数应用、不定积分、定积分及反常积分、微分方程; 下册共 4 章, 内容包括空间解析几何、多元函数微分学、多元函数积分学、无穷级数.

本书由尹逊波主编, 上册由任雪昆、洪成杓、张夏编写, 下册由雷强、李晓华编写.

由于作者水平有限, 加之编写时间仓促, 书中难免存在错误和疏漏之处, 欢迎读者批评指正.

作 者
2021 年 10 月

CONTENTS

目 录

第1章

函　　数

函数的概念（包括定义域、函数关系及符号运算）、函数的特性及函数的类型（包括反函数、复合函数、隐函数、参数式函数、分段函数、基本初等函数和初等函数等）是初等数学过渡到高等数学的桥梁，也是高等数学的基础之一. 这部分知识在历年全国硕士研究生招生考试的试题中从表面上看所占的比例不大（主要是选择题和填空题），但有关它的内容几乎渗透在每一道试题中，因此不能忽视.

1.1　知识点提要

1.1.1　函数的概念

设有非空数集 A 和数集 B，如果数集 A 中的每一个数 x，按照对应关系 f，都对应数集 B 中唯一的一个数 y，则称对应关系 f 是定义在数集 A 上的函数，记为：$y = f(x)$. 数 x 对应的数 y 称为 x 的函数值，x 称为自变量，y 称为因变量，数集 A 称为函数 f 的定义域，函数值的集合称为函数的值域. $f(x)$ 为函数关系符号.

1.1.2　具有特殊性质的函数

1. 有界函数

设函数 $y = f(x)$ 在数集 A 上有定义，若存在常数 $M > 0$，对任意 $x \in A$，有
$$|f(x)| \leqslant M$$
则称函数 $y = f(x)$ 在数集 A 上有界，也说 $y = f(x)$ 为数集 A 上的有界函数.

2. 单调函数

设函数 $y = f(x)$ 在数集 A 上有定义，若对数集 A 上任意 x_1 和 x_2，且 $x_1 < x_2$，有
$$f(x_1) \leqslant f(x_2) \text{（或 } f(x_1) \geqslant f(x_2) \text{）}$$
则称函数 $y = f(x)$ 在数集 A 上单调递增（或单调递减）.

3. 奇函数和偶函数

设函数 $y = f(x)$ 在数集 A 上有定义，若对任意 $x \in A$，且 $-x \in A$，有
$$-f(x) = f(-x) \text{（或 } f(x) = f(-x) \text{）}$$
则称函数 $y = f(x)$ 在数集 A 上为奇函数（或偶函数）.

4．周期函数

设函数 $y = f(x)$ 在数集 A 上有定义，若存在非零常数 T，对任意 $x \in A$，且 $x + T \in A$，有

$$f(x+T) = f(x)$$

则称函数 $y = f(x)$ 为周期函数，T 称为函数的一个周期．

若函数有最小正周期，则称这个最小正周期为函数的周期．

1.2 例题与方法

1.2.1 函数定义域的确定及函数关系符号的使用

例 1-1 设 $f(\varphi(x)) = 1 - x$，且 $\varphi(x) \geqslant 0$，（1）已知 $f(x) = \mathrm{e}^{x^2}$，求 $\varphi(x)$ 及其定义域；（2）已知 $\varphi(x) = \arctan x$，求 $f(x)$ 及其定义域．

解：（1）由 $f(x) = \mathrm{e}^{x^2}$ 及 $f(\varphi(x)) = 1 - x$ 知 $f(\varphi(x)) = \mathrm{e}^{\varphi^2(x)} = 1 - x$，由此解得

$$\varphi(x) = \sqrt{\ln(1-x)}，\quad x \leqslant 0$$

（2）令 $u = \arctan x \geqslant 0$，则 $x = \tan u \left(0 \leqslant u \leqslant \dfrac{\pi}{2}\right)$，于是

$$f(u) = 1 - x = 1 - \tan u，\quad f(x) = 1 - \tan x，\quad 0 \leqslant x \leqslant \dfrac{\pi}{2}$$

例 1-2 设 $f(x) = \dfrac{1}{1+x}$，求 $f(f(x))$ 的表达式及其定义域．

解：

$$f(f(x)) = \dfrac{1}{1 + f(x)} = \dfrac{1}{1 + \dfrac{1}{1+x}}$$

由 $f(x) = \dfrac{1}{1+x} \Rightarrow x \neq 1$，再由 $f(f(x)) = \dfrac{1+x}{x+2} \Rightarrow x \neq -2$，所以 $f(f(x))$ 定义域为 $(-\infty, -2) \bigcup (-2, -1) \bigcup (-1, +\infty)$．

例 1-3 已知 $f(x) = \begin{cases} x^2, & |x| \leqslant 1 \\ 1-x, & |x| > 1 \end{cases}$，$g(x) = \begin{cases} x, & x \geqslant 0 \\ \mathrm{e}^x, & x < 0 \end{cases}$，求 $f(g(x))$ 及 $g(f(x))$ 的表达式．

解：

$$f(g(x)) = \begin{cases} g(x)^2, & |g(x)| \leqslant 1 \\ 1 - g(x), & |g(x)| > 1 \end{cases} = \begin{cases} x^2, & |x| \leqslant 1 \text{且} x \geqslant 0 \\ (\mathrm{e}^x)^2, & |\mathrm{e}^x| \leqslant 1 \text{且} x < 0 \\ 1 - x, & |x| > 1 \text{且} x \geqslant 0 \\ 1 - \mathrm{e}^x, & |\mathrm{e}^x| > 1 \text{且} x < 0 \end{cases} = \begin{cases} x^2, & 0 \leqslant x \leqslant 1 \\ \mathrm{e}^{2x}, & x < 0 \\ 1 - x, & x > 1 \end{cases}$$

$$g(f(x)) = \begin{cases} f(x), & f(x) \geqslant 0 \\ \mathrm{e}^{f(x)}, & f(x) < 0 \end{cases} = \begin{cases} x^2, & x^2 \geqslant 0 \text{且} |x| \leqslant 1 \\ 1 - x, & 1 - x \geqslant 0 \text{且} |x| > 1 \\ \mathrm{e}^{x^2}, & x^2 < 0 \text{且} |x| \leqslant 1 \\ \mathrm{e}^{1-x}, & 1 - x < 0 \text{且} |x| > 1 \end{cases} = \begin{cases} x^2, & |x| \leqslant 1 \\ 1 - x, & x < -1 \\ \mathrm{e}^{1-x}, & x > 1 \end{cases}$$

例 1-4 设函数 $f(x)$ 定义在 $(-\infty, +\infty)$ 上，且对任意的 x，满足 $2f(x)+f(1-x)=x^2-x$，求 $f(x)$．

解： 将 $2f(1-x)+f(x)=x^2-x$ 中的 x 换成 $1-x$ 得

$$2f(x)+f(1-x)=x^2-x$$

上两式联立消去 $f(1-x)$ 得 $f(x)=\dfrac{1}{3}x(x-1)$．

例 1-5 设 $f(x)\in C_{[0,1]}$，且 $f(x)=x^2+2\sqrt{x}\displaystyle\int_0^1 f(x)\mathrm{d}x$，求 $f(x)$．

解： 设 $\displaystyle\int_0^1 f(x)\mathrm{d}x=c$，则 $f(x)=x^2+2c\sqrt{x}$，

$$c=\int_0^1 (x^2+2c\sqrt{x})\mathrm{d}x \Rightarrow c=\frac{1}{3}+\frac{4}{3}c$$

即 $c=-1$，所以 $f(x)=x^2-2\sqrt{x}$．

1.2.2　函数性质的鉴别

例 1-6 证明定义在以原点为对称的数集上的函数都能唯一地表示成一个奇函数和一个偶函数之和的形式．

证明： 设 $g(x)$ 为偶函数，$H(x)$ 为奇函数，且

$$f(x)=g(x)+H(x) \tag{1.1}$$

则

$$f(-x)=g(x)-H(x) \tag{1.2}$$

由式（1.1）和式（1.2）得

$$g(x)=\frac{1}{2}(f(x)+f(-x))$$

$$H(x)=\frac{1}{2}(f(x)-f(x))$$

再证唯一性，假设 $f(x)=g_0(x)+H_0(x)$ 且 $g_0(x)$ 为偶函数，$H_0(x)$ 为奇函数，从而有

$$g(x)+H(x)=g_0(x)+H_0(x) \tag{1.3}$$

$$g(x)-H(x)=g_0(x)-H_0(x) \tag{1.4}$$

由式（1.3）和式（1.4）得 $g(x)=g_0(x),H(x)=H_0(x)$，这就证明了唯一性．

例 1-7 设 $f_1(x),f_2(x),g_1(x),g_2(x)$ 是定义在同一个以原点对称的数集上的函数，且 $f_1(x),f_2(x)$ 为奇函数，$g_1(x),g_2(x)$ 为偶函数，指出下列函数中哪些是奇函数，哪些是偶函数．

$$f_1(x)+f_2(x),\ g_1(x)+g_2(x),\ f_1(x)f_2(x),\ g_1(x)g_2(x)$$

$$f_1(x)g_1(x),\ f_1(f_1(x)),\ g_1(g_2(x)),\ f_1(g_1(x)),\ g_1(f_1(x))$$

$$f_1'(x),\ g_1'(x)\ （这里 f_1(x),g_1(x) 可导）$$

解： $f_1(x)+f_2(x)$ 是奇函数．

$g_1(x) + g_2(x)$ 是偶函数.

$f_1(x)f_2(x)$ 是偶函数.

$g_1(x)g_2(x)$ 是偶函数.

$f_1(x)g_1(x)$ 是奇函数.

$f_1(f_2(x))$ 是奇函数.

$g_1(g_2(x))$ 是偶函数.

$f_1(g_1(x))$ 是偶函数.

$g_1(f_1(x))$ 是偶函数.

$f_1'(x)$ 是偶函数.

$g_1'(x)$ 是奇函数.

例 1-8 证明函数 $f(x)$ 是周期函数 $\Leftrightarrow$ 存在两个不等的实数 a, b 使 $f(a+x) = f(b+x)$ 成立.

证明： $\Rightarrow$ 设 $f(x)$ 是以 T 为周期的函数，取 $a = T$，$b = 0$，则 $a \neq b$，有

$$f(a+x) = f(b+x)$$

成立.

$\Leftarrow$ 由 $f(a+x) = f(b+x)$ 可得

$$f[(a-b)+x] = f[a+(x-b)] = f[b+(x-b)] = f(x)$$

即 $T = a - b$ 为 $f(x)$ 的一个周期.

例 1-9 设 $f(x)$ 是以 T_1 为周期的函数，$g(x)$ 是以 T_2 为周期的函数，指出下列函数中哪些是周期函数，并指出其周期.

$$f(x) + g(x),\ f(x)g(x),\ [f(x)]^{g(x)},\ f(f(x))$$

解： $f(x) + g(x)$，$f(x)g(x)$，$[f(x)]^{g(x)}$ 都是周期函数，其周期为 T_1 与 T_2 的公倍数. $f(f(x))$ 是周期函数，其周期与 $f(x)$ 的周期相同.

例 1-10 设 $f(x)$ 是周期为 2 的连续函数，证明 $F(x) = \int_0^x \left[2f(t) - \int_t^{t+2} f(s)\mathrm{d}s \right] \mathrm{d}t$ 是周期为 2 的周期函数.

证明： 因为对任何 t，有 $\int_t^{t+2} f(s)\mathrm{d}s = \int_0^2 f(s)\mathrm{d}s$，记 $\int_0^2 f(s)\mathrm{d}s = a$，则

$$F(x) = 2\int_0^x f(t)\mathrm{d}t - ax$$

$$F(x+2) - F(x) = 2\int_0^{x+2} f(t)\mathrm{d}t - a(x+2) - 2\int_0^x f(t)\mathrm{d}t + ax = 2\int_0^2 f(t)\mathrm{d}t - 2a = 0$$

所以 $F(x)$ 是周期为 2 的周期函数.

1.3 习题

1. 选择题.

（1）已知 $f(x) = x$，$g(x) = \sqrt{x^2}$，则（　　　）.

　　（A）当 $-\infty < x < +\infty$ 时，$f(x) \equiv g(x)$

　　（B）当 $|x| < 1$ 时，$f(x) \equiv g(x)$

　　（C）当 $x \geqslant 0$ 时，$f(x) \equiv g(x)$

　　（D）当 $x < 0$ 时，$f(x) \equiv g(x)$

（2）函数 $f(x) = \ln \dfrac{1+x}{1-x}$ 的定义域是（　　　）.

　　（A）$(-\infty, -1) \bigcup (-1, +\infty)$ 　　　　　（B）$(-\infty, -1) \bigcup (1, +\infty)$

　　（C）$(-\infty, -1) \bigcup (-1,1) \bigcup (1, +\infty)$ 　　（D）$(-1,1)$

（3）函数 $y = \ln \arcsin x$ 的定义域是（　　　）.

　　（A）$(-\infty, 0) \bigcup (0, +\infty)$ 　　　　　（B）$[-1,1]$

　　（C）$(0,1]$ 　　　　　　　　　　　　　（D）$[0,1]$

（4）设函数 $f(x) = x^2$，$g(x) = 2^x$，则 $f(g(x)) = $（　　　）.

　　（A）2^{x^2} 　　　　　　　　　　　　　（B）x^{2x}

　　（C）x^{2^x} 　　　　　　　　　　　　　（D）2^{2x}

（5）设函数 $f(x)$ 的定义域为 $[1,5]$，则函数 $f(1+x^2)$ 的定义域为（　　　）.

　　（A）$[1,5]$ 　　　　　　　　　　　　　（B）$[0,2]$

　　（C）$[-2,2]$ 　　　　　　　　　　　　　（D）$[-2,0]$

（6）设 $f(x) = |x|$，$g(x) = x^2 - x$，则 $f(g(x)) = g(f(x))$ 成立的范围是（　　　）.

　　（A）$(-\infty, 1] \bigcup \{0\}$ 　　　　　　　（B）$(-\infty, 0)$

　　（C）$[0, +\infty)$ 　　　　　　　　　　　（D）$[1, +\infty) \bigcup \{0\}$

（7）设 $f(x) = \ln x$，$x > 0$，$y > 0$，则下列（　　　）成立.

　　（A）$f(x) + f(y) \equiv f(xy)$ 　　　　　（B）$f(x) f(y) \equiv f(xy)$

　　（C）$f(x+y) \equiv f(x) \cdot f(y)$ 　　　　　（D）$f(xy) \equiv f(x+y)$

（8）设 $f(x) = \begin{cases} x^2, & x \leqslant 0 \\ x^2 + x, & x > 0 \end{cases}$，则（　　　）.

　　（A）$f(-x) = \begin{cases} -x^2, & x \leqslant 0 \\ -(x^2+x), & x > 0 \end{cases}$

　　（B）$f(-x) = \begin{cases} -(x^2+x), & x < 0 \\ -x^2, & x \geqslant 0 \end{cases}$

　　（C）$f(-x) = \begin{cases} x^2, & x \leqslant 0 \\ x^2 - x, & x > 0 \end{cases}$

　　（D）$f(-x) = \begin{cases} x^2 - x, & x < 0 \\ x^2, & x \geqslant 0 \end{cases}$

（9）设 $g(x) = \begin{cases} 2-x, & x \leqslant 0 \\ x+2, & x > 0 \end{cases}$，$f(x) = \begin{cases} x^2, & x < 0 \\ -x, & x \geqslant 0 \end{cases}$，则 $g(f(x)) = $（　　　）.

　　（A）$\begin{cases} 2+x^2, & x < 0 \\ 2-x, & x \geqslant 0 \end{cases}$ 　　　　　（B）$\begin{cases} 2-x^2, & x < 0 \\ 2+x, & x \geqslant 0 \end{cases}$

（C）$\begin{cases} 2-x^2, & x<0 \\ 2-x, & x\geqslant 0 \end{cases}$ （D）$\begin{cases} 2+x^2, & x<0 \\ 2+x, & x\geqslant 0 \end{cases}$

（10）$f(x)=|x\sin x|e^{\cos x}(-\infty<x<+\infty)$ 是（　　）.

（A）有界函数 　　　　　　　　（B）单调函数

（C）周期函数 　　　　　　　　（D）偶函数

（11）若 $f(x)$ 在 $(-\infty,+\infty)$ 上是偶函数，则 $f(-x)$ 在 $(-\infty,+\infty)$ 上是（　　）.

（A）奇函数 　　　　　　　　　（B）偶函数

（C）非奇非偶函数 　　　　　　（D）没有意义

（12）任意一个定义在 $(-\infty,+\infty)$ 上的函数，皆可分解为（　　）.

（A）两个偶函数之和

（B）两个奇函数之和

（C）一个奇函数与一个偶函数之和

（D）奇函数与偶函数之积

（13）设 $f(x)$ 为 $(-\infty,+\infty)$ 上的奇函数，$g(x)$ 为 $(-\infty,+\infty)$ 上的偶函数，则（　　）.

（A）$g(f(x))$ 与 $f(g(x))$ 都是奇函数

（B）$g(f(x))$ 与 $f(g(x))$ 都是偶函数

（C）$g(f(x))$ 与 $f(g(x))$ 都是非奇非偶函数

（D）$g(f(x))$ 是奇函数，$f(g(x))$ 是非奇非偶函数

（14）设 $f(x)=x\tan x e^{\sin x}$，则 $f(x)$ 是（　　）.

（A）偶函数 　　　　　　　　　（B）无界函数

（C）周期函数 　　　　　　　　（D）单调函数

2. 设 $\Phi(x)=\begin{cases} 0, & x\leqslant 0 \\ x, & x>0 \end{cases}$，$\psi(x)=\begin{cases} 0, & x\leqslant 0 \\ -x^2, & x>0 \end{cases}$，求 $\Phi(\Phi(x))$，$\Phi(\psi(x))$，$\psi(\psi(x))$，$\psi(\Phi(x))$.

3. 设 $f(x)=\dfrac{x}{x-1}$，求 $f(f(f(x)))$ 和 $f\left(\dfrac{1}{f(x)}\right)$，$x\neq 0, x\neq 1$.

4. 设 $f(x)$ 的定义域和值域均为 $[0,+\infty)$，令 $f_0(x)=f(x)$，$f_n(x)=f(f_{n-1}(x))$，$n=1,2,\cdots$，若 $f_{n+1}=f_n^2$，求 $f_n(x)$.

5. 若 $f(\sqrt[3]{x}-1)=x-1$，求 $f(x)$.

6. 设 $af(x)+bf\left(\dfrac{1}{x}\right)=\dfrac{c}{x}$，$a^2\neq b^2$，求 $f(x)$.

7. 若 $f(x)=\dfrac{1}{x+1}$，且 $f(x_0)=17$，求 $f(f'(x_0))$.

8. 已知 $f(x)=\dfrac{1}{2}(x+|x|)$，$g(x)=\begin{cases} x, & x<0 \\ x^2, & x>0 \end{cases}$，求 $f(g(x))$ 及 $g(f(x))$.

9. 设 $f(x^2-1)=\ln\dfrac{x^2}{x^2-2}$，且 $f(g(x))=\ln x$，求 $\displaystyle\int g(x)\mathrm{d}x$.

10. 设 $f(x)=\begin{cases} 1, & |x|\leqslant 1 \\ 0, & |x|>1 \end{cases}$，求 $f(f(x))$.

11. 已知 $f(x)=\sin x,\ f(\varphi(x))=1-x^2$，求 $\varphi(x)$ 及其定义域.

12. 设 $f(x)=x^2-\displaystyle\int_0^a f(x)\mathrm{d}x$，且 a 为不等于 -1 的常数，求 $f(x)$.

13. 设 $f(x)$ 连续，且满足 $f(x)=3x-\sqrt{1-x^2}\displaystyle\int_0^1 f^2(x)\mathrm{d}x$，求 $f(x)$.

14. 设 $x_n=\left(\dfrac{n+1}{n+3}\right)^{n\left[1+\ln\left(\lim\limits_{n\to\infty}x_n\right)\right]}$，求 $\lim\limits_{n\to\infty}x_n$.

15. 设 $f(x)=x\sin\dfrac{1}{x}+x^2\left(1-\cos\dfrac{1}{x}\right)\lim\limits_{x\to\infty}f(x)$，求 $f(x)$.

第 2 章

极限与连续

极限和函数的连续理论是高等数学研究的主要对象. 极限概念贯穿高等数学的始终. 高等数学的所有重要概念（如导数、定积分、重积分等）都是建立在极限概念基础上的. 连续函数是最基本的一类函数，同时也是高等数学的主要研究对象；微积分的重要研究理论也是以连续函数的性质和理论为基础的. 因此，正确理解极限和连续的概念，掌握极限的计算方法与极限的性质，判断函数的连续性是非常重要的. 本章知识是历年考研试题中所要考查的重要内容.

2.1 知识点提要

2.1.1 极限、连续、间断点的概念及其等价概念

1. 用数学语言定义极限的三个概念

$$\lim_{n\to\infty} x_n = A, \quad \lim_{x\to\infty} f(x) = A, \quad \lim_{x\to x_0} f(x) = A$$

2. 连续

设函数 $f(x)$ 在 x_0 的邻域内有定义，且 $\lim\limits_{x\to x_0} f(x) = f(x_0)$ 或 $\lim\limits_{\Delta x\to 0}[f(x_0 + \Delta x) - f(x_0)] = 0$，则称函数 $f(x)$ 在 x_0 点连续.

3. 间断点

设函数 $f(x)$ 在 x_0 的去心邻域或单侧邻域（包括 x_0 点）内有定义，且 $f(x)$ 在 x_0 点不连续，称 x_0 是 $f(x)$ 的间断点. 如果 $f(x_0 + 0)$ 和 $f(x_0 - 0)$ 都存在，则称 x_0 为 $f(x)$ 的第一类间断点. 特别地，当 $f(x_0 + 0) = f(x_0 - 0)$ 时，称 x_0 为 $f(x)$ 的可去间断点（属于第一类）. 如果 $f(x_0 + 0)$ 和 $f(x_0 - 0)$ 至少有一个不存在，则称 x_0 为 $f(x)$ 的第二类间断点.

4. 等价

$$\lim_{x\to x_0} f(x) = A \Leftrightarrow f(x_0 + 0) = f(x_0 - 0) = A$$

$$\lim_{x\to\infty} f(x) = A \Leftrightarrow f(-\infty) = f(+\infty) = A$$

$$\lim_{n\to\infty} x_n = A \Leftrightarrow \lim_{n\to\infty} x_{2n} = \lim_{n\to\infty} x_{2n-1} = A$$

$$f(x) \text{ 在 } x_0 \text{ 点连续} \Leftrightarrow f(x_0 + 0) = f(x_0 - 0) = f(x_0)$$

2.1.2 无穷小

若函数 $f(x)$ 或数列 x_n 的极限等于零，则称函数 $f(x)$ 或数列 x_n 为无穷小量（后简称无穷小）．

无穷小的比较：设 α,β 为无穷小，且 $\beta \neq 0$，如果 $\dfrac{\alpha}{\beta^k} \to c(\neq 0)$，$k > 0$，则称 α 为 β 的 k 阶无穷小．当 $0 < k < 1$ 时，α 为 β 的低阶无穷小；当 $k > 1$ 时，α 为 β 的高阶无穷小，记为 $\alpha = o(\beta)$；当 $k = 1$ 时，α 与 β 为同阶无穷小．特别地，当 $\dfrac{\alpha}{\beta} \to 1$ 时，称 α 与 β 为等价无穷小，记为 $\alpha \sim \beta$．

2.1.3 极限和连续的性质

（1）若函数有极限，则极限必唯一．
（2）若 $f(x) \geqslant g(x)$，且 $\lim f(x) = A,\ \lim g(x) = B$，则 $A \geqslant B$．
（3）若 $A > B$，且 $\lim f(x) = A,\ \lim g(x) = B$，则存在 x 的附近有 $f(x) > g(x)$．
（4）$\lim f(x) = \lim g(x) \Leftrightarrow f(x) = g(x) + \alpha$（无穷小）．
（5）连续函数的四则运算和复合运算的结果都是连续函数．
（6）初等函数在其定义的区间内是连续的．

2.1.4 闭区间上连续函数的三个原理

1. 最大最小值原理

若 $f(x) \in C_{[a,b]}$，则 $f(x)$ 在 $[a,b]$ 上必有最大值，同时也有最小值．

2. 介值原理

若 $f(x) \in C_{[a,b]}$，且 m 和 M 是 $f(x)$ 在 $[a,b]$ 上的最小值和最大值，则对介于 m 与 M 之间的任何实数 μ（即 $m \leqslant \mu \leqslant M$），在 $[a,b]$ 上至少有一点 c 存在，使 $f(c) = \mu$．

3. 根的存在原理

设 $f(x) \in C_{[a,b]}$，且 $f(a) \cdot f(b) < 0$（或 $f(a) \cdot f(b) \leqslant 0$），则方程 $f(x) = 0$ 在开区间 (a,b)（或闭区间 $[a,b]$）上至少有一实根．

2.2 例题与方法

2.2.1 极限的计算

1. 求极限过程中的初等公式变形

例 2-1 求 $\lim\limits_{x \to \infty} \dfrac{x + \sin x}{x - \sin x}$．

解：

$$\lim_{x \to \infty} \frac{x + \sin x}{x - \sin x} = \lim_{x \to \infty} \frac{1 + \dfrac{\sin x}{x}}{1 - \dfrac{\sin x}{x}} = 1$$

例 2-2　求 $\lim\limits_{n\to\infty}(-1)^n\sin(\pi\sqrt{n^2+n})$.

解：

$$\lim_{n\to\infty}(-1)^n\sin(\pi\sqrt{n^2+n})=\lim_{n\to\infty}(-1)^n(\pi\sqrt{n^2+n}-n\pi+n\pi)$$

$$=\lim_{n\to\infty}\sin(\pi\sqrt{n^2+n}-n\pi)=\lim_{n\to\infty}\sin\pi\frac{n}{\sqrt{n^2+n}+n}=1$$

例 2-3　求 $\lim\limits_{n\to\infty}\left(\dfrac{3}{2}\cdot\dfrac{5}{4}\cdot\dfrac{17}{16}\cdot\cdots\cdot\dfrac{2^{2^n}+1}{2^{2^n}}\right)$.

解： $\lim\limits_{n\to\infty}\left(\dfrac{3}{2}\cdot\dfrac{5}{4}\cdot\dfrac{17}{16}\cdot\cdots\cdot\dfrac{2^{2^n}+1}{2^{2^n}}\right)=\lim\limits_{n\to\infty}\left[\left(1+\dfrac{1}{2}\right)\left(1+\dfrac{1}{2^2}\right)\left(1+\dfrac{1}{2^4}\right)\cdots\left(1+\dfrac{1}{2^{2^n}}\right)\right]$

$$=\lim_{n\to\infty}\frac{1}{1-\dfrac{1}{2}}\left[\left(1-\dfrac{1}{2}\right)\left(1+\dfrac{1}{2}\right)\left(1+\dfrac{1}{2^2}\right)\left(1+\dfrac{1}{2^4}\right)\cdots\left(1+\dfrac{1}{2^{2^n}}\right)\right]$$

$$=\lim_{n\to\infty}2\left(1-\frac{1}{2^{2^{n+1}}}\right)=2$$

2．求极限过程中的变量代换法

例 2-4　求 $\lim\limits_{n\to\infty}n(1-x^{\frac{1}{n}})$，$x>0$.

解： 设 $1-x^{\frac{1}{n}}=t$ 即 $\dfrac{1}{n}=\dfrac{\ln(1-t)}{\ln x}$，当 $n\to\infty$ 时，有 $t\to0$，从而

$$\lim_{n\to\infty}n(1-x^{\frac{1}{n}})=\lim_{t\to0}\frac{t\ln x}{\ln(1-t)}=\lim_{t\to0}\frac{-\ln x}{\ln(1-t)^{\frac{-1}{t}}}=-\ln x$$

例 2-5　求 $\lim\limits_{n\to\infty}\left(\arctan\dfrac{n+1}{n}-\dfrac{\pi}{4}\right)\sqrt{n^2+n}$.

解：

$$\lim_{n\to\infty}\left(\arctan\frac{n+1}{n}-\frac{\pi}{4}\right)\sqrt{n^2+n}=\lim_{n\to\infty}\left(\arctan\left(1+\frac{1}{n}\right)-\arctan1\right)\sqrt{n^2+n}$$

$$=\lim_{n\to\infty}\frac{\arctan\left(1+\dfrac{1}{n}\right)-\arctan1}{\dfrac{1}{n}}\cdot\frac{\sqrt{n^2+n}}{n}$$

$$=(\arctan t)'\,\big|_{t=1}=\frac{1}{2}$$

3．用递推公式法求极限

例 2-6　设 $x_0=7$，$x_1=3$，$3x_n=2x_{n-1}+x_{n-2}$，$n\geqslant2$，求 $\lim\limits_{n\to\infty}x_n$.

解：由 $3x_n = 2x_{n-1} + x_{n-2}$ 得 $x_n = \dfrac{2}{3}x_{n-1} + \dfrac{1}{3}x_{n-2}$，从而

$$x_n - x_{n-1} = \frac{-1}{3}(x_{n-1} - x_{n-2})$$

由此可推出

$$x_n - x_{n-1} = \frac{-1}{3}(x_{n-1} - x_{n-2})$$

$$= \left(\frac{-1}{3}\right)^2 (x_{n-2} - x_{n-3}) = \cdots$$

$$= \left(\frac{-1}{3}\right)^{n-1}(x_1 - x_0) = -4\left(\frac{-1}{3}\right)^{n-1}$$

从而

$$x_n = x_{n-1} - 4\left(\frac{-1}{3}\right)^{n-1}$$

$$= x_{n-2} - 4\left(\frac{-1}{3}\right)^{n-2} - 4\left(\frac{-1}{3}\right)^{n-1}$$

$$= x_{n-3} - 4\left(\frac{-1}{3}\right)^{n-3} - 4\left(\frac{-1}{3}\right)^{n-2} - 4\left(\frac{-1}{3}\right)^{n-1}$$

$$= \cdots$$

$$= x_1 - 4\left[\left(\frac{-1}{3}\right) + \left(\frac{-1}{3}\right)^2 + \cdots + \left(\frac{-1}{3}\right)^{n-1}\right]$$

$$= 3 - 4\left(\frac{1 - \left(\frac{-1}{3}\right)^n}{1 + \frac{1}{3}} - 1\right) = 4 + 3\left(\frac{-1}{3}\right)^n$$

所以 $\lim\limits_{n\to\infty} x_n = \lim\limits_{n\to\infty}\left[4 + 3\left(\frac{-1}{3}\right)^n\right] = 4$.

例 2-7 设 $x_0 = a$，$x_1 = 1 + bx_0$，$x_n = 1 + bx_{n-1}$，$n > 1$，问 a,b 为何值时，x_n 收敛，并求 $\lim\limits_{n\to\infty} x_n$.

解：由 $x_n = 1 + bx_{n-1}$ 可推出

$$x_n = 1 + bx_{n-1}$$

$$= 1 + b(1 + bx_{n-2}) = 1 + b + b^2 x_{n-2}$$

$$= 1 + b + b^2(1 + bx_{n-3}) = 1 + b + b^2 + b^3 x_{n-3}$$

$$= \cdots$$

$$= 1 + b + b^2 + b^3 + \cdots + b^n x_0 = 1 + b + b^2 + b^3 + \cdots + b^n a$$

$$= \frac{1 - b^n}{1 - b} + b^n a$$

当 $|b| < 1$ 时，x_n 收敛，且 $\lim\limits_{n\to\infty} x_n = \dfrac{1}{1-b}$.

4. 利用重要极限 $\lim\limits_{\square \to 0}(1+\square)^{\frac{1}{\square}} = e$ **求极限**

例 2-8 设 $\lim\limits_{x \to \infty}\left(\dfrac{x+2a}{x-a}\right)^x = 8$，求 a.

解： $8 = \lim\limits_{x \to \infty}\left(1+\dfrac{3a}{x-a}\right)^{\frac{x-a}{3a} \cdot \frac{3ax}{x-a}} = e^{\lim\limits_{x \to \infty}\left(\frac{3ax}{x-a}\right)} = e^{3a}$

所以 $a = \ln 2$.

例 2-9 求 $\lim\limits_{x \to 0}(1+x e^x)^{\frac{1}{x}}$.

解： $\lim\limits_{x \to 0}(1+x e^x)^{\frac{1}{x}} = \lim\limits_{x \to 0}\left[(1+x e^x)^{\frac{1}{x e^x}}\right]^{\frac{x e^x}{x}} = e$

例 2-10 $\lim\limits_{x \to +\infty}[(x+2)\ln(x+2) - 2(x+1)\ln(x+1) + x\ln x]$

解： $\lim\limits_{x \to +\infty}[(x+2)\ln(x+2) - 2(x+1)\ln(x+1) + x\ln x]$

$= \lim\limits_{x \to +\infty}[\ln(x+2)^{x+2} - \ln(x+1)^{2(x+1)} + \ln x^x]$

$= \lim\limits_{x \to +\infty}\ln\dfrac{(x+2)^{x+2} \cdot x^x}{(x+1)^{2(x+1)}} = \lim\limits_{x \to +\infty}\ln\dfrac{(x+2)\left(1+\dfrac{1}{x+1}\right)^{x+1}}{(x+1)\left(1+\dfrac{1}{x}\right)^x} = \ln 1 = 0$

例 2-11 已知 $\lim\limits_{x \to +\infty}\left(\dfrac{x+c}{x-c}\right)^x = \displaystyle\int_{-\infty}^{c} t e^{2t}\mathrm{d}t$，求 c.

解： $\lim\limits_{x \to +\infty}\left(\dfrac{x+c}{x-c}\right)^x = \lim\limits_{x \to +\infty}\left[\left(1+\dfrac{2c}{x-c}\right)^{\frac{x-c}{2c}}\right]^{\frac{2cx}{x-c}} = e^{2c}$

而

$$\int_{-\infty}^{c} t e^{2t}\mathrm{d}t = \dfrac{t}{2}e^{2t}\Big|_{-\infty}^{c} - \dfrac{e^{2t}}{4}\Big|_{-\infty}^{c} = \left(\dfrac{c}{2} - \dfrac{1}{4}\right)e^{2c}$$

由已知 $\dfrac{c}{2} - \dfrac{1}{4} = 1$，所以 $c = \dfrac{5}{2}$.

5. 用两个收敛准则求极限

收敛准则（Ⅰ）：若 $g(x) \le f(x) \le G(x)$ 或 $y_n \le x_n \le Z_n$，且 $\lim g(x) = \lim G(x) = A$ 或 $\lim y_n = \lim Z_n = A$，则

$$\lim f(x) = A \text{ 或 } \lim x_n = A$$

例 2-12 求 $\lim\limits_{n \to \infty}\dfrac{5^n}{n!}$.

解： 因为 $0 < \dfrac{5^n}{n!} = \dfrac{5}{1} \cdot \dfrac{5}{2} \cdot \dfrac{5}{3} \cdot \dfrac{5}{4} \cdots \le \dfrac{5^4}{24} \cdot \dfrac{5}{n}$，$n \ge 5$，而 $\lim\limits_{n \to \infty}\left(\dfrac{5^4}{24} \cdot \dfrac{5}{n}\right) = 0$，所以 $\lim\limits_{n \to \infty}\dfrac{5^n}{n!} = 0$.

例 2-13 求 $\lim\limits_{n\to\infty}\left(\dfrac{1}{\sqrt{n^2+1}}+\dfrac{1}{\sqrt{n^2+2}}+\cdots+\dfrac{1}{\sqrt{n^2+n}}\right)$.

解：因为

$$\frac{n}{\sqrt{n^2+n}}\leqslant\frac{1}{\sqrt{n^2+1}}+\frac{1}{\sqrt{n^2+2}}+\cdots+\frac{1}{\sqrt{n^2+n}}\leqslant\frac{n}{\sqrt{n^2+1}}$$

而

$$\lim_{n\to\infty}\frac{n}{\sqrt{n^2+n}}=\lim_{n\to\infty}\frac{1}{\sqrt{1+\dfrac{1}{n}}}=1$$

$$\lim_{n\to\infty}\frac{n}{\sqrt{n^2+1}}=\lim_{n\to\infty}\frac{1}{\sqrt{1+\dfrac{1}{n^2}}}=1$$

所以

$$\lim_{n\to\infty}\left(\frac{1}{\sqrt{n^2+1}}+\frac{1}{\sqrt{n^2+2}}+\cdots+\frac{1}{\sqrt{n^2+n}}\right)=1$$

例 2-14 设 $x_1=1$, $x_{n+1}=\dfrac{x_n+2}{x_n+1}$, $n\geqslant 1$, 求 $\lim\limits_{n\to\infty}x_n$.

解：如果 x_n 收敛，可设其收敛于 A，由递推公式 $x_{n+1}=\dfrac{x_n+2}{x_n+1}$ 两端同时取极限得 $A=\pm\sqrt{2}$，

易见 $A=\sqrt{2}$. 注意：这可不是求数列极限的方法，真正的方法如下.

设数列 $y_n=\sqrt{2}-x_n$，则

$$\left|\frac{y_{n+1}}{y_n}\right|=\left|\frac{\sqrt{2}-x_{n+1}}{\sqrt{2}-x_n}\right|=\left|\frac{\sqrt{2}-\dfrac{x_n+2}{x_n+1}}{\sqrt{2}-x_n}\right|=\left|\frac{\sqrt{2}x_n+\sqrt{2}-x_n-2}{(\sqrt{2}-x_n)(x_n+1)}\right|$$

$$=\left|\frac{(\sqrt{2}-x_n)(1-\sqrt{2})}{(\sqrt{2}-x_n)(x_n+1)}\right|=\left|\frac{1-\sqrt{2}}{x_n+1}\right|\leqslant\sqrt{2}-1,\ \ x_n>0$$

记 $\sqrt{2}-1=q$，则 $0<q<1$，从而有

$$0\leqslant|y_{n+1}|\leqslant q|y_n|\leqslant q^2|y_{n-1}|\leqslant q^3|y_{n-2}|\leqslant\cdots\leqslant q^n|y_1|$$

而 $\lim\limits_{n\to\infty}q^n=0$，所以

$$\lim_{n\to\infty}q^n|y_1|=0,\ \ \lim_{n\to\infty}y_n=0$$

又 $y_n=\sqrt{2}-x_n$，所以 $\lim\limits_{n\to\infty}x_n=\sqrt{2}$.

收敛准则（Ⅱ）：单调有界数列必收敛.

在使用此准则时，往往要先证明数列的单调性（在有界性不明显时），这样可以减少有界

性证明的难度. 在证明单调性时，一般考查比（$\frac{x_{n+1}}{x_n}$）或差（$x_{n+1}-x_n$），来断定其是单调递增或单调递减或非单调性的.

例 2-15 若 $a>0$，$x_0>0$，$x_n=\frac{1}{2}\left(x_{n-1}+\frac{a}{x_{n-1}}\right)$，求 $\lim\limits_{n\to\infty}x_n$.

解： 分析其单调性，考查比（$\frac{x_{n+1}}{x_n}$），如果 x_n 是单调的，则必有

$$\frac{x_{n+1}}{x_n}=\frac{1}{2}\left(1+\frac{q}{x_n^2}\right)\geqslant 1 \quad 或 \quad \leqslant 1$$

从而推出

$$x_n\leqslant\sqrt{a} \quad 或 \quad x_n\geqslant\sqrt{a}$$

而

$$x_n=\frac{1}{2}\left(x_{n-1}+\frac{a}{x_{n-1}}\right)\geqslant\sqrt{x_{n-1}\cdot\frac{a}{x_{n-1}}}=\sqrt{a}$$

这就预测出了 $\frac{x_{n+1}}{x_n}\leqslant 1$，具体证明如下.

证明： 由 $a>0$，$x_0>0$，$x_n=\frac{1}{2}\left(x_{n-1}+\frac{a}{x_{n-1}}\right)$ 可知 $x_n>0$，并且

$$x_n=\frac{1}{2}\left(x_{n-1}+\frac{a}{x_{n-1}}\right)\geqslant\sqrt{a}$$

从而有

$$x_n^2\geqslant a\Rightarrow 1\geqslant\frac{a}{x_n^2}\Rightarrow 2\geqslant 1+\frac{a}{x_n^2}\Rightarrow 1\geqslant\frac{1}{2}\left(1+\frac{a}{x_n^2}\right)\Rightarrow$$

$$\frac{x_{n+1}}{x_n}=\frac{1}{2}\left(1+\frac{a}{x_n^2}\right)\leqslant 1\Rightarrow x_n\downarrow$$

又 $x_n\geqslant\sqrt{2}$，则 x_n 是有界的，由收敛准则（Ⅱ）可知 $\lim\limits_{n\to\infty}x_n$ 存在，设 $\lim\limits_{n\to\infty}x_n=A$，对公式 $x_n=\frac{1}{2}\left(x_{n-1}+\frac{a}{x_{n-1}}\right)$ 两端同时取极限得

$$A=\pm\sqrt{a} \quad （负值舍去）$$

所以 $\lim\limits_{n\to\infty}x_n=\sqrt{a}$.

例 2-16 设 $x_1=1$，$x_{n+1}=1+\frac{x_n}{1+x_n}$，求 $\lim\limits_{n\to\infty}x_n$.

解： 证明 x_n 的单调性，考查差（$x_{n+1}-x_n$）的符号.

$$x_{n+1} - x_n = \left(1 + \frac{x_n}{1+x_n}\right) - \left(1 + \frac{x_{n-1}}{1+x_{n-1}}\right) = \frac{x_n - x_{n-1}}{(x_{n-1}+1)(x_n+1)}$$

由已知易见 $x_n > 0$，所以 $x_{n+1} - x_n$ 的符号与 $x_n - x_{n-1}$ 的符号相同. 以此类推可知 $x_{n+1} - x_n$ 的符号与 $x_2 - x_1$ 符号相同，而

$$x_2 - x_1 = \frac{x_1}{1+x_1} = \frac{1}{2} > 0$$

从而 $x_{n+1} - x_n > 0 \Rightarrow x_n \uparrow$. 又 $x_n = 1 + \frac{x_{n-1}}{1+x_{n-1}} \leq 2$，所以 x_n 有界，$\lim\limits_{n\to\infty} x_n$ 存在. 设 $\lim\limits_{n\to\infty} x_n = A$，对公式 $x_{n+1} = 1 + \frac{x_n}{1+x_n}$ 两端同时取极限得 $A = \frac{1\pm\sqrt{5}}{2}$. 易见，$A = \frac{1+\sqrt{5}}{2}$，所以 $\lim\limits_{n\to\infty} x_n = \frac{1+\sqrt{5}}{2}$.

例 2-17 设 $f(x)$ 是 $[0, +\infty]$ 上单调递减且非负的连续函数，$a_n = \sum\limits_{k=1}^{n} f(k) - \int_1^n f(x)\mathrm{d}x$，$n = 1, 2, 3, \cdots$，证明 $\lim\limits_{n\to\infty} a_n$ 存在.

证明： 任取 $k \leq x \leq k+1$，由题设 $f(k+1) \leq f(x) \leq f(k)$，所以

$$\int_k^{k+1} f(k+1)\mathrm{d}x \leq \int_k^{k+1} f(x)\mathrm{d}x \leq \int_k^{k+1} f(k)\mathrm{d}x$$

所以

$$f(k+1) \leq \int_k^{k+1} f(x)\,\mathrm{d}x \leq f(k)$$

$$a_n = \sum_{k=1}^{n} f(k) - \int_1^n f(x)\mathrm{d}x = \sum_{k=1}^{n} f(k) - \sum_{k=1}^{n-1} \int_k^{k+1} f(t)\mathrm{d}t$$

$$= \sum_{k=1}^{n-1}\left[f(k) - \int_k^{k+1} f(t)\mathrm{d}t\right] + f(n) \geq 0$$

而

$$a_{n+1} - a_n = f(n+1) - \int_n^{n+1} f(t)\mathrm{d}t = \int_n^{n+1} [f(n+1) - f(t)]\mathrm{d}t \leq 0$$

所以 a_n 单调递减且有下界，故必存在极限.

6. 利用无穷小的性质求极限

性质 1：有限个无穷小之和、差、积是无穷小.

性质 2：有界变量与无穷小之积是无穷小.

性质 3：在极限运算中的无穷小因子可用其等价无穷小代换.

例 2-18 设 $\lim\limits_{x\to+\infty} (\sqrt{x^2+x-1} - ax - b) = 0$，求 a, b.

解： 由 $\lim\limits_{x\to+\infty} (\sqrt{x^2+x-1} - ax - b) = 0$，得

$$\sqrt{x^2+x-1} - ax - b = \alpha \quad (\alpha \text{ 是无穷小，当 } x\to+\infty \text{ 时})$$

从而得

$$a = \frac{\sqrt{x^2+x-1}}{x} - \frac{b}{x} - \frac{\alpha}{x}$$

取极限得

$$a = \lim_{x \to +\infty} \left(\frac{\sqrt{x^2+x-1}}{x} - \frac{b}{x} - \frac{\alpha}{x} \right) = 1$$

而

$$b = \sqrt{x^2+x-1} - ax - \alpha$$

所以

$$b = \lim_{x \to +\infty} (\sqrt{x^2+x-1} - x) = \lim_{x \to +\infty} \frac{(\sqrt{x^2+x-1} - x)(\sqrt{x^2+x-1} + x)}{\sqrt{x^2+x-1} + x}$$

$$= \lim_{x \to +\infty} \frac{x-1}{\sqrt{x^2+x-1} + x} = \frac{1}{2}$$

例 2-19 求 $\lim\limits_{x \to 0} \dfrac{3\sin x + x^2 \cos \dfrac{1}{x}}{(1+\cos x)\ln(1+x)}$.

解：当 $x \to 0$ 时，$\ln(1+x) \sim x$，所以

$$\lim_{x \to 0} \frac{3\sin x + x^2 \cos \dfrac{1}{x}}{(1+\cos x)\ln(1+x)} = \lim_{x \to 0} \frac{3\sin x + x^2 \cos \dfrac{1}{x}}{(1+\cos x)x}$$

$$= \frac{1}{2} \lim_{x \to 0} \left(\frac{3\sin x}{x} + x \cos \frac{1}{x} \right) = \frac{3}{2}$$

例 2-20 求 $\lim\limits_{x \to 0} \dfrac{\tan(\sin x) - \sin(\tan x)}{x^3}$.

解：$\lim\limits_{x \to 0} \dfrac{\tan(\sin x) - \sin(\tan x)}{x^3} = \lim\limits_{x \to 0} \dfrac{\tan(\sin x) - \sin x + \sin x - \tan x + \tan x - \sin(\tan x)}{x^3}$

$$= \lim_{x \to 0} \frac{\tan(\sin x) - \sin x}{x^3} + \lim_{x \to 0} \frac{\sin x - \tan x}{x^3} + \lim_{x \to 0} \frac{\tan x - \sin(\tan x)}{x^3}$$

$$= \lim_{x \to 0} \frac{\tan(\sin x) - \sin x}{\sin^3 x} + \lim_{x \to 0} \frac{\tan x - \sin(\tan x)}{\tan^3 x} + \lim_{x \to 0} \frac{\sin x - \tan x}{x^3}$$

$$= \lim_{x \to 0} \frac{\tan x - x}{x^3} + \lim_{x \to 0} \frac{x - \sin x}{x^3} + \lim_{x \to 0} \frac{\sin x - \tan x}{x^3} = 0$$

7. 利用泰勒公式求极限

若无穷小是极限式中的因子（或分母中的因子），则可用其等价无穷小代换. 如果在极限式的和或差中的某项是无穷小，一般情况下就不能用其等价无穷小代换了. 此时可利用泰勒公式，将不同类型运算的函数都换成幂函数形式，这对极限运算来说往往是有利的.

例 2-21 设 $\lim\limits_{x \to 0} \dfrac{x - (a + b\cos x)\sin x}{x^5} = c$，$c \neq 0$，求 a, b, c.

解：将 $x - (a + b\cos x)\sin x$ 在 $x = 0$ 点展成泰勒公式：

$$x - (a + b\cos x)\sin x = x - a\sin x - \frac{b}{2}\sin 2x$$

$$= x - a\left(x - \frac{1}{3!}x^3 + \frac{1}{5!}x^5 + o(x^5)\right) - \frac{b}{2}\left(2x - \frac{(2x)^3}{3!} + \frac{(2x)^5}{5!} + o(x^5)\right)$$

$$= (1 - a - b)x + \left(\frac{a}{6} + \frac{2}{3}b\right)x^2 - \left(\frac{a}{120} + \frac{2}{15}b\right)x^5 + o(x^5)$$

从而

$$\lim_{x \to 0}\frac{x - (a + b\cos x)\sin x}{x^5}$$

$$= \lim_{x \to 0}\left[(1 - a - b)\frac{1}{x^4} + \left(\frac{a}{6} + \frac{2}{3}b\right)\frac{1}{x^3} - \left(\frac{a}{120} + \frac{2}{15}b\right)\right]$$

$$= c$$

所以有

$$\begin{cases} 1 - a - b = 0 \\ \dfrac{a}{6} + \dfrac{2}{3}b = 0 \\ \dfrac{a}{120} + \dfrac{5}{12}b = -c \end{cases} \Rightarrow \begin{cases} a = \dfrac{4}{3} \\ b = -\dfrac{1}{3} \\ c = \dfrac{1}{30} \end{cases}$$

8．利用洛必达法则求极限

洛必达法则是高等数学中求极限的基本方法之一，但在使用时一定要注意验型与变形，与其他方法综合使用，且洛必达法则不万能．

例 2-22　求 $\lim\limits_{x \to 0}\dfrac{e^{\frac{-1}{x^2}}}{x}$ ．

解：$\lim\limits_{x \to 0}\dfrac{e^{\frac{-1}{x^2}}}{x}$ 是 $\dfrac{0}{0}$ 型不定式，但在使用洛必达法则时容易发现，按 $\dfrac{0}{0}$ 型解不出来，此时可以将其变成 $\dfrac{\infty}{\infty}$ 型．

$$\lim_{x \to 0}\frac{e^{\frac{-1}{x^2}}}{x} = \lim_{x \to 0}\frac{\frac{1}{x}}{e^{\frac{1}{x^2}}} \overset{\frac{\infty}{\infty}}{=} \lim_{x \to 0}\frac{\left(\frac{1}{x}\right)'}{\left(e^{\frac{1}{x^2}}\right)'} = \lim_{x \to 0}\frac{\frac{-1}{x^2}}{\frac{-2}{x^3}e^{\frac{1}{x^2}}} = \lim_{x \to 0}\frac{x}{2e^{\frac{1}{x^2}}} = 0$$

例 2-23　求 $\lim\limits_{x \to 0}\left(\dfrac{1}{x^2} - \cot^2 x\right)$ ．

解：$\lim\limits_{x \to 0}\left(\dfrac{1}{x^2} - \cot^2 x\right) = \lim\limits_{x \to 0}\dfrac{\sin^2 - x^2\cos^2 x}{x^2\sin^2 x}$

$$= \lim_{x \to 0}\left(\frac{\sin x + x\cos x}{\sin x} \cdot \frac{\sin x - x\cos x}{x^2\sin x}\right) = 2\lim_{x \to 0}\frac{\sin x - x\cos x}{x^2\sin x}$$

$$= \lim_{x \to 0}\frac{(\sin x - x\cos x)'}{(x^3)'} = 2\lim_{x \to 0}\frac{\cos x - \cos x + x\sin x}{3x^2} = \frac{2}{3}$$

例 2-24 设 $a_i > 0$，$i = 1, 2, \cdots, n$，求 $\lim\limits_{x \to 0^+} \left(\dfrac{a_1^x + a_2^x + \cdots + a_n^x}{n} \right)^{\frac{1}{x}}$.

解： $\lim\limits_{x \to 0^+} \left(\dfrac{a_1^x + a_2^x + \cdots + a_n^x}{n} \right)^{\frac{1}{x}}$

$\xlongequal{1^\infty} \lim\limits_{x \to 0^+} \mathrm{e}^{\dfrac{\left(\ln \frac{a_1^x + a_2^x + \cdots + a_n^x}{n} \right)'}{(x)'}} = \lim\limits_{x \to 0^+} \mathrm{e}^{\dfrac{a_1^x \ln a_1 + a_2^x \ln a_2 + \cdots + a_n^x \ln a_n}{a_1^x + a_2^x + \cdots + a_n^x}}$

$= \mathrm{e}^{\dfrac{\ln(a_1 a_2 \cdots a_n)}{n}} = \sqrt[n]{a_1 a_2 \cdots a_n}$

例 2-25 求 $\lim\limits_{n \to \infty} [(1+n)^\alpha - n^\alpha]$，$0 < \alpha < 1$.

解： 数列的不定式也可以使用洛必达法则，但要将变量 n 换成其他形式.

$$\lim\limits_{n \to \infty} [(1+n)^\alpha - n^2] = \lim\limits_{x \to +\infty} [(1+x)^\alpha - x^\alpha]$$

$$= \lim\limits_{x \to +\infty} x^\alpha \left[\left(1 + \frac{1}{x} \right)^\alpha - 1 \right] = \lim\limits_{x \to +\infty} \frac{\left[\left(1 + \frac{1}{x} \right)^\alpha - 1 \right]'}{(x^{-\alpha})'}$$

$$= \lim\limits_{x \to +\infty} \frac{-\alpha \left(1 + \frac{1}{x} \right)^{\alpha-1} \frac{1}{x^2}}{-\alpha x^{-\alpha-1}} = \lim\limits_{x \to +\infty} \frac{\left(1 + \frac{1}{x} \right)^{\alpha-1}}{x^{1-\alpha}} = 0$$

9. 利用定积分定义求极限

若 $f(x)$ 在 $[0,1]$ 上可积，则

$$\lim\limits_{n \to \infty} \frac{1}{n} \left[f\left(\frac{1}{n} \right) + f\left(\frac{2}{n} \right) + \cdots + f\left(\frac{n}{n} \right) \right] = \int_0^1 f(x)\mathrm{d}x$$

例 2-26 求 $\lim\limits_{n \to \infty} \left[\dfrac{1}{\sqrt{n^2 - 1}} + \dfrac{1}{\sqrt{n^2 - 2^2}} + \cdots + \dfrac{1}{\sqrt{n^2 - (n-1)^2}} \right]$.

解： $\lim\limits_{n \to \infty} \left[\dfrac{1}{\sqrt{n^2 - 1}} + \dfrac{1}{\sqrt{n^2 - 2^2}} + \cdots + \dfrac{1}{\sqrt{n^2 - (n-1)^2}} \right]$

$= \lim\limits_{n \to \infty} \dfrac{1}{n} \left[\dfrac{1}{\sqrt{1 - \left(\frac{1}{n} \right)^2}} + \dfrac{1}{\sqrt{1 - \left(\frac{2}{n} \right)^2}} + \cdots + \dfrac{1}{\sqrt{1 - \left(\frac{n-1}{n} \right)^2}} \right]$

$= \int_0^1 \dfrac{1}{\sqrt{1 - x^2}} \mathrm{d}x = \arcsin x \Big|_0^1 = \dfrac{\pi}{2}$

例 2-27 求 $\lim\limits_{n \to \infty} \dfrac{1}{n^2} \left[\ln(2^2 3^3 \cdots n^n) - \dfrac{n(n+1)}{2} \ln n \right]$.

解： $\lim\limits_{n \to \infty} \dfrac{1}{n^2} \left[\ln(2^2 3^3 \cdots n^n) - \dfrac{n(n+1)}{2} \ln n \right]$

$= \lim\limits_{n \to \infty} \dfrac{1}{n^2} \ln \dfrac{2^2 3^3 \cdots n^n}{n^{\frac{n(n+1)}{2}}} = \lim\limits_{n \to \infty} \dfrac{1}{n^2} \ln \dfrac{2^2 3^3 \cdots n^n}{n^{1+2+\cdots+n}}$

$$= \lim_{n\to\infty} \frac{1}{n^2}\left[\ln\frac{1}{n}\cdot\left(\frac{2}{n}\right)^2\cdot\left(\frac{3}{n}\right)^3\cdots\left(\frac{n}{n}\right)^n\right]$$

$$= \lim_{n\to\infty} \frac{1}{n^2}\left[\ln\frac{1}{n}+2\ln\frac{2}{n}+3\ln\frac{3}{n}+\cdots+n\ln\frac{n}{n}\right]$$

$$= \lim_{n\to\infty} \frac{1}{n}\left[\frac{1}{n}\ln\frac{1}{n}+\frac{2}{n}\ln\frac{2}{n}+\frac{3}{n}\ln\frac{3}{n}+\cdots+\frac{n}{n}\ln\frac{n}{n}\right]$$

$$= \int_0^1 x\ln x\,\mathrm{d}x = -\frac{1}{4}$$

例 2-28 求 $\lim\limits_{n\to\infty}\frac{1}{n}(n!)^{\frac{1}{n}}$.

解：设 $y=\frac{1}{n}(n!)^{\frac{1}{n}}$，则

$$\ln y = \frac{1}{n}\left(\ln\frac{1}{n}+\ln\frac{2}{n}+\cdots+\ln\frac{n}{n}\right)=\sum_{i=1}^n \ln\frac{i}{n}\cdot\frac{1}{n}$$

$$\lim_{n\to\infty}\ln y = \int_0^1 \ln x\,\mathrm{d}x = -1$$

所以 $\lim\limits_{n\to\infty}\frac{1}{n}(n!)^{\frac{1}{n}}=\mathrm{e}^{-1}$.

2.2.2　函数连续性与间断点的鉴别

例 2-29 若 $f(x)=\begin{cases} a+bx^2, & x\leq 0 \\ \dfrac{\sin bx}{x}, & x>0 \end{cases}$ 在 $x=0$ 点连续，求常数 a,b 满足什么关系.

解：
$$\lim_{x\to 0^-}f(x)=\lim_{x\to 0^-}(a+bx^2)=a$$

$$\lim_{x\to 0^+}f(x)=\lim_{x\to 0^+}\frac{\sin bx}{x}=b$$

又 $f(0)=a$，所以当 $a=b$ 时，$f(x)$ 在 $x=0$ 点连续.

例 2-30 求 $f(x)=\dfrac{1}{1-\mathrm{e}^{\frac{x}{x-1}}}$ 的间断点及其类型.

解：由初等函数的连续性质可知，$x=0,x=1$ 是 $f(x)$ 的间断点.

又
$$\lim_{x\to 0}f(x)=\lim_{x\to 0}\frac{1}{1-\mathrm{e}^{\frac{x}{x-1}}}=\infty$$

所以 $x=0$ 是 $f(x)$ 的第二类间断点.

又 $\lim\limits_{x\to 1^-}\dfrac{1}{1-\mathrm{e}^{\frac{x}{x-1}}}=1$，而 $\lim\limits_{x\to 1^+}\dfrac{1}{1-\mathrm{e}^{\frac{x}{x-1}}}=0$，可知 $x=1$ 是 $f(x)$ 的第一类间断点.

例 2-31 若 $f(x)$ 对一切正实数 x_1,x_2 满足 $f(x_1x_2)=f(x_1)+f(x_2)$，且 $f(x)$ 在 $x=1$ 点连续，

证明 $f(x)$ 在 $(0,+\infty)$ 上是连续的.

证明：由 $f(x)$ 在 $x=1$ 点连续可知

$$\lim_{\Delta x \to 0}[f(1+\Delta x) - f(1)] = 0$$

而

$$f(1+\Delta x) - f(1) = f(1) + f(1+\Delta x) - f(1) = f(1+\Delta x)$$

所以

$$\lim_{\Delta x \to 0} f(1+\Delta x) = 0$$

对任意 $x \in (0,+\infty)$，

$$\lim_{\Delta x \to 0}[f(x+\Delta x) - f(x)] = \lim_{\Delta x \to 0}\left[f(x) + f\left(1 + \frac{\Delta x}{x}\right) - f(x)\right]$$
$$= \lim_{\Delta x \to 0} f\left(1 + \frac{\Delta x}{x}\right) = 0$$

所以 $f(x)$ 在 $(0,+\infty)$ 上连续.

2.2.3 闭区间上连续函数的三个原理的应用

例 2-32 设 $f(x)$ 在 (a,b) 上连续，并且 $f(a+0) = f(b-0) = A$，又存在 $x_0 \in (a,b)$，有 $f(x_0) \geqslant A$，证明 $f(x)$ 在 (a,b) 上有最大值.

证明：设 $f(a) = f(b) = A$（补充 $f(x)$ 在区间端点定义），则 $f(x)$ 在 $[a,b]$ 上连续，由闭区间上连续的最大最小值原理，有 $f(x)$ 在 $[a,b]$ 上有最大值 M. 已知

$$M \geqslant f(x_0) \geqslant A$$

如果 $M = f(x_0)$，则 $f(x_0)$ 是 (a,b) 上最大值.

如果 $M > f(x_0)$，则 $M > A$，从而存在 $c \in (a,b)$ 使 $M = f(c)$，$f(c)$ 就是 (a,b) 上最大值.

例 2-33 设 $f(x) \in C_{[a,b]}$，A,B 为两个正实数，证明对任意的 $x_1, x_2 \in [a,b]$，都存在 $\xi \in [a,b]$ 使 $Af(x_1) + Bf(x_2) = (A+B)f(\xi)$ 成立.

证明：由于 $f(x)$ 在 $[a,b]$ 上连续，所以有最大值 M 和最小值 m，因此有

$$m \leqslant f(x_1) \leqslant M, \quad m \leqslant f(x_2) \leqslant M$$
$$Am \leqslant Af(x_1) \leqslant AM, \quad Bm \leqslant Bf(x_2) \leqslant BM$$

将以上两式相加得

$$Am + Bm \leqslant Af(x_1) + Bf(x_2) \leqslant AM + BM$$

或

$$m \leqslant \frac{Af(x_1) + Bf(x_2)}{A+B} \leqslant M$$

再由介值原理可知，存在 $\xi \in [a,b]$ 使

$$f(\xi) = \frac{Af(x_1) + bf(x_2)}{A+B}$$

即

$$Af(x_1) + Bf(x_2) = (A+B)f(\xi)$$

例 2-34 设 $f(x)$ 是把 $[0,1]$ 区间映射到 $[0,1]$ 区间的连续映射，证明此映射在 $[0,1]$ 区间上至少有一个不动点.

证明：设 $f(x)-x=F(x)$ ，则易见 $F(x)$ 在 $[0,1]$ 上连续，且

$$F(0)=f(0)-0=f(0)\geqslant 0 , \quad F(1)=f(1)-1\leqslant 0$$

从而有 $F(0)\cdot F(1)\leqslant 0$. 由根的存在原理， $F(x)=0$ 在 $[0,1]$ 上必有根，即 $f(x)=x$ 在 $[0,1]$ 上有根，设根为 $\xi\in[0,1]$ ，则 ξ 就是不动点，即 $\xi=f(\xi)$.

例 2-35 已知 $f(x)=\lim\limits_{n\to\infty}\dfrac{\ln(e^n+x^n)}{n}$ ， $x>0$ ，（1）求 $f(x)$ ；（2）判断函数 $f(x)$ 在定义域上是否连续.

解：（1）当 $0<x\leqslant e$ 时，

$$f(x)=\lim_{n\to\infty}\frac{\ln(e^n+x^n)}{n}=\lim_{n\to\infty}\frac{\ln\left\{e^n\left[1+\left(\dfrac{x}{e}\right)^n\right]\right\}}{n}=\lim_{n\to\infty}\frac{n+\ln\left[1+\left(\dfrac{x}{e}\right)^n\right]}{n}=1$$

当 $x>e$ 时，

$$f(x)=\lim_{n\to\infty}\frac{\ln(e^n+x^n)}{n}=\lim_{n\to\infty}\frac{\ln\left\{x^n\left[1+\left(\dfrac{e}{x}\right)^n\right]\right\}}{n}=\lim_{n\to\infty}\frac{n\ln x+\ln\left[1+\left(\dfrac{e}{x}\right)^n\right]}{n}=\ln x$$

（2） $\lim\limits_{x\to e^-}f(x)=\lim\limits_{x\to e^+}f(x)=1$ ， $f(e)=1$ ，所以 $f(x)$ 在其定义域上连续.

例 2-36 设 $F(x,t)=\left(\dfrac{x-1}{t-1}\right)^{\frac{1}{x-t}}$ ，且 $(x-1)(t-1)>0$, $x\neq t$ ，函数 $f(x)=\lim\limits_{t\to x}F(x,t)$ ，试求 $f(x)$ 的连续区间和间断点，并判断间断点的类型.

解： $f(x)=\lim\limits_{t\to x}F(x,t)=\lim\limits_{t\to x}\left(1+\dfrac{x-t}{t-1}\right)^{\frac{1}{x-1}}=e^{\frac{1}{x-1}}$

连续区间为 $(-\infty,1)$ 和 $(1,+\infty)$ ， $x=1$ 是间断点. $\lim\limits_{x\to 1^+}f(x)=+\infty$ ，所以 $x=1$ 是第二类间断点.

2.3 习题

1．选择题.

（1）若数列 $\{x_n\}$ 有极限 A ，则在 A 的邻域外，数列中的点（ ）.

（A）必有无穷多个

（B）至多只有有限个

（C）可以有有限个，也可以有无穷多个

（D）必不存在

（2）若数列 $\{x_n\}$ 在 $(a-\varepsilon,a+\varepsilon)$ 邻域内有无穷多个数列的点，则（ ）（其中 ε 为一给定的正数）.

（A）数列 $\{x_n\}$ 必有极限，但不一定等于 a

（B）数列 $\{x_n\}$ 的极限存在且一定等于 a

（C）数列 $\{x_n\}$ 的极限不一定存在

（D）数列 $\{x_n\}$ 的极限一定不存在

（3）设 $a_n = \dfrac{1+(-1)^n}{2}n$，则（   ）.

（A）$\{a_n\}$ 有界

（B）$\{a_n\}$ 无界

（C）$\{a_n\}$ 单调递增

（D）$\{a_n\}$（当 $n \to \infty$ 时）是无穷大

（4）设 $f(x) = x\sin x$，则（   ）.

（A）当 $x \to \infty$ 时为无穷大

（B）在 $(-\infty, +\infty)$ 内有界

（C）在 $(-\infty, +\infty)$ 内无界

（D）当 $x \to \infty$ 时有有限极限

（5）函数（   ）在其定义域上连续.

（A）$f(x) = \ln x + \sin x$

（B）$f(x) = \begin{cases} \sin x, & x \leqslant 0 \\ \cos x, & x > 0 \end{cases}$

（C）$f(x) = \begin{cases} x+1, & x < 0 \\ 0, & x = 0 \\ x-1, & x > 0 \end{cases}$

（D）$f(x) = \begin{cases} \dfrac{1}{\sqrt{|x|}}, & x \neq 0 \\ 0, & x = 0 \end{cases}$

（6）设 $f(x) = 2^x + 3^x - 2$，则当 $x \to 0$ 时（   ）.

（A）$f(x)$ 与 x 是等价无穷小

（B）$f(x)$ 与 x 同阶但非等价无穷小

（C）$f(x)$ 是较 x 高阶的无穷小

（D）$f(x)$ 是较 x 低阶的无穷小

（7）设 $f(x) \in C_{(-\infty, +\infty)}$，$\varphi(x)$ 在 $(-\infty, +\infty)$ 上有定义但有间断点，且 $f(x) \neq 0$，则有（   ）.

（A）$\varphi(f(x))$ 必有间断点

（B）$[\varphi(x)]^2$ 必有间断点

（C）$f(\varphi(x))$ 必有间断点

（D）$\dfrac{\varphi(x)}{f(x)}$ 必有间断点

（8）若 $f(x), g(x)$ 在 $(-\infty, +\infty)$ 上连续，且 $f(x) < g(x)$，则有（   ）.

（A）$\lim\limits_{x \to x_0} f(x) \leqslant \lim\limits_{x \to x_0} g(x)$

（B）$\lim\limits_{x \to x_0} f(x) < \lim\limits_{x \to x_0} g(x)$

（C）$f(-x) > g(x)$

（D）$\lim\limits_{x \to x_0} f(x), \lim\limits_{x \to x_0} g(x)$ 不一定存在

（9）若 $\lim\limits_{x \to x_0} f(x)$ 存在，则下列极限一定存在的是（　　　）.

（A）$\lim\limits_{x \to x_0}[f(x)]^{\alpha}$（$\alpha$ 为实数）　　（B）$\lim\limits_{x \to x_0}|f(x)|$

（C）$\lim\limits_{x \to x_0}\ln|f(x)|$　　（D）$\lim\limits_{x \to x_0}\arcsin f(x)$

（10）设 $\lim\limits_{x \to x_0}[f(x)]$ 存在，$\lim\limits_{x \to x_0} g(x)$ 不存在，则（　　　）.

（A）$\lim\limits_{x \to x_0}[f(x) \cdot g(x)]$ 和 $\lim\limits_{x \to x_0}\dfrac{g(x)}{f(x)}$ 一定都不存在

（B）$\lim\limits_{x \to x_0}[f(x) \cdot g(x)]$ 和 $\lim\limits_{x \to x_0}\dfrac{g(x)}{f(x)}$ 一定都存在

（C）$\lim\limits_{x \to x_0}[f(x) \cdot g(x)]$ 及 $\lim\limits_{x \to x_0}\dfrac{g(x)}{f(x)}$ 中恰有一个存在，而另一个不存在

（D）$\lim\limits_{x \to x_0}[f(x) \cdot g(x)]$ 不一定存在

（11）两个无穷小 α 与 β 之和 $\alpha + \beta$（　　　）.

（A）仍是无穷小，且至少与 α, β 中的一个同阶

（B）仍是无穷小，且可能比 α, β 的阶数都高

（C）仍是无穷小，且可能比 α, β 的阶数都低

（D）仍是无穷小，且和 α, β 中某一个等价

（12）两个无穷小 α 与 β 之积 $\alpha\beta$ 仍是无穷小，且与 α 或 β 相比（　　　）.

（A）是高阶无穷小　　　　　　　（B）是同阶无穷小

（C）可能是高阶无穷小，也可能是同阶无穷小

（D）与阶数较低的同阶

（13）无界量与无穷大量的关系为（　　　）.

（A）无界量必是无穷大量

（B）无界量是无穷大量，且无穷大量也是无界量

（C）无穷大量必是无界量

（D）无穷大量不一定是无界量

（14）设 $f(x)$ 在 $x = x_0$ 点连续，且存在 $\delta > 0$，使当 $0 < |x - x_0| < \delta$ 有 $f(x) > 0$，则必有（　　　）.

（A）$f(x_0) > 0$　　　　　　　（B）$f(x_0) \geqslant 0$

（C）$f(x_0) \neq 0$　　　　　　　（D）$f(x_0) = 0$

（15）下述结论正确的是（　　　）.

（A）连续函数一定没有间断点

（B）连续函数可能有间断点

（C）没有间断点的函数一定是连续函数

（D）不连续的函数一定有间断点

（16）设函数 $f(x)$ 在 $(-\infty, +\infty)$ 上单调有界，$\{x_n\}$ 为数列，下列命题正确的是（　　　）.

（A）若 $\{x_n\}$ 收敛，则 $\{f(x_n)\}$ 收敛

（B）若 $\{x_n\}$ 单调，则 $\{f(x_n)\}$ 收敛

（C）若$\{f(x_n)\}$收敛，则$\{x_n\}$收敛

（D）若$\{f(x_n)\}$单调，则$\{x_n\}$收敛

2．求下列极限.

（1）$\lim\limits_{n\to\infty}\left(\dfrac{n-2}{n+1}\right)^n$；

（2）$\lim\limits_{x\to 0}\left(\dfrac{1}{x}-\dfrac{1}{e^x-1}\right)$；

（3）$\lim\limits_{x\to\infty}\dfrac{\sqrt[3]{1-4x^2\sin x}-1}{x\ln(1+2x^2)}$；

（4）$\lim\limits_{x\to 0^+}\left(\dfrac{1}{\sqrt{x}}\right)^{\tan x}$；

（5）$\lim\limits_{x\to 1}\left(\dfrac{x^x-1}{x\ln x}\right)$；

（6）$\lim\limits_{x\to 1}(1-x^2)\tan\dfrac{\pi x}{2}$；

（7）$\lim\limits_{x\to\infty}\left(\dfrac{x+a}{x-a}\right)^x$；

（8）$\lim\limits_{n\to\infty}\left(\sqrt{n+2\sqrt{n}}-\sqrt{n-\sqrt{n}}\right)$；

（9）$\lim\limits_{x\to 0^+}\left(\cos\sqrt{x}\right)^{\frac{\pi}{x}}$；

（10）$\lim\limits_{x\to 0^+}\dfrac{1-e^{\frac{1}{x}}}{x+e^{\frac{1}{x}}}$；

（11）$\lim\limits_{x\to 0}\dfrac{x-\sin x}{x^2(e^x-1)}$；

（12）$\lim\limits_{x\to 0}\left(\dfrac{e^x+e^{2x}+\cdots+e^{nx}}{n}\right)^{\frac{1}{x}}$；

（13）$\lim\limits_{x\to\infty}(x+\sqrt{1+x^2})^{\frac{1}{x}}$；

（14）$\lim\limits_{x\to 1}\left(\dfrac{x^2-1}{x-1}e^{\frac{1}{x-1}}\right)$；

（15）$\lim\limits_{x\to 0}\dfrac{e^x-\sin x-1}{1-\sqrt{1-x^2}}$；

（16）$\lim\limits_{x\to\infty}\left(\sin\dfrac{2}{x}+\cos\dfrac{1}{x}\right)^x$；

（17）$\lim\limits_{n\to\infty}\left(\dfrac{2n^2+4}{3n-1}\cdot\sin\dfrac{5}{n}\right)$；

（18）$\lim\limits_{x\to+\infty}\left(x\sqrt{1-\cos\dfrac{1}{x}\cos\dfrac{2}{x}}\right)$；

（19）$\lim\limits_{x \to 0} \dfrac{\tan(\tan x) - \sin(\sin x)}{\tan x - \sin x}$；

（20）$\lim\limits_{x \to 0} \dfrac{3\sin + x^2 \cos \dfrac{1}{x}}{(1 + \cos x)(\mathrm{e}^x - 1)}$；

（21）$\lim\limits_{x \to \infty} x\left[\sin \ln\left(1 + \dfrac{3}{x}\right) - \sin \ln\left(1 + \dfrac{1}{x}\right) \right]$；

（22）$\lim\limits_{n \to \infty}\left(\dfrac{1}{n^2 + n + 1} + \dfrac{2}{n^2 + n + 2} + \cdots + \dfrac{n}{n^2 + n + n} \right)$；

（23）$\lim\limits_{x \to 0^+} \dfrac{1 - \sqrt{\cos x}}{x(1 - \cos \sqrt{x})}$；

（24）$\lim\limits_{x \to -\infty} \dfrac{\sqrt{4x^2 + x - 1} + x + 1}{\sqrt{x^2 + \sin x}}$；

（25）$\lim\limits_{n \to \infty} \dfrac{1 - \mathrm{e}^{-nx}}{1 + \mathrm{e}^{nx}}$；

（26）$\lim\limits_{x \to 0} \dfrac{4}{\pi^2 x^2}\left(\cos \dfrac{\pi}{2}x - \cos \pi x \right)$；

（27）$\lim\limits_{x \to 0} \dfrac{(\mathrm{e}^{\sin 3x} - 1)\ln(1 + 2x)}{(1 - \mathrm{e}^{4x})\tan \dfrac{x}{2}}$；

（28）$\lim\limits_{n \to \infty}\left(1 + \dfrac{1}{n} + \dfrac{1}{n^2} \right)^n$；

（29）$\lim\limits_{x \to 0^+}\left(\ln \dfrac{1}{x} \right)^x$；

（30）$\lim\limits_{x \to +\infty}\left(\dfrac{\pi}{2} - \arctan x \right)^{\frac{1}{\ln x}}$；

（31）$\lim\limits_{x \to 0} \dfrac{x^2 \sin \dfrac{1}{x}}{\sin x}$；

（32）$\lim\limits_{x \to \frac{\pi}{2}} \dfrac{1 - \sin^{\alpha + \beta} x}{\sqrt{1 - \sin^{\alpha} x} \cdot \sqrt{1 - \sin^{\beta} x}}$，$\quad \alpha, \beta > 0$；

（33）$\lim\limits_{x \to 0} \dfrac{\mathrm{e}^2 - (1 + x)^{\frac{2}{x}}}{x}$；

（34）$\lim\limits_{x \to 0} \dfrac{x - \displaystyle\int_0^x \dfrac{\sin t}{t}\,\mathrm{d}t}{x - \sin x}$；

（35）$\lim\limits_{x \to 0^+}\left(\dfrac{\sin x}{x} \right)^{\frac{1}{1 - \cos x}}$；

（36）$\lim\limits_{n \to \infty}\left[n^2\left(\dfrac{1}{n^2 + 1^2} + \dfrac{1}{n^2 + 2^2} + \cdots + \dfrac{1}{n^2 + n^2} \right)^2 \right]$；

（37）$\lim\limits_{n\to\infty}\left[\dfrac{1}{\sqrt{n^2}}+\dfrac{1}{\sqrt{n(n+1)}}+\cdots+\dfrac{1}{\sqrt{n(2n-1)}}\right]$；

（38）$\lim\limits_{n\to\infty}\left(\dfrac{2^{\frac{1}{n}}}{n+1}+\dfrac{2^{\frac{2}{n}}}{n+\frac{1}{2}}+\cdots+\dfrac{2^{\frac{n}{n}}}{n+\frac{1}{n}}\right)$；

（39）$\lim\limits_{n\to\infty}\dfrac{(\sqrt{1}+\sqrt{2}+\cdots+\sqrt{n})\left(1+\frac{1}{\sqrt{2}}+\cdots+\frac{1}{\sqrt{n}}\right)}{(n+1)(n+2)}$；

（40）$\lim\limits_{x\to+\infty}\left[\sqrt[n]{(x+a_1)(x+a_2)\cdots(x+a_n)}-x\right]$；

（41）$\lim\limits_{x\to0}\left(\dfrac{2+e^{\frac{1}{x}}}{1+e^{\frac{4}{x}}}+\dfrac{\sin x}{|x|}\right)$；

（42）$\lim\limits_{x\to0}\dfrac{[\sin x-\sin(\sin x)]\sin x}{x^4}$；

（43）$\lim\limits_{x\to0}\dfrac{1}{x^3}\left[\left(\dfrac{2+\cos x}{3}\right)^x-1\right]$．

3. 设 $f(x)$ 连续，且 $f(0)\neq0$，求 $\lim\limits_{x\to0}\dfrac{\displaystyle\int_0^x(x-t)f(t)\mathrm{d}t}{x\displaystyle\int_0^x f(x-t)\mathrm{d}t}$．

4. 设 $f(x,y)=\dfrac{y}{1+xy}-\dfrac{1-y\sin\frac{\pi x}{y}}{\arctan x}$，$x>0,y>0$，求

（1）$g(x)=\lim\limits_{y\to+\infty}f(x,y)$；

（2）$\lim\limits_{x\to0^+}g(x)$．

5. 设 $x_1=\sqrt[3]{6}$，$x_{n+1}=\sqrt[3]{6+x_n}$，求 $\lim\limits_{n\to\infty}x_n$．

6. 设 $x_1=\sqrt{a}$，$a>0$，$x_{n+1}=\sqrt{a+x_n}$，求 $\lim\limits_{n\to\infty}x_n$．

7. 设 $0<x_0<1$，$x_{n+1}=x_n(2-x_n)$，求 $\lim\limits_{n\to\infty}x_n$．

8. 设 $x_1>0$，$x_{n+1}=\dfrac{3(1+x_n)}{3+x_n}$，求 $\lim\limits_{n\to\infty}x_n$．

9. 设 $a_1=1+\sin(-1)$，$a_{n+1}=1+\sin(a_n-1)$，求 $\lim\limits_{n\to\infty}a_n$．

10. 设 $a_1=\dfrac{1}{2}$，$a_{n+1}=\dfrac{1+a_n^2}{2}$，求 $\lim\limits_{n\to\infty}a_n$．

11. 设 $a_1=1$，$a_{n+1}=\sqrt{2a_n+3}$，求 $\lim\limits_{n\to\infty}a_n$．

12. 已知数列 $\{x_n\}$ 满足 $0<x_1<\dfrac{\pi}{4}$，$x_{n+1}+\tan x_n=2x_n$，$n=1,2,\cdots$，求 $\lim\limits_{n\to\infty}x_n$．

13. 设 $f(x)$ 满足 $a\leqslant f(x)\leqslant b$，$x\in[a,b]$，$\forall x,y\in[a,b]$，$|f(x)-f(y)|\leqslant\dfrac{1}{2}|x-y|$，证明 c 是

$f(x) = x$ 在 $[a,b]$ 上的唯一解.

14. 讨论函数 $f(x) = \lim\limits_{n \to \infty} \dfrac{x^{n+2} - x^{-n}}{x^n + x^{-n}}$ 连续性.

15. 设数列 $\{x_n\}$ 满足 $0 < x_1 < \pi$，$x_{n+1} = \sin x_n$，$n = 1, 2, \cdots$.

（1）证明 $\lim\limits_{n \to \infty} x_n$ 存在，并求该极限；

（2）求 $\lim\limits_{n \to \infty} \left(\dfrac{x_{n+1}}{x_n} \right)^{\frac{1}{x_n^2}}$.

16. 已知曲线 $f(x) = x^n$ 在点 $(1,1)$ 处的切线与 x 轴的交点为 $(\xi_n, 0)$，求 $\lim\limits_{n \to \infty} \ln f(\xi_n)$.

17. 已知 $\lim\limits_{x \to \infty} \left(\dfrac{x+1}{x-1} \right)^{\frac{a}{4}(x+1)} = \int_{-\infty}^{\frac{a}{2}} t e^t \mathrm{d}x$，求常数 a.

18. 已知 $\lim\limits_{x \to 1} \dfrac{\sqrt{x^4 + 1} - [A + B(x-1) + C(x-1)^2]}{(x-1)^2} = 0$，求 A, B, C.

19. 已知 $\lim\limits_{x \to 12} f(x) = 0$，$\lim\limits_{x \to 12} f'(x) = 1000$，求 $\lim\limits_{x \to 12} \dfrac{\int_{12}^{x} \left[t \int_{t}^{12} f(\theta) \mathrm{d}\theta \right] \mathrm{d}t}{(12 - x)^3}$.

导数与微分

导数与微分是一元微积分的重要组成部分，我们要正确理解这两个重要概念的本质，掌握函数的导数和微分的各种求法及导数的应用. 从历年考研试题中可以归纳这部分的主要题型及内容，包括导数和微分的计算、导数的定义及其几何意义与物理意义、可导与连续的关系、求某些较简单函数的高阶导数.

3.1 知识点提要

3.1.1 导数与微分的概念、关系及实际意义

1. 导数的定义

设 $y = f(x)$ 在点 x_0 的某邻域内有定义，若极限

$$\lim_{x \to x_0} \frac{f(x) - f(x_0)}{x - x_0} = \lim_{\Delta x \to 0} \frac{f(x_0 + \Delta x) - f(x_0)}{\Delta x}$$

存在，则称 $y = f(x)$ 在点 x_0 处可导，此极限值称为 $f(x)$ 在 x_0 点的导数，记为 $f'(x_0)$ 或 $\left. \dfrac{\mathrm{d}y}{\mathrm{d}x} \right|_{x=x_0}$ 或 $y'|_{x=x_0}$.

2. 导数的几何意义

$f'(x_0)$ 是曲线 $y = f(x)$ 在点 $(x_0, f(x_0))$ 处的切线斜率，其切线方程为

$$y - f(x_0) = f'(x_0)(x - x_0)$$

点 $(x_0, f(x_0))$ 处的法线方程为

$$y - f(x_0) = -\frac{1}{f'(x_0)}(x - x_0)$$

当函数 $y = f(x)$ 表示质点做直线运动时， $f'(x_0)$ 就是质点在时刻 x_0 的速度.

3. 微分的定义

设 $y = f(x)$ 在点 x 的某邻域内有定义，给自变量一改变量 Δx ，若相应函数的改变量 Δy 可表示成

$$\Delta y = A\Delta x + o(\Delta x)$$

其中，$A=f'(x)$，则称 $y=f(x)$ 在点 x 处可微，并称 Δy 的线性主要部分 $A\Delta x$ 为 $y=f(x)$ 在点 x 处的微分，记为

$$\mathrm{d}y = \mathrm{d}f(x) = A\Delta x = f'(x)\Delta x = f'(x)\mathrm{d}x$$

4．关系

$f'(x_0)$ 存在 $\Leftrightarrow f'_-(x_0)$ 及 $f'_+(x_0)$ 都存在且相等.

可导 $\Leftrightarrow$ 可微 $\Rightarrow$ 连续.

3.1.2 导数公式

1．基本初等函数的导数公式

$$(c)'=0,\ (x)'=1,\ (x^\mu)'=\mu x^{\mu-1},\ (\sin x)'=\cos x,\ (\cos x)'=-\sin x,\ (\tan x)'=\sec^2 x$$

$$(\cot x)'=-\csc^2 x,\ (a^x)'=a^x\ln a(a>0,a\neq 1),\ (\ln x)'=\frac{1}{x},\ (\mathrm{e}^x)'=\mathrm{e}^x,\ (\log_a x)'=\frac{1}{x\ln a}$$

$$(\arcsin x)'=\frac{1}{\sqrt{1-x^2}},\ (\arccos x)'=-\frac{1}{\sqrt{1-x^2}},\ (\arctan x)'=\frac{1}{1+x^2},\ (\operatorname{arccot}x)'=-\frac{1}{1+x^2}$$

2．函数四则运算的导数公式

$$(f(x)\pm g(x))'=f'(x)\pm g'(x)$$

$$(f(x)g(x))'=f'(x)g(x)+f(x)g'(x)$$

$$\left(\frac{f(x)}{g(x)}\right)'=\frac{f'(x)g(x)-f(x)g'(x)}{(g(x))^2},\quad g(x)\neq 0$$

3．反函数、复合函数、参数式函数的导数公式

（1）$\dfrac{\mathrm{d}y}{\mathrm{d}x}=\dfrac{1}{\dfrac{\mathrm{d}x}{\mathrm{d}y}}$ 或 $[f^{-1}(x)]'=\dfrac{1}{f'(y)}$.

（2）$(f(g(x)))'=f'(g(x))g'(x)$ 或 $\dfrac{\mathrm{d}y}{\mathrm{d}x}=\dfrac{\mathrm{d}y}{\mathrm{d}u}\cdot\dfrac{\mathrm{d}u}{\mathrm{d}x}$，$u=g(x)$.

（3）设 $\begin{cases}x=\varphi(t)\\ y=\psi(t)\end{cases}$，则 $\dfrac{\mathrm{d}y}{\mathrm{d}x}=\dfrac{\psi'(t)}{\varphi'(t)}$.

4．指幂函数的导数公式（求导技巧）

$$([f(x)]^{g(x)})'=[f(x)]^{g(x)}[g(x)\ln f(x)]'$$

5．变限积分函数的导数公式

$$\left(\int_{\varphi(x)}^{\psi(x)}f(t)\mathrm{d}t\right)'=\psi'(x)f(\psi(x))-\varphi'(x)f(\varphi(x))$$

6. 隐函数的导数公式

设 $F(x, y) = 0$ 确定一个一元隐函数 $y = f(x)$，则 $\dfrac{\mathrm{d}y}{\mathrm{d}x} = -\dfrac{F_x'}{F_y'}$.

7. 高阶导数公式

$$[f(x) \pm g(x)]^{(n)} = f^{(n)}(x) \pm g^{(n)}(x)$$

$$[cf(x)]^{(n)} = cf^{(n)}(x)$$

$$[f(x)g(x)]^{(n)} = f^{(n)}(x)g(x) + nf^{(n-1)}(x)g'(x) + \frac{n(n-1)}{2!}f^{(n-2)}(x)g''(x) + \cdots + f(x)g^{(n)}$$

$$[f(ax+b)]^{(n)} = a^n f^{(n)}(ax+b)$$

$$(x^\alpha)^{(n)} = \alpha(\alpha-1)\cdots(\alpha-n+1)x^{\alpha-n}$$

$$\left(\frac{1}{x}\right)^{(n)} = \frac{(-1)^n n!}{x^{n+1}}$$

$$(a^x)^{(n)} = a^x(\ln a)^n$$

$$(\ln x)^{(n)} = \frac{(-1)^{n-1}(n-1)!}{x^n}$$

$$(\sin x)^{(n)} = \sin\left(x + \frac{n\pi}{2}\right)$$

$$(\cos x)^{(n)} = \cos\left(x + \frac{n\pi}{2}\right)$$

3.2 例题与方法

3.2.1 导数与微分的计算

利用导数定义及导数公式可以判断函数的可微性及求各类型函数的导数.

例 3-1 设 $f(x) = \begin{cases} \dfrac{\varphi(x) - \cos x}{x}, & x \neq 0 \\ a, & x = 0 \end{cases}$，其中 $\varphi(x)$ 具有二阶连续导数，且 $\varphi(0) = 1$，

（1）求 a 的值，使 $f(x)$ 在 $x = 0$ 点连续；（2）求 $f'(x)$；（3）讨论 $f'(x)$ 在 $x = 0$ 点的连续性.

解：（1）因为

$$\lim_{x \to 0}\frac{\varphi(x) - \cos x}{x} = \lim_{x \to 0}\frac{(\varphi(x) - \cos x)'}{(x)'} = \lim_{x \to 0}(\varphi'(x) + \sin x) = \varphi'(0)$$

所以当 $a = \varphi'(0)$ 时，$f(x)$ 在 $x = 0$ 点连续.

（2）当 $x \neq 0$ 时，

$$f'(x) = \frac{x[\varphi'(x) + \sin x] - [\varphi(x) - \cos x]}{x^2}$$

当 $x = 0$ 时，

$$
\begin{aligned}
f'(0) &= \lim_{x \to 0} \frac{f(x) - f(0)}{x} = \lim_{x \to 0} \frac{\dfrac{\varphi(x) - \cos x}{x} - \varphi'(0)}{x} \\
&= \lim_{x \to 0} \frac{[\varphi(x) - \cos x - x\varphi'(0)]'}{[x^2]'} = \lim_{x \to 0} \frac{\varphi'(x) + \sin x - \varphi'(0)}{2x} \\
&= \frac{1}{2} \lim_{x \to 0} \left[\frac{\varphi'(x) - \varphi'(0)}{x} + \frac{\sin x}{x} \right] = \frac{1}{2}[\varphi''(0) + 1]
\end{aligned}
$$

于是

$$
f'(x) = \begin{cases}
\dfrac{x[\varphi'(x) + \sin x] - [\varphi(x) - \cos x]}{x^2}, & x \neq 0 \\
\dfrac{1}{2}[\varphi''(0) + 1], & x = 0
\end{cases}
$$

（3）因为 $\displaystyle\lim_{x \to 0} f'(x) = \lim_{x \to 0} \frac{\{x[\varphi'(x) + \sin x] - [\varphi(x) - \cos x]\}'}{(x^2)'}$

$$= \lim_{x \to 0} \frac{x\varphi''(x) + x\cos x}{2x} = \frac{1}{2}[\varphi''(0) + 1] = f'(0)$$

所以 $f'(x)$ 在 $x = 0$ 点连续.

例 3-2 设 $f(x)$ 在 $x = 1$ 的某邻域内连续，且 $\displaystyle\lim_{x \to 0} \frac{\ln[f(x+1) + 1 + 3\sin^2 x]}{\sqrt{1-x^2} - 1} = -4$.

（1）求 $f(1)$, $\displaystyle\lim_{x \to 0} \frac{f(1+x)}{x^2}$ 及 $f'(1)$；

（2）设 $f''(1)$ 存在，求 $f''(1)$；

（3）$x = 1$ 是否是 $f(x)$ 的极值点？若是，是极大值点还是极小值点？

解：（1）由条件知 $\displaystyle\lim_{x \to 0}[f(x+1) + 3\sin^2 x] = f(1) \Rightarrow f(1) = 0$，又在 $x = 0$ 的去心邻域中 $f(x+1) + 3\sin^2 x \neq 0$，因此当 $x \to 0$ 时，

$$\ln[f(x+1) + 1 + 3\sin^2 x] \sim f(x+1) + 3\sin^2 x$$

$$\sqrt{1-x^2} - 1 \sim -\frac{1}{2}x^2$$

$$\lim_{x \to 0} \frac{\ln[f(x+1) + 1 + 3\sin^2 x]}{\sqrt{1-x^2} - 1} = \lim_{x \to 0} \frac{f(x+1) + 3\sin^2 x}{-\frac{1}{2}x^2} = -4$$

所以

$$\lim_{x \to 0} \frac{f(1+x)}{x^2} = -1$$

$$f'(1) = \lim_{x \to 0} \frac{f(1+x) - f(1)}{x} = \lim_{x \to 0} \frac{f(1+x)}{x^2} x = 0$$

（2）由 $f''(1)$ 存在，可得 $f(x)$ 在 $x=1$ 的某邻域内可导，

$$-1 = \lim_{x \to 0} \frac{f(x+1)}{x^2} = \lim_{x \to 0} \frac{f'(x+1)}{2x} = \frac{1}{2} \lim_{x \to 0} \frac{f'(1+x) - f'(1)}{x} = \frac{1}{2} f''(1)$$

所以 $f''(1) = -2$.

（3）由 $\lim_{x \to 0} \frac{f(1+x)}{x^2} = -1 < 0$，$f(x+1) < 0 = f(1)$，$x \ne 0$. 所以 $x=1$ 是 $f(x)$ 的极大值点.

例 3-3 设函数 $f(x) = \lim_{n \to +\infty} \dfrac{x^2 e^{n(x-1)} + ax + b}{e^{n(x-1)} + 1}$，问 a, b 为何值时，$f(x)$ 连续且可导，并求出此时的 $f'(x)$.

解： 当 $x > 1$ 时，

$$\lim_{n \to +\infty} \frac{x^2 e^{n(x-1)} + ax + b}{e^{n(x-1)} + 1} = \lim_{n \to +\infty} \left[\frac{x^2 (e^{n(x-1)} + 1)}{e^{n(x-1)} + 1} + \frac{-x^2 + ax + b}{e^{n(x-1)} + 1} \right] = x^2$$

当 $x = 1$ 时，

$$\lim_{n \to +\infty} \frac{x^2 e^{n(x-1)} + ax + b}{e^{n(x-1)} + 1} = \lim_{n \to +\infty} \left(\frac{1 + a + b}{1 + 1} \right) = \frac{a + b + 1}{2}$$

当 $x < 1$ 时，

$$\lim_{n \to +\infty} \frac{x^2 e^{n(x-1)} + ax + b}{e^{n(x-1)} + 1} = ax + b$$

因而

$$f(x) = \begin{cases} x^2, & x > 1 \\ \dfrac{a + b + 1}{2}, & x = 1 \\ ax + b, & x < 1 \end{cases}$$

若使 $f(x)$ 在 $(-\infty, +\infty)$ 上连续，只需

$$\lim_{x \to 1^-} f(x) = \lim_{x \to 1^+} f(x) = f(1)$$

即 $a + b = 1 = \dfrac{a + b + 1}{2}$. 从而得 $a + b = 1$.

当 $f(x)$ 在 $x = 1$ 处连续时，因

$$f_-'(1) = \lim_{\Delta x \to 0^-} \frac{f(1 + \Delta x) - f(1)}{\Delta x} = \lim_{\Delta x \to 0^-} \frac{a(1 + \Delta x) + b - \dfrac{a + b + 1}{2}}{\Delta x} = a$$

$$f_+'(1) = \lim_{\Delta x \to 0^+} \frac{(1 + \Delta x)^2 - \dfrac{a + b + 1}{2}}{\Delta x} = 2$$

故当 $a = 2$ 时，$f(x)$ 在 $x = 1$ 处可导，再由 $a + b = 1$ 知 $b = -1$，因此，当 $a = 2$，$b = -1$ 时，$f(x)$ 连续、可导，且

$$f'(x) = \begin{cases} 2x, & x > 1 \\ 2, & x = 1 \\ 2, & x < 1 \end{cases}$$

例 3-4 设 $f(x)$ 与 $g(x)$ 互为反函数，且 $f'(x)$，$f''(x)$ 已知，而 $f'(x) \neq 0$，求 $g''(x)$.

解： 令 $y = g(x)$，则 $g'(x) = \dfrac{1}{f'(y)}$，两端对 x 求导得

$$g''(x) = \frac{-f''(y)y'}{[f'(y)]^2} = \frac{-f''(y)g'(x)}{[f'(y)]^2} = -\frac{f''(y)}{[f'(y)^3]}$$

所以 $g''(x) = \dfrac{-f''[g(x)]}{(f'[g(x)])^3}$.

例 3-5 设 $y^y = x$，求 $\dfrac{\mathrm{d}^2 y}{\mathrm{d}x^2}$.

解： 两端对 x 求导，$(y^y)'_x = (x)'_x$，得 $y^y (y \ln y)'_x = 1$.

$$y^y(y' \ln y + y') = 1 \Rightarrow \frac{\mathrm{d}y}{\mathrm{d}x} = \frac{1}{y^y(\ln y + 1)}$$

或 $\dfrac{\mathrm{d}y}{\mathrm{d}x} = \dfrac{1}{x(1 + \ln y)}$ 两端对 x 再求导，有

$$\frac{\mathrm{d}^2 y}{\mathrm{d}x^2} = \frac{-\left[1 + \ln y + x \cdot \dfrac{1}{y} \dfrac{\mathrm{d}y}{\mathrm{d}x}\right]}{x^2(1 + \ln y)^2}$$

再将 $\dfrac{\mathrm{d}y}{\mathrm{d}x} = \dfrac{1}{x(1 + \ln y)}$ 代入得

$$\frac{\mathrm{d}^2 y}{\mathrm{d}x^2} = -\frac{y(1 + \ln y)^2 + 1}{x^2 y(1 + \ln y)^3}$$

例 3-6 设函数 $y = y(x)$ 是由方程 $\mathrm{e}^{x+y} + \cos(xy) = 0$ 所确定的，求 $\dfrac{\mathrm{d}y}{\mathrm{d}x}$.

解： 方程两端对 x 求导得

$$\mathrm{e}^{x+y}\left(1 + \frac{\mathrm{d}y}{\mathrm{d}x}\right) - \sin(xy)\left(y + x\frac{\mathrm{d}y}{\mathrm{d}x}\right) = 0$$

$$\frac{\mathrm{d}y}{\mathrm{d}x} = \frac{y\sin(xy) - \mathrm{e}^{x+y}}{\mathrm{e}^{x+y} - x\sin(xy)}$$

例 3-7 设 $\begin{cases} x = t - \ln(1+t) \\ y = t^3 + t^2 \end{cases}$，求 $\dfrac{\mathrm{d}^2 y}{\mathrm{d}x^2}\Big|_{t=1}$.

解：

$$\frac{\mathrm{d}y}{\mathrm{d}x} = \frac{(t^3 + t^2)'}{[t - \ln(1+t)]'} = \frac{3t^2 + 2t}{1 - \dfrac{1}{1+t}} = (1+t)(3t + 2)$$

$$\frac{d^2 y}{dx^2} = \frac{[(1+t)(3t+2)]'}{[t-\ln(1+t)]'} = \frac{(3t+2)+3(t+1)}{1-\frac{1}{1+t}} = \frac{(6t+5)(1+t)}{t}$$

所以 $\left.\frac{d^2 y}{dt^2}\right|_{t=1} = 22$.

例 3-8 设 $y = f\left(\frac{x+2}{2x-1}\right)$，而 $f'(x) = \arctan x$，求 $\frac{dy}{dx}$.

解： $\frac{dy}{dx} = f'\left(\frac{x+2}{2x-1}\right)\left(\frac{x+2}{2x-1}\right)' = \left(\arctan\frac{x+2}{2x-1}\right)\frac{-5}{(2x-1)^2}$.

例 3-9 设 $f(x)$ 对任意 x_1, x_2 满足 $f(x_1+x_2) = f(x_1)f(x_2)$，且 $f'(0) = 1$，而 $f(0) \neq 0$，求 $f'(x)$.

解： 由 $f(x_1+x_2) = f(x_1)f(x_2)$，令 $x_1 = x_2 = 0$ 得 $f(0) = 1$，又

$$f'(0) = \lim_{\Delta x \to 0}\frac{f(\Delta x)-f(0)}{\Delta x} = \lim_{\Delta x \to 0}\frac{f(\Delta x)-1}{\Delta x} = 1$$

对任意的 $x \in (-\infty, +\infty)$，则有

$$f'(x) = \lim_{\Delta x \to 0}\frac{f(x+\Delta x)-f(x)}{\Delta x}$$
$$= \lim_{\Delta x \to 0}\frac{f(x)\cdot f(\Delta x)-f(x)}{\Delta x} = f(x)\lim_{\Delta x \to 0}\frac{f(\Delta x)-1}{\Delta x} = f(x)$$

所以 $f'(x) = f(x) \Rightarrow f(x) = ce^x$，由 $f'(0) = 1 \Rightarrow f(x) = e^x$，从而 $f'(x) = e^x$.

例 3-10 设 $y = \sqrt[3]{\frac{(x+1)(x^2+1)}{(x^3+x+1)(x-1)}}$，求 y'.

解： 这种多个因子开方型函数的导数可用求导技巧来计算.

$$y' = \sqrt[3]{\frac{(x+1)(x^2+1)}{(x^3+x+1)(x-1)}} \cdot \left[\frac{1}{3}\ln\frac{(x+1)(x^2+1)}{(x^3+x+1)(x-1)}\right]'$$
$$= \sqrt[3]{\frac{(x+1)(x^2+1)}{(x^3+x+1)(x-1)}} \cdot \left[\frac{1}{3}\left(\frac{1}{x+1}+\frac{2x}{x^2+1}-\frac{3x^2+1}{x^3+x+1}-\frac{1}{x-1}\right)\right]$$

例 3-11 设 $f(x) = \sin^4 x - \cos^4 x$，求 $f^{(n)}(x)$.

解： 化 $f(x) = \sin^4 x - \cos^4 x = (\sin^2 x + \cos^2 x)(\sin^2 x - \cos^2 x)$
$$= -(\cos^2 x - \sin^2 x) = -\cos 2x$$

从而有

$$f'(x) = -2\cos\left(2x+\frac{\pi}{2}\right)$$

$$f''(x) = -2^2\cos\left(2x+2\cdot\frac{\pi}{2}\right)$$

$$f^{(3)}(x) = -2^3\cos\left(2x+3\cdot\frac{\pi}{2}\right)$$

由归纳法可知

$$f^{(n)}(x) = -2^n \cos\left(2x + n \cdot \frac{\pi}{2}\right)$$

例 3-12　设 $y = \dfrac{x}{x^2 + 3x + 2}$，求 $y^{(n)}$.

解：
$$y = \frac{x}{x^2 + 3x + 2} = \frac{x}{(x+1)(x+2)} = \frac{2}{x+2} - \frac{1}{x+1}$$

所以

$$y^{(n)} = \left(\frac{2}{x+2}\right)^{(n)} - \left(\frac{1}{1+x}\right)^{(n)} = \frac{(-1)^n 2n!}{(x+2)^{n+1}} - \frac{(-1)^n n!}{(x+1)^{n+1}}$$

例 3-13　设 $y = \cos x \cos 2x \sin 3x$，求 $y^{(n)}$.

解：
$$y = \cos x \cos 2x \sin 3x = \frac{1}{2}\sin 3x \cos 3x + \frac{1}{2}\sin 3x \cos x$$
$$= \frac{1}{4}\sin 6x + \frac{1}{4}\sin 4x + \frac{1}{4}\sin 2x$$

所以

$$y^{(n)} = \frac{1}{4}(\sin 6x)^{(n)} + \frac{1}{4}(\sin 4x)^{(n)} + \frac{1}{4}(\sin 2x)^{(n)}$$
$$= \frac{6^n}{4}\sin\left(6x + \frac{n\pi}{2}\right) + \frac{4^n}{4}\sin\left(4x + \frac{n\pi}{2}\right) + \frac{2^n}{4}\sin\left(2x + \frac{n\pi}{2}\right)$$

例 3-14　设 $y = x^3 e^x$，求 $y^{(n)}$.

解： 对于一般的乘积型函数的高阶导数，不可随意使用高阶导数的乘积公式. 当正整幂函数为函数因子时，才可使用乘积公式.

$$y^{(n)} = (e^x)^{(n)} + n(e^x)^{(n-1)}(x^3)' + \frac{n(n-1)}{2!}(e^x)^{(n-2)}(x^3)'' + \frac{n(n-1)(n-2)}{3!}(e^x)^{(n-3)}(x^3)'''$$
$$= x^3 e^x + 3x^2 n e^x + 3n(n-1)x e^x + n(n-1)(n-2)e^x$$
$$= e^x(x^3 + 3nx^2 + 3n(n-1)x + n(n-1)(n-2))$$

例 3-15　设 $f(x) = \ln(1 + \sqrt{1+x^2})$，求 $f^{(n)}(0)$.

解：

方法一：

由 $f'(x) = \dfrac{1}{\sqrt{1+x^2}} \Rightarrow [f'(x)]^2(1+x^2) = 1$，有

$$2x[f'(x)]^2 + 2(1+x^2)f'(x)f''(x) = 0 \Rightarrow xf'(x) + (1+x^2)f''(x) = 0$$

对上式两端取 $n-2$ 阶导数得

$$xf^{(n-1)}(x) + (n-2)f^{(n-2)}(x) + (1+x^2)f^{(n)}(x) + 2(n-2)xf^{(n-1)}(x) + (n-2)(n-3)f^{(n-2)}(x) = 0$$

令 $x = 0$，得

$$f^{(n)}(0) = -(n-2)^2 f^{(n-2)}(0)$$

由

$$f(0) = 0 \Rightarrow f^{(2)}(0) = f^{(4)}(0) = \cdots = f^{(2k)}(0) = 0$$

$$f'(0) = 1 \Rightarrow f'''(0) = -1, \ f^{(5)}(0) = 3^2, \ f^{(7)}(0) = -(3 \cdot 5)^2, \cdots, \ f^{(2k+1)}(0) = (-1)((2k-1)!!)^2$$

所以

$$f^{(n)}(0) = \begin{cases} 0, & n = 2,4,6,\cdots \\ (-1)^k [(2k-1)!!]^2, & n = 2k+1 \end{cases}$$

方法二：

由

$$f'(x) = \frac{1}{\sqrt{1+x^2}} \Rightarrow f(x) = \int_0^x \frac{1}{\sqrt{1+x^2}} \mathrm{d}x$$

而

$$\frac{1}{\sqrt{1+x^2}} = (1+x^2)^{\frac{1}{2}} = 1 + \left(-\frac{1}{2}\right)x^2 + \frac{\left(-\frac{1}{2}\right)\left(-\frac{3}{2}\right)}{2!}x^4 + \cdots + \frac{\left(-\frac{1}{2}\right)\left(-\frac{3}{2}\right)\cdots\left(-\frac{2k-1}{2}\right)}{k!}x^{2k} + \cdots$$

所以

$$f(x) = \int_0^x \frac{1}{\sqrt{1+x^2}} \mathrm{d}x$$

$$= \int_0^x \left[1 + \left(-\frac{1}{2}\right)x^2 + \frac{\left(-\frac{1}{2}\right)\left(-\frac{3}{2}\right)}{2!}x^4 + \cdots + \frac{\left(-\frac{1}{2}\right)\left(-\frac{3}{2}\right)\cdots\left(\frac{1-2k}{2}\right)}{k!}x^{2k} + \cdots + \right] \mathrm{d}x$$

$$= x + \frac{\left(-\frac{1}{2}\right)}{3}x^3 + \frac{\left(-\frac{1}{2}\right)\left(-\frac{3}{2}\right)}{5 \cdot 2!}x^5 + \cdots + \frac{\left(-\frac{1}{2}\right)\left(-\frac{3}{2}\right)\cdots\left(\frac{1-2k}{2}\right)}{(2k+1)k!}x^{2k+1}$$

由上述 $f(x)$ 的幂级数可知

$$f^{(n)}(0) = \begin{cases} 0, & n = 2,4,6,\cdots \\ (-1)^k [(2k-1)!!]^2, & n = 2k+1 \end{cases}$$

例 3-16　设当 $0 \leq x < 1$ 时，$f(x) = x(1-x^2)$，且 $f(1+x) = af(x)$，试确定常数 a 的值，使 $f(x)$ 在 $x = 0$ 处可导，并求出此导数.

解： 当 $0 \leq x < 1$ 时，

$$f(x) = x(1-x^2)$$

当 $-1 \leq x < 0, \ 0 \leq 1 + x < 1$ 时，

$$f(x) = \frac{1}{a}f(1+x) = \frac{1}{a}(1+x)[1-(1+x)^2] = -\frac{1}{a}(x+1)(x^2+2x)$$

$$f'_+(0) = \lim_{x \to 0^+} \frac{x(1-x^2)}{x} = 1, \quad f'_-(0) = \lim_{x \to 0^-} \frac{-\frac{1}{a}(x+1)x(2+x)}{x} = -\frac{2}{a}$$

因为 $f'_+(0) = f'_-(0)$，所以 $a = -2, f'(0) = 1$.

3.2.2 导数意义的应用

例 3-17 问 p, q 满足什么关系时，曲线 $y = x^3 + px + q$ 与 x 轴相切.

解：曲线与 x 轴相切，切线斜率为 0，即

$$y' = 3x^2 + p = 0 \tag{3.1}$$

切点在 x 轴上，

$$x^3 + px + q = 0 \tag{3.2}$$

由式（3.1）和式（3.2）得

$$px - 3px - 3q = 0 \Rightarrow x = \frac{-34}{2p}$$

将 $x = -\frac{34}{2p}$ 代入式（3.1）或式（3.2）得

$$\left(\frac{q}{2}\right)^2 + \left(\frac{p}{3}\right)^3 = 0$$

例 3-18 设函数 $y = f(x)$ 由方程 $e^{2x+y} - \cos(xy) = e - 1$ 所确定，求曲线 $y = f(x)$ 在点 $(0,1)$ 处的切线方程及法线方程.

解：方程 $e^{2x+y} - \cos(xy) = e - 1$ 两端对 x 求导得

$$(2 + y')e^{2x+y} + (y + xy')\sin(xy) = 0$$

整理得

$$y' = -\frac{2e^{2x+y} + y\sin(xy)}{e^{2x+y} + x\sin(xy)}$$

则 $y = f(x)$ 在点 $(0,1)$ 处的切线斜率为

$$y'\big|_{(0,1)} = -2$$

则在点 $(0,1)$ 处的切线方程为

$$y - 1 = -2x \quad 即 \quad y + 2x - 1 = 0$$

法线方程为

$$y - 1 = \frac{1}{2}x \quad 即 \quad 2y - x - 2 = 0$$

例 3-19 证明曲线 $x^{\frac{2}{3}} + y^{\frac{2}{3}} = a^{\frac{2}{3}}$, $a > 0$ 的切线介于两坐标轴之间部分的长为一定值.

证明：设点 (x_0, y_0) 为曲线 $x^{\frac{2}{3}} + y^{\frac{2}{3}} = a^{\frac{2}{3}}$ 上任意一点，则此点的切线斜率为

$$k = -\left(\frac{y_0}{x_0}\right)^{\frac{1}{3}}$$

切线方程为

$$y - y_0 = -\left(\frac{y_0}{x_0}\right)^{\frac{1}{3}}(x - x_0)$$

切线与 x 轴的交点为 $A(a^{\frac{2}{3}}x_0^{\frac{1}{3}}, 0)$，与 y 轴的交点 $B(0, a^{\frac{2}{3}}y_0^{\frac{1}{3}})$，则 A, B 间距离即为所求

$$|AB| = \sqrt{(a^{\frac{2}{3}}x_0^{\frac{1}{3}})^2 + (a^{\frac{2}{3}}y_0^{\frac{1}{3}})^2} = a^{\frac{2}{3}}\sqrt{x_0^{\frac{2}{3}} + y_0^{\frac{2}{3}}} = a$$

例 3-20　求极坐标曲线 $r = e^\theta$ 在 $\theta = \dfrac{\pi}{2}$ 对应点处的切线方程.

解：将曲线方程写成参数式

$$\begin{cases} x = e^\theta \cos\theta \\ y = e^\theta \sin\theta \end{cases}$$

从而切点处的直角坐标为 $(0, e^{\frac{\pi}{2}})$，又

$$\frac{dy}{dx} = \frac{e^\theta(\sin\theta + \cos\theta)}{e^\theta(\cos\theta - \sin\theta)} = \frac{\cos\theta + \sin\theta}{\cos\theta - \sin\theta}$$

切线斜率为

$$k = \frac{dy}{dx}\Big|_{\theta = \frac{\pi}{2}} = \frac{\cos\frac{\pi}{2} + \sin\frac{\pi}{2}}{\cos\frac{\pi}{2} - \sin\frac{\pi}{2}} = -1$$

所以，所求切线方程为

$$y - e^{\frac{\pi}{2}} = -x \quad 即 \quad x + y - e^{\frac{\pi}{2}} = 0$$

例 3-21　设塔高 h 米，一个人以匀速 v 向塔底行进，问人距塔底 l 米处时，人与塔顶距离的变化率.

解：如右图所示，设 t 代表时间，当 $t = 0$ 时，人距塔底 a 米（$a > l$），经过时间 t，人与塔顶的距离为 y，则

$$y = \sqrt{h^2 + (a - vt)^2}, \ t > 0$$

$$\frac{dy}{dt} = \frac{-(a - vt)v}{\sqrt{h^2 + (a - vt)^2}}$$

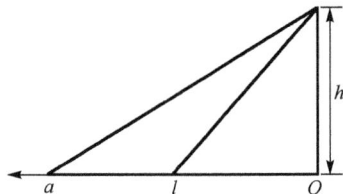

当人距塔底 l 米时，$a - vt = l$，将其代入上式

$$\frac{dy}{dt}\Big|_{a-vt=l} = -\frac{vl}{\sqrt{h^2 + l^2}}$$

就是所求的变化率.

例 3-22 已知 $f(x)$ 是周期为 5 的连续函数，它在 $x=0$ 的某个邻域内满足关系式 $f(1+\sin x)-3f(1-\sin x)=8x+\alpha(x)$，其中，$\alpha(x)$ 是当 $x \to 0$ 时比 x 高阶的无穷小，且 $f(x)$ 在 $x=1$ 处可导，求曲线 $y=f(x)$ 在点 $(6,f(6))$ 处的切线方程.

解： 由 $\lim\limits_{x \to 0}[f(1+\sin x)-3f(1-\sin x)]=\lim\limits_{x \to 0}[8x+\alpha(x)]=0$，得

$$f(1)-3f(1)=0 \Rightarrow f(1)=0$$

又

$$\lim_{x \to 0} \frac{f(1+\sin x)-3f(1-\sin x)}{\sin x}=\lim_{x \to 0}\left[\frac{f(1+\sin x)-f(1)}{\sin x}+3\frac{f(1-\sin x)-f(1)}{-\sin x}\right]$$

$$=4f'(1)=\lim_{x \to 0}\left[\frac{8x+\alpha(x)}{\sin x}\right]=8$$

所以 $f'(1)=2$，又 $f(x+5)=f(x) \Rightarrow f(6)=f(1)=0$，有 $f'(6)=f'(1)=2$.

故所求的切线方程为 $y=2(x-6)$.

3.2.3 微分与近似计算

例 3-23 设 $y=\dfrac{x-a}{1-ax}$，证明 $\dfrac{\mathrm{d}y}{1+ay}=\dfrac{\mathrm{d}x}{1-ax}$.

证明： 将原函数改写为 $y(1-ax)=x-a$，从而有

$$(1-ax)\mathrm{d}y-ay\mathrm{d}x=\mathrm{d}x$$

$$(1-ax)\mathrm{d}y=(1+ay)\mathrm{d}x$$

由此可得 $\dfrac{\mathrm{d}y}{1+ay}=\dfrac{\mathrm{d}x}{1-ax}$.

例 3-24 设 $x(t),y(t)$ 可微，记 $r=\sqrt{x^2+y^2}$，$\theta=\arctan\dfrac{y}{x}$，证明 $(\mathrm{d}x)^2+(\mathrm{d}y)^2=(r\mathrm{d}\theta)^2+(\mathrm{d}r)^2$.

证明： 易知 $\mathrm{d}r=\dfrac{x\mathrm{d}x+y\mathrm{d}y}{\sqrt{x^2+y^2}}$，$\mathrm{d}\theta=\dfrac{x\mathrm{d}y-y\mathrm{d}x}{x^2+y^2}$，从而有

$$(\mathrm{d}r)^2=\frac{x^2(\mathrm{d}x)^2+2xy\mathrm{d}x \cdot \mathrm{d}y+y^2(\mathrm{d}y)^2}{x^2+y^2}$$

$$(r\mathrm{d}\theta)^2=(x^2+y^2)\frac{x^2(\mathrm{d}y)^2-2xy\mathrm{d}x \cdot \mathrm{d}y+y^2(\mathrm{d}x)^2}{(x^2+y^2)^2}$$

由此可得

$$(r\mathrm{d}\theta)^2+(\mathrm{d}r)^2=\frac{x^2((\mathrm{d}x)^2+(\mathrm{d}y)^2)+y^2((\mathrm{d}x)^2+(\mathrm{d}y)^2)}{x^2+y^2}=(\mathrm{d}x)^2+(\mathrm{d}y)^2$$

例 3-25 计算 $\sin 29°$ 的近似值.

解：

$$\sin 29°=\sin(30°-1°)$$

$$\Delta x=-1°=-\frac{\pi}{180}$$

$$x_0 = 30° = \frac{\pi}{6}$$

$$f(x) = \sin x$$

则由 $\sin 30° = \frac{1}{2}$，$f'\left(\dfrac{\pi}{6}\right) = \cos\dfrac{\pi}{6} = \dfrac{\sqrt{3}}{2}$，可知

$$\sin 29° \approx \sin 30° + (\sin x)'\Big|_{x=\frac{\pi}{6}} \cdot \left(-\frac{\pi}{180}\right) = \frac{1}{2} - \frac{\sqrt{3}}{2} \cdot \frac{\pi}{180} \approx 0.4849$$

3.3　习题

1．选择题.

（1）设 $f(x)$ 在 $x = a$ 处可导，则 $\lim\limits_{x \to 0} \dfrac{f(a+x) - f(a-x)}{x} = $（　　）.

（A）$f'(a)$　　　　（B）$2f'(a)$　　　　（C）0　　　　（D）$f'(2a)$

（2）函数 $f(x) = \begin{cases} x\sin\dfrac{1}{x}, & x \neq 0 \\ 0, & x = 0 \end{cases}$ 在 $x = 0$ 处（　　）.

（A）连续且可导

（B）连续，不可导

（C）不连续

（D）不仅可导，导数也连续

（3）若函数 $y = f(x)$，有 $f'(x_0) = \dfrac{1}{2}$，则当 $\Delta x \to 0$ 时该函数在 $x = x_0$ 处的微分 $\mathrm{d}y$ 是（　　）.

（A）与 Δx 等价的无穷小　　　　（B）与 Δx 同阶的无穷小

（C）比 Δx 低阶的无穷小　　　　（D）比 Δx 高阶的无穷小

（4）若 $f(x)$ 在 x 点的增量 $\Delta f(x) = \Delta x^2 + \sin \Delta x^3$，则 $\mathrm{d}f(x)$ 为（　　）.

（A）0　　　　（B）Δx　　　　（C）Δx^2　　　　（D）$\Delta x^2 + \sin \Delta x^3$

（5）设 $f(x)$ 在 $x = a$ 的某个邻域内有定义，则 $f(x)$ 在 $x = a$ 处可导的一个充分条件是（　　）.

（A）$\lim\limits_{n \to +\infty} n\left[f\left(a + \dfrac{1}{n}\right) - f(a)\right]$ 存在　　　　（B）$\lim\limits_{h \to 0} \dfrac{f(a+2h) - f(a+h)}{h}$ 存在

（C）$\lim\limits_{h \to 0} \dfrac{f(a+h) - f(a-h)}{2h}$ 存在　　　　（D）$\lim\limits_{h \to 0} \dfrac{f(a) - f(a-h)}{h}$ 存在

（6）设函数 $f(x)$ 对任意 x 均满足等式 $f(1+x) = af(x)$，且 $f'(0) = b$，其中 a,b 为非零常数，则（　　）.

（A）$f(x)$ 在 $x = 1$ 处不可导

（B）$f(x)$ 在 $x = 1$ 处可导，且 $f'(1) = a$

（C）$f(x)$ 在 $x = 1$ 处可导，且 $f'(1) = b$

（D）$f(x)$ 在 $x = 1$ 处可导，且 $f'(1) = ab$

（7）设 $f(x) = 3x^3 + x^2|x|$，使 $f^{(n)}(0)$ 存在的最高阶数 n 为（   ）.

    （A）0   （B）1   （C）2   （D）3

（8）设 $f(x) = \begin{cases} \sqrt{|x|\sin^2\dfrac{1}{x^2}}, & x \neq 0 \\ 0, & x = 0 \end{cases}$，则 $f(x)$ 在 $x = 0$ 处（   ）.

    （A）极限不存在   （B）极限存在但不连续

    （C）连续但不可导   （D）可导

（9）设 $f(x) = \begin{cases} \dfrac{2}{3}x^3, & x \leqslant 1 \\ x^2, & x > 1 \end{cases}$，则 $f(x)$ 在 $x = 1$ 处的（   ）.

    （A）左、右导数都存在

    （B）左导数存在，右导数不存在

    （C）左导数不存在，右导数存在

    （D）左、右导数都不存在

（10）$f(x) = \dfrac{1}{3}x^3 + \dfrac{1}{2}x^2 + 6x + 1$ 的图形在点 $(0,1)$ 处的切线与 x 轴交点的坐标是（   ）.

    （A）$\left(-\dfrac{1}{6}, 0\right)$ （B）$(-1, 0)$

    （C）$\left(\dfrac{1}{6}, 0\right)$ （D）$(1, 0)$

（11）函数 $f(x)$ 与 $g(x)$ 在点 x_0 处都没有导数，则 $F(x) = f(x) + g(x)$，$G(x) = f(x) - g(x)$ 在点 x_0 处（   ）.

    （A）一定都没有导数   （B）一定都有导数

    （C）至少有一个有导数   （D）至多有一个有导数

（12）若函数 $f(x)$ 在点 x_0 处有导数，而 $g(x)$ 在点 x_0 处没有导数，则 $F(x) = f(x) + g(x)$，$G(x) = f(x) - g(x)$ 在点 x_0 处（   ）.

    （A）一定都没有导数   （B）一定都有导数

    （C）恰有一个有导数   （D）至多有一个有导数

（13）若函数 $f(x)$ 在点 x_0 处有导数，而 $g(x)$ 在点 x_0 处没有导数，则 $F(x) = f(x)g(x)$ 在点 x_0 处（   ）.

    （A）一定有导数   （B）一定没有导数

    （C）导数可能存在   （D）一定连续，但导数不存在

（14）已知 $F(x) = f(g(x))$ 在 $x = x_0$ 处可导，则（   ）.

    （A）$f(x), g(x)$ 都必须可导   （B）$f(x)$ 必须可导

    （C）$g(x)$ 必须可导   （D）$f(x), g(x)$ 都不一定可导

（15）可微的周期函数的导数（   ）.

    （A）一定是周期函数，周期不变

    （B）一定是周期函数，但周期不一定相同

    （C）一定不是周期函数

    （D）不一定是周期函数

（16）设函数 $f(x)$ 在定义域内可导，$y=f(x)$ 的图形如右图所示，则导数 $y'=f'(x)$ 的图形为（　　）.

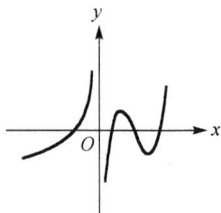

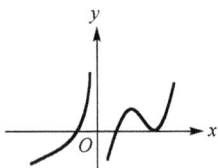

（A）

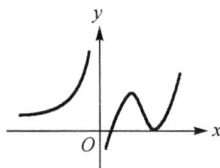

（B）

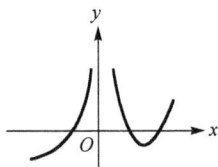

（C）

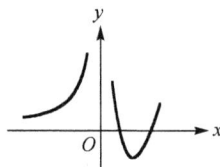

（D）

（17）设 $f(x)=\begin{cases} \dfrac{1}{\sqrt{x}}\displaystyle\int_0^x \sin t\, \mathrm{d}t, & x>0 \\ 0, & x=0 \\ x^4\cos\dfrac{1}{x^2}, & x<0 \end{cases}$，则 $f(x)$ 在 $x=0$ 处（　　）.

（A）极限不存在　　　　　　　　　　（B）极限存在，但不连续

（C）连续，但不可导　　　　　　　　（D）可导

（18）设函数 $f(x)$ 连续，则 $\dfrac{\mathrm{d}}{\mathrm{d}x}\displaystyle\int_0^{\frac{\pi}{2}}\cos t f(x^2-\sin t)\mathrm{d}t=$（　　）.

（A）$f(x^2)$　　　　　　　　　　　　（B）$f(x^2-1)$

（C）$2f(x^2-1)x$　　　　　　　　　（D）$2x[f(x^2)-f(x^2-1)]$

（19）函数 $f(x)=(x^2-1)|x^3-x|$ 有（　　）个不可导点.

（A）3　　　　　（B）2　　　　　（C）1　　　　　（D）0

（20）设函数 $f(x)$ 在点 x_0 处可导，且 $f'(x_0)>0$，则 $\exists\delta>0$ 使得（　　）.

　　（A）$f(x)$ 在 $(x_0-\delta,x_0+\delta)$ 上单调递增

　　（B）$f(x)>f(x_0),\ x\in(x_0-\delta,x_0+\delta),\ x\neq x_0$

　　（C）$f(x)>f(x_0),\ x\in(x_0,x_0+\delta)$

　　（D）$f(x)<f(x_0),\ x\in(x_0,x_0+\delta)$

（21）设 $f(x),g(x)$ 是恒大于零的可导函数，且 $f'(x)g(x)-f(x)g'(x)<0$，则当 $a<x<b$ 时（　　）.

　　（A）$f(x)g(b)>f(b)g(x)$　　　　　　（B）$f(x)g(a)>f(a)g(x)$

　　（C）$f(x)g(x)>g(b)f(b)$　　　　　　（D）$f(x)g(x)>f(a)g(a)$

（22）设函数 $f(x)$ 在 $(0,+\infty)$ 上具有二阶导数，且 $f''(x)>0$，令 $u_n=f(n),n=1,2,\cdots$，则下列结论正确的是（　　）.

　　（A）若 $u_1>u_2$，则 $\{u_n\}$ 必收敛

（B）若 $u_1 > u_2$，则 $\{u_n\}$ 必发散

（C）若 $u_1 < u_2$，则 $\{u_n\}$ 必收敛

（D）若 $u_1 < u_2$，则 $\{u_n\}$ 必发散

2. 设 $y = \ln(1+ax)$，$a \neq 0$，求 y''.

3. 求曲线 $y = \arctan x$ 在横坐标为 1 点处的切线方程和法线方程.

4. 设 $\begin{cases} x = 5(t - \sin t) \\ y = 5(1 - \cos t) \end{cases}$，求 $\dfrac{d^2 y}{dx^2}$.

5. 设 $\begin{cases} x = \ln(1+t^2) \\ y = \arctan t \end{cases}$，求 $\dfrac{dy}{dt}$ 及 $\dfrac{d^2 y}{dx^2}$.

6. 若 $y = \arcsin\sqrt{1-x^2}$，求 y'.

7. 设 $y = \ln\dfrac{\sqrt{1+x^2}-1}{\sqrt{1+x^2}+1}$，求 y'.

8. 已知 $y = x\ln\left(x+\sqrt{x^2+a^2}\right) - \sqrt{x^2+a^2}$，求 y''.

9. 若 $f(x) = \begin{cases} e^x(\sin x + \cos x), & x > 0 \\ bx + a, & x \leqslant 0 \end{cases}$ 可导，求 a, b.

10. 设 $f(x) = x(x+1)(x+2)\cdots(x+n)$，求 $f'(0)$.

11. 设 $\tan y = x + y$，求 dy.

12. 求曲线 $y = x + \sin^2 x$ 在点 $\left(\dfrac{\pi}{2}, 1+\dfrac{\pi}{2}\right)$ 处的切线方程.

13. 求曲线 $\begin{cases} x = \cos^3 t \\ y = \sin^3 t \end{cases}$ 上对应于 $t = \dfrac{\pi}{6}$ 点处的法线方程.

14. 问曲线 $\begin{cases} x = \ln(1+t^2) \\ y = \dfrac{\pi}{2} - \arctan t \end{cases}$ 上哪一点处的切线平行于直线 $x + 2y = 0$.

15. 求曲线 $\begin{cases} x = 2e^t + 1 \\ y = e^{-t} - 1 \end{cases}$ 在 $t = 0$ 处的切线方程.

16. 设 $f(x) = \dfrac{1-x}{1+x}$，求 $f^{(n)}(x)$.

17. 设 $y = y(x)$ 由 $\begin{cases} x = \arctan t \\ 2y - ty^2 + e^t = 5 \end{cases}$ 所确定，求 $\dfrac{dy}{dx}$.

18. 设 $r = f(\theta)$ 为曲线的极坐标方程，曲线上点 $M(\theta, f(\theta))$ 处切线与矢径 **OM** 的交角为 β，证明 $\tan\beta = \dfrac{f(\theta)}{f'(\theta)}$.

19. 设函数 $y = y(x)$ 由方程 $y - xe^x = 1$ 所确定，求 $\dfrac{d^2 y}{dx^2}\Big|_{x=0}$ 的值.

20. 设 $y = \sin[f(x^2)]$，其中 f 具有二阶导数，求 $\dfrac{d^2 y}{dx^2}$.

21．已知函数 $f(x)$ 连续，且 $\lim\limits_{x \to 0} \dfrac{f(x)}{x} = 2$，设 $\phi(x) = \int_0^1 f(xt)\mathrm{d}t$，求 $\phi'(x)$，并讨论 $\phi'(x)$ 的连续性．

22．设 $f(x)$ 对任何实数 x_1, x_2 满足 $f(x_1 + x_2) = f(x_1) + f(x_2)$，且 $f'(0) = a$（常数），求 $f'(x)$．

23．设 $f(x)$ 和 $g(x)$ 都在 $(-\infty, +\infty)$ 上有定义，且具有下列性质：（1） $f(x+y) = f(x)g(y) + f(y)g(x)$；（2） $f(x)$ 和 $g(x)$ 在点 $x = 0$ 处可导，证明 $f(x)$ 在 $(-\infty, +\infty)$ 内可微．

24．设 $f(x)$ 在 $(-\infty, +\infty)$ 上有定义，且 $f'(0) = a (a \neq 0)$．又对 $\forall x, y \in (-\infty, +\infty)$，有 $f(x+y) = \dfrac{f(x) + f(y)}{1 - f(x)f(y)}$，求 $f(x)$．

25．求 $y = \sqrt[4]{x\sqrt[3]{\mathrm{e}^x \sqrt{\sin \dfrac{1}{x}}}}$ 的导数．

26．求下列函数的导数．

（1） $F(x) = \sin x^2 \displaystyle\int_0^1 f(t \sin x^2)\mathrm{d}t$；

（2） $F(x) = \displaystyle\int_0^{x^2} xf(x-t)\mathrm{d}t$．

27．已知函数 $f(u)$ 具有二阶导数，且 $f'(0) = 1$，函数 $y = y(x)$ 由方程 $y - x\mathrm{e}^{y-1} = 1$ 所确定，设 $z = f(\ln y - \sin x)$，求 $\left.\dfrac{\mathrm{d}z}{\mathrm{d}x}\right|_{x=0}, \left.\dfrac{\mathrm{d}^2 z}{\mathrm{d}x^2}\right|_{x=0}$．

第4章

中值定理及导数应用

中值定理包括罗尔中值定理、拉格朗日中值定理、柯西中值定理和泰勒中值定理，是一元函数微分学的核心与理论基础. 导数描述的仅仅是函数在一点局部变化的性态，但以中值定理为"桥梁"，导数可以用来研究函数全局的性态，如函数的单调性与极值、曲线的凹凸性与拐点、渐近线、作图及曲率等. 从历年考研试题中可以归纳出，这部分考查的主要题型及内容是中值定理的条件、结论及意义，并能应用这些定理证明有关问题，研究函数的性态，求函数的最值及研究方程的根等.

4.1 知识点提要

4.1.1 微分中值定理及推论

1. 罗尔中值定理

设 $f(x)$ 满足在 $[a,b]$ 上连续，在 (a,b) 内可导，且 $f(a)=f(b)$，则至少存在一点 $\xi \in (a,b)$，使 $f'(\xi)=0$.

罗尔中值定理的推论：若在区间 I 上，$f^{(n)}(x) \neq 0$，则方程 $f(x)=0$ 在 I 上最多有 n 个实根.

2. 拉格朗日中值定理

设 $f(x)$ 在 $[a,b]$ 上连续，在 (a,b) 内可导，则至少存在一点 $\xi \in (a,b)$，使

$$f(b)-f(a)=f'(\xi)(b-a)$$

拉格朗日中值定理的推论如下.

推论 4.1　设 $f(x)$ 在 (a,b) 内可导，则 $f'(x) \equiv 0 \Leftrightarrow f(x)$ 恒为常数.

推论 4.2　设 $f(x), g(x)$ 在 (a,b) 内可导，则

$$f'(x)=g'(x) \Leftrightarrow f(x)=g(x)+C$$

3. 柯西中值定理

设 $f(x), g(x)$ 在 $[a,b]$ 上连续，在 (a,b) 内可导，且 $g'(x) \neq 0$，则至少存在一点 $\xi \in (a,b)$，使

$$\frac{f(b)-f(a)}{g(b)-g(a)}=\frac{f'(\xi)}{g'(\xi)}$$

4．泰勒中值定理

定理 4.1　设 $f(x)$ 在点 x_0 的邻域内有 $n+1$ 阶导数，则对此邻域内的任意 x，存在点 ξ，使

$$f(x) = f(x_0) + f'(x_0)(x-x_0) + \frac{f'(x_0)}{2!}(x-x_0)^2 + \cdots + \frac{f^{(n)}(x_0)}{n!}(x-x_0)^n + R_n(x)$$

其中，$R_n(x) = \dfrac{f^{(n+1)}(\xi)}{(n+1)!}(x-x_0)^{n+1}$；$\xi$ 介于 x_0 与 x 之间，称为拉格朗日型余项．上述公式称为 $f(x)$ 的带拉格朗日余项的 n 阶泰勒公式．

定理 4.2　设 $f(x)$ 在点 x_0 处有 n 阶导数，则对此邻域内的 x，存在点 ξ，使

$$f(x) = f(x_0) + f'(x_0)(x-x_0) + \frac{f'(x_0)}{2!}(x-x_0)^2 + \cdots + \frac{f^{(n)}(x_0)}{n!}(x-x_0)^n + R_n(x)$$

其中，$R_n(x) = o((x-x_0)^n)$，称为皮亚诺余项．上述公式称为 $f(x)$ 的带皮亚诺余项的 n 阶泰勒公式．

特别地，当 $x_0 = 0$ 时，泰勒公式称为麦克劳林公式．

4.1.2　应用定理

（1）设函数 $f(x)$ 在 (a,b) 内可导，则函数 $f(x)$ 在 (a,b) 内单调不减（或单调不增）的充要条件是 $f'(x) \geq 0$（或 $f'(x) \leq 0$）．

（2）设函数 $f(x)$ 在 (a,b) 内可导，且 $f'(x) > 0$（或 $f'(x) < 0$），则函数 $f(x)$ 在 (a,b) 内单调递增（或单调递减）．

（3）设函数 $f(x), g(x)$ 在 $[a,b]$ 上可导，且在 (a,b) 内 $f'(x) > g'(x)$，而 $f(a) = g(a)$，则在 $[a,b]$ 上内有 $f(x) > g(x)$．

（4）设函数 $f(x)$ 在点 x_0 处连续，在点 x_0 的某去心邻域内可导，当点 x 从点 x_0 的左侧经过点 x_0 而变到 x_0 的右侧时：

如果 $f'(x)$ 由"$+$"变到"$-$"，则 $f(x_0)$ 为极大值；

如果 $f'(x)$ 由"$-$"变到"$+$"，则 $f(x_0)$ 为极小值．

（5）设 x_0 为 $f(x)$ 的一个驻点（即 $f'(x_0) = 0$），$f''(x_0)$ 存在且不为 0，则当 $f''(x_0) > 0$ 时，$f(x_0)$ 为极小值；当 $f''(x_0) < 0$ 时，$f(x_0)$ 为极大值．

（6）设函数 $f(x)$ 在点 x_0 处有 n 阶导数，且

$$f'(x_0) = f''(x_0) = \cdots = f^{(n-1)}(x_0) = 0$$

而 $f^{(n)}(x_0) \neq 0$，则当 n 为奇数时，$f(x_0)$ 不是极值，而点 $(x_0, f(x_0))$ 是曲线 $y = f(x)$ 的一个拐点；当 n 为偶数时，$f(x_0)$ 是 $f(x)$ 的极值（当 $f^{(n)}(x_0) > 0$ 时，$f(x_0)$ 为极小值；当 $f^{(n)}(x_0) < 0$ 时，$f(x_0)$ 为极大值），而点 $(x_0, f(x_0))$ 不是 $y = f(x)$ 的拐点．

（7）求连续函数 $f(x)$ 在闭区间 $[a,b]$ 上的最大最小值的步骤：

第一步，先求出 $f(x)$ 在开区间 (a,b) 内所有的驻点和不可导点 $x_1, x_2, \cdots, x_n$；

第二步，计算函数值 $f(x_1), f(x_2), \cdots, f(x_n), f(a), f(b)$；

第三步，比较函数值大小，最大的即为 $f(x)$ 在 $[a,b]$ 上的最大值，最小的即为 $f(x)$ 在 $[a,b]$

上的最小值.

注：若函数 $f(x)$ 在区间 I 内有唯一极值，该极值为 $f(x)$ 在 I 内的最值.

（8）设函数 $y=f(x)$ 在 (a,b) 内有二阶导数，且 $f''(x)>0$（或 $f''(x)<0$），则曲线 $y=f(x)$ 在 (a,b) 内为凹的（或为凸的）.

4.1.3 应用公式

1．常用麦克劳林公式

$$\mathrm{e}^x = 1 + x + \frac{x^2}{2!} + \cdots + \frac{x^n}{n!} + \frac{\mathrm{e}^{\theta x}}{(n+1)!}x^{n+1}, \quad 0<\theta<1$$

$$\sin x = x - \frac{x^3}{3!} + \frac{x^5}{5!} - \cdots + (-1)^{n-1}\frac{x^{2n-1}}{(2n-1)!} + \frac{\sin\left[\theta x + (2n+1)\frac{\pi}{2}\right]}{(2n+1)!}x^{2n+1}, \quad 0<\theta<1$$

$$\cos x = 1 - \frac{x^2}{2!} + \frac{x^4}{4!} - \cdots + (-1)^n\frac{x^{2n}}{(2n)!} + \frac{\cos\left[\theta x + (2n+2)\frac{\pi}{2}\right]}{(2n+2)!}x^{2n+2}, \quad 0<\theta<1$$

$$\ln(1+x) = x - \frac{x^2}{2} + \frac{x^3}{3} - \cdots + (-1)^{n-1}\frac{x^n}{n} + (-1)^n\frac{x^{n+1}}{(n+1)(1+\theta x)^{n+1}}, \quad 0<\theta<1$$

$$(1+x)^\mu = 1 + \mu x + \frac{\mu(\mu-1)}{2!}x^2 + \cdots + \frac{\mu(\mu-1)\cdots(\mu-n+1)}{n!}x^n$$
$$+ \frac{\mu(\mu-1)\cdots(\mu-n)}{(n+1)!}(1+\theta x)^{\mu-n-1}x^{n+1}, \quad 0<\theta<1$$

2．渐近线公式

若 $\lim\limits_{x\to c}f(x)=\infty$（可以是单侧极限），则直线 $x=c$ 为曲线 $y=f(x)$ 的垂直渐近线（c 是函数 $y=f(x)$ 的间断点或端点）.

若 $\lim\limits_{x\to\infty}f(x)=c$（可以是单侧极限），则直线 $y=c$ 为曲线 $y=f(x)$ 的水平渐近线.

若 $\lim\limits_{x\to\infty}\dfrac{f(x)}{x}=a\neq0$，$\lim\limits_{x\to\infty}[f(x)-ax]=b$ 均存在（可以是单侧极限），则直线 $y=ax+b$ 是曲线 $y=f(x)$ 的斜渐近线.

3．曲率与曲率中心公式

曲线 $y=f(x)$ 在点 (x,y) 处的曲率为

$$K = \frac{|y''|}{(1+y'^2)^{\frac{3}{2}}}$$

曲率中心公式为

$$\begin{cases} \xi = x - \dfrac{1+y'^2}{y''}y' \\ \eta = y + \dfrac{1+y'^2}{y''} \end{cases}$$

曲率半径为

$$R = \frac{1}{K}$$

4.2 例题与方法

4.2.1 函数性质

函数性质包括单调性、极值、最值、凸凹性、拐点、渐近线、曲率等.

例 4-1 证明 $f(x) = \left(1 + \dfrac{1}{x}\right)^x$ 在区间 $(0, +\infty)$ 内严格单调递增.

证明： $f'(x) = \left(1 + \dfrac{1}{x}\right)^x \left[x \ln\left(1 + \dfrac{1}{x}\right)\right]'$

$$= \left(1 + \frac{1}{x}\right)^x \left[\ln(1+x) - \ln x - \frac{1}{1+x}\right], \quad x \in (0, +\infty)$$

由拉格朗日中值定理，有

$$\ln(1+x) - \ln x = \frac{1}{\xi}, \quad x < \xi < x+1$$

$$\Rightarrow \frac{1}{\xi} > \frac{1}{1+x} \Rightarrow \ln(1+x) - \ln x - \frac{1}{1+x} > 0$$

于是 $f'(x) > 0$，即 $f(x)$ 在 $(0, +\infty)$ 内单调递增.

例 4-2 设 $f(x)$ 有连续的二阶导数，且 $f'(x_0) = 0$，而 $\lim\limits_{x \to x_0} \dfrac{f''(x)}{(x - x_0)^2} = 3$，证明 $f(x_0)$ 是极值.

证明： 由 $\lim\limits_{x \to x_0} \dfrac{f''(x)}{(x - x_0)^2} = 3$ 及极限的保号性 $\Rightarrow$ 存在 x_0 的一个去心邻域，有

$\dfrac{f''(x)}{(x - x_0)^2} > 0 \Rightarrow f''(x) > 0 \Rightarrow f'(x)$ 单调递增，又 $f'(x_0) = 0$，所以

当 $x < x_0$ 时，$f'(x) < f'(x_0) = 0 \Rightarrow f(x)$ 单调递减；

当 $x > x_0$ 时，$f'(x) > f'(x_0) = 0 \Rightarrow f(x)$ 单调递增.

故 $f(x_0)$ 为极小值.

例 4-3 求 $f(x) = \displaystyle\int_1^{x^2} (x^2 - t) \mathrm{e}^{-t^2} \mathrm{d}t$ 的单调区间和极值.

解： 定义域为 $(-\infty, +\infty)$，

$$f(x) = x^2 \int_1^{x^2} \mathrm{e}^{-t^2} \mathrm{d}t - \int_1^{x^2} t \mathrm{e}^{-t^2} \mathrm{d}t$$

$$f'(x) = 2x \int_1^{x^2} \mathrm{e}^{-t^2} \mathrm{d}t + 2x^3 \mathrm{e}^{-x^4} - 2x^3 \mathrm{e}^{-x^4} = 2x \int_1^{x^2} \mathrm{e}^{-t^2} \mathrm{d}t$$

令 $f'(x) = 0$，则 $x = 0$, $x = -1$, $x = 1$.

列表如下：

x	$(-\infty,-1)$	-1	$(-1,0)$	0	$(0,1)$	1	$(1,+\infty)$
$f'(x)$	$-$	0	$+$	0	$-$	0	$+$
$f(x)$	↘	极小值	↗	极大值	↘	极小值	↗

综上，$f(x)$ 在 $(-\infty,-1)$ 和 $(0,1)$ 上单调递减，在 $(-1,0)$ 和 $(1,+\infty)$ 上单调递增，$f(-1)=0$，$f(1)=0$ 为极小值，$f(0)=\dfrac{1}{2}(1-\mathrm{e}^{-1})$ 为极大值.

例 4-4 已知函数 $y(x)$ 由方程 $x^3+y^3-3x+3y-2=0$ 确定，求 $y(x)$ 的极值.

解：方程 $x^3+y^3-3x+3y-2=0$ 两端对 x 求一阶导和二阶导，有

$$3x^2+3y^2y'-3+3y'=0 \tag{4.1}$$

$$6x+6y\left(y'\right)^2+3y^2y''+3y''=0 \tag{4.2}$$

在式（4.1）中，令 $y'=0$，得 $x=-1$ 或 $x=1$. 由极值的必要条件可知，极值可能点为 $x=-1,x=1$. 当 x 分别取 -1 和 1 时，由 $x^3+y^3-3x+3y-2=0$，得 $y(-1)=0,y(1)=1$. 将 $x=-1,y(-1)=0$ 及 $y'(-1)=0$ 代入式（4.2），得 $y''(-1)=2$. 因 $y'(-1)=0,y''(-1)=2>0$，故 $y(-1)=0$ 是 $y(x)$ 的极小值. 将 $x=1,y(1)=1$ 及 $y'(1)=0$ 代入式（4.2），得 $y''(1)=-1$. 因 $y'(1)=0,y''(1)=-1<0$，故 $y(1)=1$ 是 $y(x)$ 的极大值.

例 4-5 设 $f'(x_0)=f''(x_0)=0$，而 $f'''(x_0)\neq 0$，证明点 $(x_0,f(x_0))$ 是 $f(x)$ 的一个拐点.

证明：不妨设 $f'''(x_0)>0$，由导数定义

$$f'''(x_0)=\lim_{x\to x_0}\frac{f''(x)-f''(x_0)}{x-x_0}=\lim_{x\to x_0}\frac{f''(x)}{x-x_0}>0$$

所以存在 x_0 的一个去心邻域，使 $\dfrac{f''(x)}{x-x_0}>0$.

在此去心邻域内：
当 $x<x_0$ 时，

$$\frac{f''(x)}{x-x_0}>0\Rightarrow f''(x)<0$$

当 $x>x_0$ 时，

$$\frac{f''(x)}{x-x_0}>0\Rightarrow f''(x)>0$$

而 $f''(x_0)=0$，所以点 $(x_0,f(x_0))$ 是 $f(x)$ 的拐点.

例 4-6 已知 $f(0)=0$，$f'(x)+f(x)\sin x=x^2$，问函数在 $x=0$ 处是否有极值，点 $(0,0)$ 是否为拐点？

解：令 $x=0$，得 $f'(0)=0$，方程两端对 x 求导得

$$f''(x)+f'(x)\sin x+f(x)\cos x=2x$$

令 $x=0$，得 $f''(0)=0$

再对上面的方程关于 x 求导，得

$$f'''(x) + f''(x)\sin x + f'(x)\cos x + f'(x)\cos x - f(x)\sin x = 2$$

令 $x=0$，得 $f'''(0)=2$，由应用定理知 $f(0)$ 不是极值，点 $(0,0)$ 为拐点.

例 4-7　求曲线 $x=t^2$，$y=3t+t^3$ 的拐点.

解：

$$\frac{dy}{dx} = \frac{y_t'}{x_t'} = \frac{(3t+t^3)'}{(t^2)'} = \frac{3(1+t^2)}{2t}$$

$$\frac{d^2y}{dx^2} = \frac{\left(\dfrac{dy}{dx}\right)_t'}{x_t'} = \frac{\left[\dfrac{3(1+t^2)}{2t}\right]'}{(t^2)'} = \frac{3(t^2-1)}{4t^3} \overset{\diamond}{=} 0，\text{得 } t=\pm 1 \Rightarrow x=1.$$

当 $0<t<1$，即 $0<x<1$ 时，$\dfrac{d^2y}{dx^2}<0$；当 $t>1$，即 $x>1$ 时，$\dfrac{d^2y}{dx^2}>0$. 故当 $t=1$ 时，点 $(1,4)$ 为曲线的拐点.

当 $-1<t<0$，即 $0<x<1$ 时，$\dfrac{d^2y}{dx^2}>0$；当 $t<-1$，即 $x>1$ 时，$\dfrac{d^2y}{dx^2}<0$. 故当 $t=-1$ 时，点 $(1,-4)$ 为曲线的拐点；又当 $t=0$ 时，$\dfrac{d^2y}{dx^2}$ 不存在，但点 $(0,0)$ 是曲线的端点，不是拐点.

例 4-8　求曲线 $y=a\ln\left(1-\dfrac{x^2}{a^2}\right)$ 上曲率最大的点（$a>0$）.

解： 函数的定义域为 $(-a,a)$，

$$y' = \frac{-2ax}{a^2-x^2}，\quad y'' = \frac{-2a(a^2-x^2+2x^2)}{(a^2-x^2)^2} = \frac{-2a(a^2+x^2)}{(a^2-x^2)^2}$$

曲率为

$$k = \frac{|y''|}{(1+y'^2)^{\frac{3}{2}}} = \frac{2a(a^2-x^2)}{(a^2+x^2)^2}$$

$$\frac{dk}{dx} = \frac{2a[-2x(a^2+x^2)^2 - 2(a^2+x^2)\cdot 2x\cdot(a^2-x^2)]}{(a^2+x^2)^4} = \frac{4ax(x^2-3a^2)}{(a^2+x^2)^3}$$

令 $\dfrac{dk}{dx}=0$，得 $x=0$，$x=\pm\sqrt{3}a$（舍去）.

当 $-a<x<0$ 时，$\dfrac{dk}{dx}>0$；当 $0<x<a$ 时，$\dfrac{dk}{dx}<0$，所以当 $x=0$ 时，k 取极大值. 又因为 $x=0$ 为定义区间 $(-a,a)$ 内唯一的驻点，所以当 $x=0$ 时，k 取最大值，因此点 $(0,0)$ 是曲线 $y=a\ln\left(1-\dfrac{x^2}{a^2}\right)$ 上曲率最大的点.

例 4-9　设 $f(x)=\displaystyle\int_x^{x+\frac{\pi}{2}}|\sin x|\,dx$，求 $f(x)$ 的最值.

解： $f(x)$ 是以 π 为周期的函数，因此只需在 $[0,\pi]$ 上讨论即可.

$$f'(x) = \left| \sin\left(x + \frac{\pi}{2}\right) \right| - |\sin x| = |\cos x| - \sin x$$

令 $f'(x) = 0$，得 $x = \dfrac{\pi}{4}, x = \dfrac{3\pi}{4}$，即

$$f(0) = \int_0^{\frac{\pi}{2}} \sin x \mathrm{d}x = 1, \quad f\left(\frac{\pi}{4}\right) = \int_{\frac{\pi}{4}}^{\frac{3\pi}{4}} \sin x \mathrm{d}x = \sqrt{2}$$

$$f\left(\frac{3\pi}{4}\right) = \int_{\frac{3\pi}{4}}^{\frac{5\pi}{4}} |\sin x|\, \mathrm{d}x = \int_{\frac{3\pi}{4}}^{\pi} \sin x \mathrm{d}x - \int_{\pi}^{\frac{5\pi}{4}} \sin x \mathrm{d}x = 2 - \sqrt{2}$$

$$f(\pi) = \int_{\pi}^{\frac{3\pi}{2}} |\sin x|\, \mathrm{d}x = -\int_{\pi}^{\frac{3\pi}{2}} \sin x \mathrm{d}x = 1$$

所以 $f(x)$ 最大值为 $\sqrt{2}$，最小值为 $2 - \sqrt{2}$.

例 4-10　作半径为 R 的球的内接正圆锥，问此圆锥的高为何值时，圆锥的体积最大？

解：设圆锥底半径为 r，高为 h，则 $V = \dfrac{1}{3}\pi r^2 h, 0 < h < 2R$. 因为 $(h - R)^2 + r^2 = R^2$，所以 $V = \dfrac{1}{3}\pi(2Rh^2 - h^3)$. 令 $\dfrac{\mathrm{d}V}{\mathrm{d}h} = 0$，得唯一驻点

$$h = \frac{4}{3}R, \quad \left.\frac{\mathrm{d}^2 v}{\mathrm{d}h^2}\right|_{h=\frac{4}{3}R} = \frac{1}{3}\pi(4R - 6h)\bigg|_{h=\frac{4}{3}R} = -\frac{4}{3}\pi R < 0$$

故当 $h = \dfrac{4}{3}R$ 时，V 取极大值，即最大值，最大值 $V\left(\dfrac{4}{3}R\right) = \dfrac{31}{81}\pi R^3$.

例 4-11　求曲线 $y = \dfrac{1 + \mathrm{e}^{-x^2}}{1 - \mathrm{e}^{-x^2}}$ 的渐近线.

解：点 $x = 0$ 是函数 $y = \dfrac{1 + \mathrm{e}^{-x^2}}{1 - \mathrm{e}^{-x^2}}$ 的间断点，且 $\lim\limits_{x \to 0} \dfrac{1 + \mathrm{e}^{-x^2}}{1 - \mathrm{e}^{-x^2}} = \infty$，所以，直线 $x = 0$ 是曲线的一条垂直渐近线.

又

$$\lim_{x \to \infty} \frac{1 + \mathrm{e}^{-x^2}}{1 - \mathrm{e}^{-x^2}} = 1$$

所以，直线 $y = 1$ 是曲线的一条水平渐近线，有

$$a = \lim_{x \to \infty} \frac{1 + \mathrm{e}^{-x^2}}{x(1 - \mathrm{e}^{-x^2})} = 0$$

故曲线没有斜渐近线.

例 4-12　求曲线 $y = (x - 1)\mathrm{e}^{\frac{\pi}{2} + \arctan x}$ 的渐近线.

解：易知曲线无垂直渐近线和水平渐近线，有

$$a_1 = \lim_{x \to +\infty} \frac{f(x)}{x} = \lim_{x \to +\infty} \frac{(x - 1)\mathrm{e}^{\frac{\pi}{2} + \arctan x}}{x} = \mathrm{e}^{\pi}$$

$$b_1 = \lim_{x \to +\infty} [f(x) - a_1 x]$$

$$= \lim_{x \to +\infty} [(x-1)e^{\frac{\pi}{2}+\arctan x} - e^{\pi} \cdot x] \overset{\frac{0}{0}}{=} \lim_{x \to +\infty} \frac{\left(1-\frac{1}{x}\right)e^{\frac{\pi}{2}+\arctan x} - e^{\pi}}{\frac{1}{x}}$$

$$= \lim_{x \to +\infty} \frac{\frac{1}{x^2}e^{\frac{\pi}{2}+\arctan x} + \left(1-\frac{1}{x}\right)e^{\frac{\pi}{2}+\arctan x} \cdot \frac{1}{1+x^2}}{-\frac{1}{x^2}} = -2e^{\pi}$$

直线 $y = e^{\pi} x - 2e^{\pi}$ 为斜渐近线.

$$a_2 = \lim_{x \to -\infty} \frac{f(x)}{x} = \lim_{x \to -\infty} \frac{(x-1)e^{\frac{\pi}{2}+\arctan x}}{x} = 1$$

$$b_2 = \lim_{x \to -\infty} [f(x) - a_2 x] = \lim_{x \to -\infty} \left[(x-1)e^{\frac{\pi}{2}+\arctan x} - x\right]$$

$$\overset{\frac{0}{0}}{=} \lim_{x \to -\infty} \frac{\left(1-\frac{1}{x}\right)e^{\frac{\pi}{2}+\arctan x} - 1}{\frac{1}{x}}$$

$$= \lim_{x \to -\infty} \frac{\frac{1}{x^2}e^{\frac{\pi}{2}+\arctan x} + \left(1-\frac{1}{x}\right)e^{\frac{\pi}{2}+\arctan x}\frac{1}{1+x^2}}{-\frac{1}{x^2}} = -2$$

直线 $y = x - 2$ 也为斜渐近线.

4.2.2 利用中值定理求极限和高阶导数

例 4-13 设函数 $f(x) = x + a\ln(1+x) + bx\sin x$，$g(x) = kx^3$，若 $f(x)$ 与 $g(x)$ 在 $x \to 0$ 时是等价无穷小，求 a, b, k 的值.

解： 由

$$\ln(1+x) = x - \frac{x^2}{2} + \frac{x^3}{3} + o(x^3), \quad \sin x = x - \frac{x^3}{6} + o(x^3)$$

故

$$f(x) = x + a\ln(1+x) + bx\sin x = x + a\left(x - \frac{x^2}{2} + \frac{x^3}{3}\right) + bx^2 + o(x^3)$$

$$= (1+a)x + \left(b - \frac{a}{2}\right)x^2 + \frac{a}{3}x^3 + o(x^3)$$

因为 $f(x)$ 与 $g(x) = kx^3$ 在 $x \to 0$ 时等价，所以 $1 + a = 0$，$b - \frac{a}{2} = 0$，$k = \frac{a}{3}$，解得

$$a = -1, \quad b = -\frac{1}{2}, \quad k = -\frac{1}{3}$$

例 4-14 设 $f(x) = (1+x^2)\ln(1+x)$，求 $f^{(25)}(0)$.

解： 由

$$\ln(1+x) = x - \frac{x^2}{2} + \cdots + \frac{x^{23}}{23} - \frac{x^{24}}{24} + \frac{x^{25}}{25} + o(x^{25})$$

故

$$f(x) = (1+x^2)\ln(1+x)$$
$$= x - \frac{x^2}{2} + \left(1+\frac{1}{3}\right)x^3 + \cdots + \left(\frac{1}{25}+\frac{1}{23}\right)x^{25} + o(x^{25})$$

又因为

$$f(x) = f(0) + f'(0)x + \cdots + \frac{f^{(25)}(0)}{25!}x^{25} + o(x^{25})$$

所以 $\dfrac{f^{(25)}(0)}{25!} = \dfrac{1}{23} + \dfrac{1}{25}$，故 $f^{(25)}(0) = \left(\dfrac{1}{23} + \dfrac{1}{25}\right)25!$.

4.2.3 方程根的存在性及个数

判断方程根的存在性，一般考虑零点定理或者罗尔中值定理；判断根的个数一般利用函数的单调性或者罗尔中值定理的推论.

例 4-15 求证：方程 $4ax^3 + 3bx^2 + 2cx = a+b+c$ 在 $(0,1)$ 内至少有一个实根.

证明： 设 $f(x) = ax^4 + bx^3 + cx^2 - (a+b+c)x$，$x \in [0,1]$，则 $f(x)$ 在 $[0,1]$ 上连续，在 $(0,1)$ 内可导，且 $f(0) = 0$，$f(1) = 0$，由罗尔中值定理，在 $(0,1)$ 内至少存在一点 ξ，使

$$f'(\xi) = 4a\xi^3 + 3b\xi^2 + 2c\xi - (a+b+c) = 0$$

即 ξ 为所给方程的根.

例 4-16 已知函数 $f(x) = \int_x^1 \sqrt{1+t^2}\,dt + \int_1^{x^2} \sqrt{1+t}\,dt$，求 $f(x)$ 的零点个数.

解： $f'(x) = -\sqrt{1+x^2} + 2x\sqrt{1+x^2}$，令 $f'(x) = 0$，得驻点 $x = \dfrac{1}{2}$.

当 $x < \dfrac{1}{2}$ 时，$f'(x) < 0$，$f(x)$ 单调递减，$\lim\limits_{x\to-\infty} f(x) = +\infty$，$f\left(\dfrac{1}{2}\right) < f(1) = 0$，故 $f(x)$ 在 $\left(-\infty, \dfrac{1}{2}\right)$ 内存在唯一零点；当 $x > \dfrac{1}{2}$ 时，$f'(x) > 0$，$f(x)$ 单调递增，$f(1) = 0$，故 $f(x)$ 在 $\left(\dfrac{1}{2}, +\infty\right)$ 内存在唯一零点.

综上，$f(x)$ 有且仅有两个零点.

例 4-17 试证方程 $2^x - x^2 = 1$ 有且仅有三个实根.

分析： 此题单调性不易判断，考虑用罗尔中值定理的推论.

证明： 令 $f(x) = 2^x - x^2 - 1$，则

$$f(0) = 0, f(1) = 0, f(2) = -1 < 0, f(5) = 6 > 0$$

因此，$f(x)$ 在 $(2,5)$ 内至少有一个零点，从而原方程至少有三个实根. 又

$$f'(x) = 2^x \ln 2 - 2x, f''(x) = 2^x \ln^2 2 - 2, f'''(x) = 2^x \ln^3 2 \neq 0$$

由罗尔中值定理的推论，原方程最多有三个实根.

综上，原方程有且仅有三个实根.

4.2.4 不等式的证明

例 4-18 已知常数 $k \geq \ln 2 - 1$，证明 $(x-1)(x-\ln^2 x + 2k\ln x - 1) \geq 0$.

证明： 设 $f(x) = x - \ln^2 x + 2k\ln x - 1(x > 0)$，则

$$f'(x) = 1 - \frac{2\ln x}{x} + \frac{2k}{x} = \frac{1}{x}(x - 2\ln x + 2k)$$

设 $g(x) = x - 2\ln x + 2k$，则 $g'(x) = 1 - \frac{2}{x}$. 令 $g'(x) = 0$，得 $g(x)$ 的唯一驻点 $x = 2$. 又 $g''(2) > 0$，故 $x = 2$ 为 $g(x)$ 的唯一极小值点，即最小值点. 已知 $k \geq \ln 2 - 1$，所以 $g(2) = 2 - 2\ln 2 + 2k \geq 0$，故 $g(x) \geq g(2) \geq 0$. 因此 $f'(x) \geq 0$，$f(x)$ 单调递增. 当 $0 < x < 1$ 时，$f(x) < f(1) = 0$；当 $x > 1$ 时，$f(x) > f(1) = 0$.

综上，$(x-1)(x - \ln^2 x + 2k\ln x - 1) \geq 0$.

例 4-19 设 $p > 1$，$q > 1$，且 $\frac{1}{p} + \frac{1}{q} = 1$，证明当 $x > 0$ 时，有 $\frac{1}{p}x^p + \frac{1}{q} \geq x$.

证明： 设 $f(x) = \frac{1}{p}x^p + \frac{1}{q} - x$，$x > 0$，

$$f'(x) = x^{p-1} - 1 \overset{令}{=} 0 \quad 得 \quad x = 1$$

当 $0 < x < 1$ 时，$f'(x) < 0 \Rightarrow f(x) \geq f(1)$.

当 $x > 1$ 时，$f'(x) > 0 \Rightarrow f(x) \geq f(1)$.

综上所述，当 $x > 0$ 时，$f(x) \geq f(1)$，而 $f(1) = \frac{1}{p} + \frac{1}{q} - 1 = 0$，故 $\frac{1}{p}x^p + \frac{1}{q} - x \geq 0$，即 $\frac{1}{p}x^p + \frac{1}{q} \geq x$.

例 4-20 当 $x > 1$ 时，证明 $\ln x > \frac{2(x-1)}{x+1}$.

证明： 设 $f(x) = (x+1)\ln x - 2(x-1)$，$x > 1$，

$$f'(x) = \frac{1}{x} + \ln x - 1$$

由于不易直接得出 $f'(x) > 0$，即 $f(x)$ 单调递增的结论，再求导得

$$f''(x) = -\frac{1}{x^2} + \frac{1}{x} = \frac{x-1}{x^2} > 0$$

故 $f'(x)$ 严格单调递增. 因而当 $x > 1$ 时，$f'(x) > f'(1) = 0$，所以 $f(x)$ 严格单调递增；当 $x > 1$ 时，$f(x) > f(1) = 0$，可以推出 $\ln x > \frac{2(x-1)}{x+1}$.

例 4-21 求证 $\ln \frac{b}{a} > \frac{2(b-a)}{b+a}$，$0 < a < b$.

证明： 只要证 $(b+a)(\ln b - \ln a) > 2(b-a)$ 即可.

令 $f(x) = (x+a)(\ln x - \ln a) - 2(x-a)$，$x \in [a,b]$. 因为

$$f'(x) = (\ln x - \ln a) + \frac{x+a}{x} - 2 , \quad f''(x) = \frac{1}{x} - \frac{a}{x^2} = \frac{x-a}{x^2} > 0 , \quad x \in (a,b]$$

所以 $f'(x)$ 单调递增. 又 $f'(a) = 0$ ，则在 (a,b) 上 $f'(x) > 0$ ， $f(x)$ 单调递增，而 $f(a) = 0$ ，故 $f(b) > 0$ ，即 $\ln \frac{b}{a} > \frac{2(b-a)}{b+a}$.

例 4-22 设 $f(x)$ 在 $[a,b]$ 上二次可微，且 $f(a) = f(b) = 0$ ，证明 $\max\limits_{a \leqslant x \leqslant b} |f'(x)| \leqslant (b-a) \max\limits_{a \leqslant x \leqslant b} |f''(x)|$.

证明： 如果 $f(x) \equiv$ 常数，易见结论成立. 如果 $f(x) \neq$ 常数，因 $f(a) = f(b) = 0$ ，由罗尔中值定理，存在一点 $\xi \in (a,b)$ ，使 $f'(\xi) = 0$. 又由于 $f''(x)$ 在 $[a,b]$ 上存在，故 $f'(x)$ 在 $[a,b]$ 上连续，从而 $|f'(x)|$ 在 $[a,b]$ 上取得最大最小值，不妨设在点 $x_1 \in [a,b]$ 处 $|f'(x)|$ 取最大值，即

$$0 < |f'(x_1)| = \max\limits_{a \leqslant x \leqslant b} |f'(x)| , \quad x_1 \neq \xi$$

对 $f'(x)$ 利用拉格朗日中值定理，至少存在一点 μ ，使得

$$f'(x_1) = f'(x_1) - f'(\xi) = f''(\mu)(x_1 - \xi)$$

其中， μ 介于 x_1 与 ξ 之间，因此有

$$\max\limits_{a \leqslant x \leqslant b} |f'(x)| = |f'(x_1)| = |f''(\mu)| |x_1 - \xi| \leqslant (b-a) \max\limits_{a \leqslant x \leqslant b} |f''(x)|$$

4.2.5 微分中值定理的证明

例 4-23 设 $f(x)$ 在 $[1,2]$ 上连续，在 $(1,2)$ 内可导，且 $f(1) = \frac{1}{2}$ ， $f(2) = 2$. 求证 $\xi \in (1,2)$ ，使得 $f'(\xi) = \frac{2f(\xi)}{\xi}$.

分析： 本题关键是构造辅助函数. 结论等价于证明 $\xi f'(\xi) - 2f(\xi) = 0$ ，先将 ξ 换回 x ，考虑 $xf'(x) - 2f(x) = 0$ ，即 $\frac{f'(x)}{f(x)} - \frac{2}{x} = 0$ ，还原得 $[\ln f(x)]' - [2\ln x]' = 0$ ，即 $\left[\ln \frac{f(x)}{x^2} \right]' = 0$ ，因此，设辅助函数为 $F(x) = \frac{f(x)}{x^2}$.

证明： 设 $F(x) = \frac{f(x)}{x^2}$ ，显然 $F(x)$ 在 $[1,2]$ 上连续，在 $(1,2)$ 内可导， $F(1) = \frac{f(1)}{1} = \frac{1}{2}$ ， $F(2) = \frac{f(2)}{2^2} = \frac{1}{2}$. 由罗尔中值定理，存在 $\xi \in (1,2)$ ，使得 $F'(\xi) = 0$ ，即 $f'(\xi) = \frac{2f(\xi)}{\xi}$.

提示： 常用的辅助函数如下.

（1）欲证 $\xi f'(\xi) + nf(\xi) = 0$ ，令 $F(x) = x^n f(x)$.

（2）欲证 $f'(\xi) + \lambda f(\xi) = 0$ ，令 $F(x) = e^{\lambda x} f(x)$.

（3）欲证 $\alpha f'(\xi) + \beta f(\xi) = 0$ ，令 $F(x) = e^{\frac{\beta}{\alpha} x} f(x), \quad \alpha \neq 0$.

例 4-24 设 $f(x)$ 和 $g(x)$ 在 $[a,b]$ 上二阶可导，且 $g''(x) \neq 0$ ， $f(a) = f(b) = g(a) = g(b) = 0$ ，

证明：

（1）在 (a,b) 内 $g(x) \neq 0$；

（2）在 (a,b) 内存在 ξ，使 $\dfrac{f(\xi)}{g(\xi)} = \dfrac{f''(\xi)}{g''(\xi)}$.

证明：（1）反证法．若存在 c 使 $g(c)=0$，$c \in (a,b)$，由罗尔中值定理可知，存在 $\xi_1 \in (a,c)$，$\xi_2 \in (c,b)$，使 $g'(\xi_1) = g'(\xi_2) = 0$；对函数 $g'(x)$ 在 $[\xi_1, \xi_2]$ 上应用罗尔中值定理，存在 $\eta \in (\xi_1, \xi_2)$，使 $g''(\eta) = 0$，与 $g''(x) \neq 0$ 矛盾，故在 (a,b) 内 $g(x) \neq 0$．

（2）令 $F(x) = f(x)g'(x) - g(x)f'(x)$，易见 $F(x)$ 在 $[a,b]$ 上连续，在 (a,b) 内可导，且 $F(a) = F(b) = 0$，由罗尔中值定理可知，至少存在一点 $\xi \in (a,b)$，使 $F'(\xi) = 0$，即 $f(\xi)g''(\xi) - g(\xi)f''(\xi) = 0$．又 $g(\xi) \neq 0$，$g''(\xi) \neq 0$，所以 $\dfrac{f(\xi)}{g(\xi)} = \dfrac{f''(\xi)}{g''(\xi)}$．

例 4-25 设 $f(x)$ 在 $[0,1]$ 上连续，在 $(0,1)$ 内可导，且满足

$$f(1) = k \int_0^{\frac{1}{k}} x \mathrm{e}^{1-x} f(x) \mathrm{d}x, \quad k > 1$$

证明至少存在一点 $\xi \in (0,1)$，使 $f'(\xi) = (1 - \xi^{-1})f(\xi)$．

证明： 由 $f(1) = k \int_0^{\frac{1}{k}} x \mathrm{e}^{1-x} f(x) \mathrm{d}x$ 及积分中值定理可知，至少存在一点 $\xi_1 \in \left[0, \dfrac{1}{k}\right] \subset [0,1)$，使

$$f(1) = k \int_0^{\frac{1}{k}} x \mathrm{e}^{1-x} f(x) \mathrm{d}x = \xi_1 \mathrm{e}^{1-\xi_1} f(\xi_1)$$

在 $[\xi_1, 1]$ 上，令 $\varphi(x) = x \mathrm{e}^{1-x} f(x)$，则 $\varphi(x)$ 在 $[\xi_1, 1]$ 上连续，在 $(\xi_1, 1)$ 内可导，且 $\varphi(\xi_1) = f(1) = \varphi(1)$，由罗尔中值定理知，至少存在一点 $\xi \in (\xi_1, 1) \subset (0,1)$，使

$$\varphi'(\xi) = \mathrm{e}^{1-\xi}[f(\xi) - \xi f(\xi) + \xi f'(\xi)] = 0$$

即 $f'(\xi) = (1 - \xi^{-1})f(\xi)$．

例 4-26 若 $f(x)$ 在 $[a,b]$ 上满足罗尔中值定理条件，且不恒等于常数，证明在 (a,b) 内至少存在一点 ξ，使 $f'(\xi) > 0$．

证明： 因在 $[a,b]$ 上 $f(x)$ 不恒为常数，故在 (a,b) 内至少存在一点 c，使 $f(c) \neq f(a)$，不妨设 $f(c) > f(a)$，由拉格朗日中值定理可知，在 (a,c) 内至少存在一点 ξ，使

$$f'(\xi) = \frac{f(c) - f(a)}{c - a} > 0$$

例 4-27 如果 $x_1 x_2 > 0$，试证明在 x_1 与 x_2 之间必至少存在一点 ξ，使 $x_1 \mathrm{e}^{x_2} - x_2 \mathrm{e}^{x_1} = (1 - \xi)\mathrm{e}^{\xi}(x_1 - x_2)$ 成立．

证明： 将要证的等式变形为 $\dfrac{\dfrac{\mathrm{e}^{x_2}}{x_2} - \dfrac{\mathrm{e}^{x_1}}{x_1}}{\dfrac{1}{x_2} - \dfrac{1}{x_1}} = (1 - \xi)\mathrm{e}^{\xi}$，设函数 $f(x) = \dfrac{\mathrm{e}^x}{x}$，$g(x) = \dfrac{1}{x}$，因为 $x_1 x_2 > 0$，以 x_1, x_2 为端点的区间一定不含 0，所以 $f(x), g(x)$ 在此区间上满足柯西中值定理条件，故

$$\frac{\dfrac{e^{x_2}}{x_2}-\dfrac{e^{x_1}}{x_1}}{\dfrac{1}{x_2}-\dfrac{1}{x_1}}=(1-\xi)e^{\xi}$$

其中，ξ 介于 x_1 与 x_2 之间，可得 $x_1e^{x_2}-x_2e^{x_1}=(1-\xi)e^{\xi}(x_1-x_2)$.

例 4-28 设 $f(x)$ 在 $[a,b]$ 上连续，在 (a,b) 内可导，且 $f(a)=f(b)=1$，试证存在 $\xi,\eta\in(a,b)$，使 $e^{\eta-\xi}[f(\eta)+f'(\eta)]=1$.

证明： 等价于证明 $e^{\eta}[f(\eta)+f'(\eta)]=e^{\xi}$. 由拉格朗日中值定理得 $\exists\xi\in(a,b)$，使

$$\frac{e^b-e^a}{b-a}=e^{\xi}$$

令 $F(x)=e^xf(x)$，由拉格朗日中值定理得 $\exists\eta\in(a,b)$，使

$$\frac{F(b)-F(a)}{b-a}=F'(\eta)$$

即 $\dfrac{e^b-e^a}{b-a}=e^{\eta}[f(\eta)+f'(\eta)]$. 故 $e^{\eta}[f(\eta)+f'(\eta)]=e^{\xi}$，原结论成立.

例 4-29 设 $f(x)$ 在 $[a,b]$ 上二阶可导，且 $f'(a)=f'(b)=0$，证明在 (a,b) 内至少有一点 c，使

$$|f''(c)|\geqslant\frac{4}{(b-a)^2}|f(b)-f(a)|$$

证明： 将 $f(x)$ 分别在 $x=a,x=b$ 点麦克劳林展开为

$$f(x)=f(a)+f'(a)(x-a)+\frac{f''(c_1)}{2}(x-a)^2,\ a<c_1<x$$

$$f(x)=f(b)+f'(b)(x-b)+\frac{f''(c_2)}{2}(x-b)^2,\ x<c_2<b$$

将 $x=\dfrac{a+b}{2}$ 分别代入上述两式并注意到 $f'(a)=f'(b)=0$，有

$$f(\frac{a+b}{2})=f(a)+\frac{f''(\xi_1)}{2}\left(\frac{b-a}{2}\right)^2,\ a<\xi_1<\frac{a+b}{2}$$

$$f(\frac{a+b}{2})=f(b)+\frac{f''(\xi_2)}{2}\left(\frac{b-a}{2}\right)^2,\ \frac{a+b}{2}<\xi_2<b$$

将上述两式相减得

$$0=f(a)-f(b)+\frac{(b-a)^2}{8}[f''(\xi_1)-f''(\xi_2)]$$

于是可得

$$|f(b)-f(a)|\leqslant\frac{(b-a)^2}{8}[|f''(\xi_1)|+|f''(\xi_2)|]$$

令 $|f''(c)|=\max\{|f''(\xi_1)|,|f''(\xi_2)|\}$，则有

$$|f''(c)| \geqslant \frac{4}{(b-a)^2}|f(b)-f(a)|$$

例 4-30 设 $f(x)$ 在 $[-a,a]$ $(a>0)$ 上具有二阶连续导数，$f(0)=0$，证明在 $[-a,a]$ 上至少存在一点 η，使

$$a^3 f''(\eta) = 3\int_{-a}^{a} f(x)\mathrm{d}x$$

证明：对任意 $x\in[-a,a]$，$f(x) = f(0) + f'(0)x + \frac{f''(\xi)}{2!}x^2 = f'(0)x + \frac{f''(\xi)}{2!}x^2$，其中 ξ 介于 0 与 x 之间，

$$\int_{-a}^{a} f(x)\mathrm{d}x = \int_{-a}^{a} f'(0)x\mathrm{d}x + \int_{-a}^{a} \frac{x^2}{2!}f''(\xi)\mathrm{d}x$$
$$= \frac{1}{2}\int_{-a}^{a} x^2 f''(\xi)\mathrm{d}x$$

因 $f''(x)$ 在 $[-a,a]$ 上连续，故对任意的 $x\in[-a,a]$，有 $m\leqslant f''(x)\leqslant M$，其中 M,m 分别为 $f''(x)$ 在 $[-a,a]$ 上的最大值和最小值，所以有

$$m\int_{-a}^{a} x^2\mathrm{d}x \leqslant \int_{-a}^{a} f(x)\mathrm{d}x = \frac{1}{2}\int_{-a}^{a} x^2 f''(\xi)\mathrm{d}x \leqslant M\int_{-a}^{a} x^2\mathrm{d}x$$

即

$$m \leqslant \frac{3}{a^3}\int_{-a}^{a} f(x)\mathrm{d}x \leqslant M$$

因而由 $f''(x)$ 的连续性知，至少存在一点 $\eta\in[-a,a]$，使

$$f''(\eta) = \frac{3}{a^3}\int_{-a}^{a} f(x)\mathrm{d}x$$

即

$$a^3 f''(\eta) = 3\int_{-a}^{a} f(x)\mathrm{d}x$$

例 4-31 设 $f(x)$ 在 $(0,1)$ 内二阶可导，在 $[0,1]$ 上连续，在 $[0,1]$ 上的最大值为 $M>0$，$f(0)=f(1)=0$，且对任意 $x\in(0,1)$，有 $f''(x)<0$．证明对任意的非零自然数 n，

（1）存在唯一的 $x_n\in(0,1)$，使 $f'(x_n) = \frac{M}{n}$；

（2）极限 $\lim\limits_{n\to\infty} x_n$ 存在，且 $\lim\limits_{n\to\infty} f(x_n) = M$．

证明：（1）令 $F(x) = f(x) - \frac{M}{n}x$，因为 $f(x)$ 在 $[0,1]$ 上的最大值 $M>0$，$f(0)=f(1)=0$，所以存在 $c\in(0,1)$，使 $f(c)=M$．由于 $f(x)$ 在 $[0,1]$ 上连续，且 $F(c)F(1) = M\left(1-\frac{c}{n}\right)\left(-\frac{M}{n}\right)<0$，所以存在 $\xi\in(c,1)$，使 $F(\xi)=0$．

对 $F(x)$ 在 $[0,\xi]$ 上使用罗尔中值定理知，存在 $x_n\in(0,\xi)$，使 $F'(x_n)=0$，从而 $f'(x_n) = \frac{M}{n}$．

又由 $f''(x)<0$，所以 $f'(x)$ 单调递减，从而 $f'(x)=\dfrac{M}{n}$ 最多有一个实根. 因此存在唯一的 $x_n\in(0,1)$，使 $f'(x_n)=\dfrac{M}{n}$.

（2）由 $f'(x_n)=\dfrac{M}{n}$，$f'(x_{n+1})=\dfrac{M}{n+1}$，又 $f''(x)<0$，所以 $f'(x)$ 单调递减，从而 $x_n<x_{n+1}$，因此 $\{x_n\}$ 单调递增. 又 $x_n<1$，所以可得 $\lim\limits_{n\to\infty}x_n$ 存在. 设 $\lim\limits_{n\to\infty}x_n=a$，则 $\lim\limits_{n\to\infty}f'(x_n)=f'(\lim\limits_{n\to\infty}x_n)=f'(a)$，故 $f'(a)=0$. 又 $f'(c)=0$，$f'(x)$ 单调递减，所以 $a=c$，即 $\lim\limits_{n\to\infty}x_n=c$，从而 $f(c)=f(\lim\limits_{n\to\infty}x_n)=M$.

4.2.6 恒等式的证明

例 4-32 证明 $\arctan\mathrm{e}^x+\arctan\mathrm{e}^{-x}=\dfrac{\pi}{2}$.

证明： 令 $f(x)=\arctan\mathrm{e}^x+\arctan\mathrm{e}^{-x}$，则

$$f'(x)=\frac{\mathrm{e}^x}{1+\mathrm{e}^{2x}}-\frac{\mathrm{e}^{-x}}{1+\mathrm{e}^{-2x}}=0$$

所以 $f(x)=C$. 取 $x=0$，得 $C=\dfrac{\pi}{2}$. 故 $\arctan\mathrm{e}^x+\arctan\mathrm{e}^{-x}=\dfrac{\pi}{2}$.

4.2.7 中值定理的中间值极限问题

例 4-33 设 $f(x)$ 在 $x=a$ 具有三阶导数且 $f'''(a)\neq0$，又设 $f(x)$ 在 $x=a$ 的带拉格朗日余项的一阶泰勒展开式为

$$f(x)=f(a)+f'(a)(x-a)+\frac{1}{2}f''(\xi)(x-a)^2$$

求 $\lim\limits_{x\to a}\dfrac{\xi-a}{x-a}$.

解： $f(x)=f(a)+f'(a)(x-a)+\dfrac{1}{2}f''(a)(x-a)^2+\dfrac{1}{6}f'''(a)(x-a)^3+o[(x-a)^3]$

$$f(x)=f(a)+f'(a)(x-a)+\frac{1}{2}f''(\xi)(x-a)^2$$

两式相减得

$$f''(\xi)-f''(a)=\frac{1}{3}f'''(a)(x-a)+o(x-a)$$

所以

$$\frac{f''(\xi)-f''(a)}{\xi-a}\cdot\frac{\xi-a}{x-a}=\frac{1}{3}f'''(a)+\frac{o(x-a)}{x-a}$$

上式令 $x\to a$，$f'''(a)\cdot\lim\limits_{x\to a}\dfrac{\xi-a}{x-a}=\dfrac{1}{3}f'''(a)$，由 $f'''(a)\neq0$，所以 $\lim\limits_{x\to a}\dfrac{\xi-a}{x-a}=\dfrac{1}{3}$.

4.3 习题

1. 选择题.

（1）设 $\lim\limits_{x \to a} \dfrac{f(x) - f(a)}{(x-a)^2} = -2$，则在 $x = a$ 处（　　）.

（A）$f(x)$ 的导数存在，且 $f'(a) \neq 0$　　　　（B）$f(x)$ 取得极大值

（C）$f(x)$ 取得极小值　　　　　　　　　　　（D）$f(x)$ 的导数不存在

（2）设 $f(x)$ 在其定义域内具有二阶导数，且 $f''(x) > 0$，则有（　　）.

（A）$f'(x)$ 为单调递增的　　　　　　　　　（B）$f(x)$ 为凹的

（C）$f(x)$ 为连续的　　　　　　　　　　　　（D）$f(x)$ 无间断点

（3）若 $f(x)$ 在 (a,b) 内可导，x_1, x_2 是 (a,b) 内任意两点，且 $x_1 < x_2$，则至少存在一点 ξ，使（　　）.

（A）$f(b) - f(a) = f'(\xi)(b-a)$，$a < \xi < b$

（B）$f(b) - f(x_1) = f'(\xi)(b-x_1)$，$x_1 < \xi < b$

（C）$f(x_2) - f(x_1) = f'(\xi)(x_2-x_1)$，$x_1 < \xi < x_2$

（D）$f(x_2) - f(a) = f'(\xi)(x_2-a)$，$a < \xi < x_2$

（4）设 $y = f(x)$ 是方程 $y'' - 2y' + 4y = 0$ 的一个解，若 $f(x_0) > 0$，且 $f'(x_0) = 0$，则函数 $f(x)$ 在点 x_0（　　）.

（A）取得极大值　　　　　　　　　　　　　（B）取得极小值

（C）某个邻域内单调递增　　　　　　　　　（D）某个邻域内单调递减

（5）当 $x > 0$ 时，曲线 $y = x \sin \dfrac{1}{x}$（　　）.

（A）有且仅有水平渐近线　　　　　　　　　（B）有且仅有垂直渐近线

（C）既有水平渐近线，也有垂直渐近线　　　（D）水平、垂直渐近线均无

（6）若 $3a^2 - 5b < 0$，则方程 $x^5 + 2ax^3 + 3bx + 4c = 0$（　　）.

（A）无实根　　　　　　　　　　　　　　　（B）有唯一实根

（C）有三个不同实根　　　　　　　　　　　（D）有五个不同实根

（7）设两个函数 $f(x)$ 及 $g(x)$ 都在 $x = a$ 处取得极大值，则函数 $F(x) = f(x)g(x)$ 在 $x = a$ 处（　　）.

（A）必取得极大值　　　　　　　　　　　　（B）必取得极小值

（C）不可能取极值　　　　　　　　　　　　（D）是否取极值不能确定

（8）设 $f(x)$ 在 $x = 0$ 的某邻域内连续，$f(0) = 0$，$\lim\limits_{x \to 0} \dfrac{f(x)}{1 - \cos x} = 2$，则在 $x = 0$ 处 $f(x)$（　　）.

（A）不可导　　　　　　　　　　　　　　　（B）可导，有 $f'(0) \neq 0$

（C）取极大值　　　　　　　　　　　　　　（D）取极小值

（9）设 $f(x)$ 在 $(-\infty, +\infty)$ 内定义，$x_0 \neq 0$ 是 $f(x)$ 的极大点，则（　　）.

（A）x_0 必是 $f(x)$ 的驻点　　　　　　　　（B）$-x_0$ 必是 $-f(-x)$ 的极小点

（C）$-x_0$ 必是 $f(x)$ 的极小点　　　　　　（D）对一切 x 都有 $f(x) \leqslant f(x_0)$

（10）设函数 $f(x) = \begin{cases} x|x|, & x \leqslant 0 \\ x\ln x, & x > 0 \end{cases}$，则 $x = 0$ 是 $f(x)$ 的（　　）．

  （A）可导点，极值点   （B）不可导点，极值点

  （C）可导点，非极值点   （D）不可导点，非极值点

（11）$f(x) = -f(-x)$，在 $(0, +\infty)$ 内 $f'(x) > 0$，则 $f''(x) > 0$，则 $f(x)$ 在 $(-\infty, 0)$ 内（　　）．

  （A）$f'(x) < 0, f''(x) < 0$ （B）$f'(x) < 0, f''(x) > 0$

  （C）$f'(x) > 0, f''(x) < 0$ （D）$f'(x) > 0, f''(x) > 0$

（12）设在 $[0,1]$ 上 $f''(x) > 0$，则 $f'(0), f'(1), f(1) - f(0)$ 或 $f(0) - f(1)$ 的大小顺序是（　　）．

  （A）$f'(1) > f'(0) > f(1) - f(0)$ （B）$f'(1) > f(1) - f(0) > f'(0)$

  （C）$f(1) - f(0) > f'(1) > f'(0)$ （D）$f'(1) > f(0) - f(1) > f'(0)$

（13）设 $f(x)$ 在 $(-\infty, +\infty)$ 内可导，且对任意 x_1, x_2，当 $x_1 > x_2$ 时，都有 $f(x_1) > f(x_2)$，则（　　）．

  （A）$f'(x) > 0$ （B）$f'(-x) \leqslant 0$

  （C）函数 $f(x)$ 单调递增   （D）函数 $-f(x)$ 单调递增

（14）设 $f(x)$ 有二阶连续导数，且 $f'(0) = 0$，$\lim\limits_{x \to 0} \dfrac{f''(x)}{|x|} = 1$，则（　　）．

  （A）$f(0)$ 是 $f(x)$ 的极大值

  （B）$f(0)$ 是 $f(x)$ 的极小值

  （C）$(0, f(0))$ 是曲线 $y = f(x)$ 的拐点

  （D）$f(0)$ 不是 $f(x)$ 的极值，点 $(0, f(0))$ 也不是曲线 $y = f(x)$ 的拐点

（15）设函数 $f(x), g(x)$ 的二阶导数在 $x = a$ 处连续，则 $\lim\limits_{x \to a} \dfrac{f(x) - g(x)}{(x-a)^2} = 0$ 是两条曲线 $y = f(x), y = g(x)$ 在 $x = a$ 对应的点处相切及曲率相等的（　　）．

  （A）充分不必要条件   （B）充分必要条件

  （C）必要不充分条件   （D）既不充分又不必要条件

（16）已知函数 $y = f(x)$ 对一切 x 满足 $xf''(x) + 3x[f'(x)]^2 = 1 - e^{-x}$，若 $f'(x) = 0$，$x_0 \neq 0$，则（　　）．

  （A）$f(x_0)$ 是 $f(x)$ 的极大值

  （B）$f(x_0)$ 是 $f(x)$ 的极小值

  （C）$(x_0, f(x_0))$ 是曲线 $y = f(x)$ 的拐点

  （D）$f(x_0)$ 不是 $f(x)$ 的极值，点 $(x_0, f(x_0))$ 也不是曲线 $y = f(x)$ 的拐点

（17）若 $f(-x) = f(x)$，$-\infty < x < +\infty$，在 $(-\infty, 0)$ 内 $f'(x) > 0$ 且 $f''(x) < 0$，则 $f(x)$ 在 $(0, +\infty)$ 内有（　　）．

  （A）$f'(x) > 0, f''(x) < 0$ （B）$f'(x) > 0, f''(x) > 0$

  （C）$f'(x) < 0, f''(x) < 0$ （D）$f'(x) < 0, f''(x) > 0$

（18）设函数 $f(x)$ 可导，且 $f(x)f'(x) > 0$，则（　　）．

  （A）$f(1) > f(-1)$ （B）$f(1) < f(-1)$

  （C）$|f(1)| > |f(-1)|$ （D）$|f(1)| < |f(-1)|$

（19）设函数 $f(x)$ 在 $[-2, 2]$ 上可导，且 $f'(x) > f(x) > 0$，则（　　）．

$$（A）\quad \frac{f(-2)}{f(-1)}>1 \qquad\qquad （B）\quad \frac{f(0)}{f(-1)}>e$$

$$（C）\quad \frac{f(1)}{f(-1)}<e^2 \qquad\qquad （D）\quad \frac{f(2)}{f(-1)}<e$$

（20）设 $f(x)$ 有二阶连续导数，且 $f(x)=0$，$f'(0)>0$，$f''(0)<0$，则（　　）．

（A）$x=0$ 是 $|f(x)|$ 的极值点，但 $(0,f(0))$ 不是曲线 $y=|f(x)|$ 的拐点

（B）$x=0$ 不是 $|f(x)|$ 的极值点，但 $(0,f(0))$ 是曲线 $y=|f(x)|$ 的拐点

（C）$x=0$ 是 $|f(x)|$ 的极值点，且 $(0,f(0))$ 是曲线 $y=|f(x)|$ 的拐点

（D）$x=0$ 不是 $|f(x)|$ 的极值点，且 $(0,f(0))$ 不是曲线 $y=|f(x)|$ 的拐点

2．填空题．

（1）曲线 $y=x\left(1+\arcsin\dfrac{2}{x}\right)$ 的斜渐近线为（　　　　）．

（2）$f(x)=\arctan x-\dfrac{x}{1+ax^2}$，且 $f'''(0)=1$，则 $a=$（　　　　）．

（3）已知函数 $f(x)=\dfrac{1}{1+x^2}$，则 $f'''(0)=$（　　　　）．

（4）曲线 $y=x^2+x\,(x<0)$ 上曲率为 $\dfrac{\sqrt{2}}{2}$ 的点的坐标是（　　　　）．

（5）曲线 $y=x^2+2\ln x$ 在其拐点处的切线方程是（　　　　）．

（6）曲线 $\begin{cases}x=\cos^3 t\\ y=\sin^3 t\end{cases}$ 在 $t=\dfrac{\pi}{4}$ 处对应点的曲率为（　　　　）．

（7）函数 $f(x)=\ln x-\dfrac{x}{e}+k\,(k>0)$ 在 $(0,+\infty)$ 内零点个数为（　　　　）．

（8）已知方程 $x^4+2x^3-3x^2-4x+a=0$ 有两个重根，则 $a=$（　　　　）．

3．画出函数 $y=\dfrac{6}{x^2-2x+4}$ 的图像．

4．设函数 $f(x)$ 在 $[0,1]$ 上可导，对 $[0,1]$ 上的每一个 x，函数 $f(x)$ 的值在开区间 $(0,1)$ 内，且 $f'(x)\neq 1$，证明在 $(0,1)$ 内有且仅有一个 x，使 $f(x)=x$．

5．证明：若 $g(x)$ 在 $x=c$ 处二阶导数存在，且 $g'(c)=0$，$g''(c)<0$，则 $g(c)$ 是 $g(x)$ 的一个极值．

6．将长为 a 的铁丝截成两段，一段围成正方形，另一段围成圆形，问这两段铁丝各长多少时，正方形与圆的面积之和最小？

7．设不恒为常数的函数 $f(x)$ 在 $[a,b]$ 上连续，在 (a,b) 内可导，且 $f(a)=f(b)$，证明在 (a,b) 内至少存在一点 ξ，使 $f'(\xi)<0$．

8．在椭圆 $\dfrac{x^2}{a^2}+\dfrac{y^2}{b^2}=1$ 的第一象限部分上求一点 P，使该点处的切线、椭圆及两坐标轴所围图形的面积最小．注：$a>0,b>0$．

9．证明：当 $x>0$ 时，有不等式 $\arctan x+\dfrac{1}{x}>\dfrac{\pi}{2}$．

10．设 $f(x)$ 在闭区间 $[0,c]$ 上连续，其导数 $f'(x)$ 在开区间 $(0,c)$ 内存在且单调递减，$f(0)=0$，试应用拉格朗日中值定理证明不等式

$$f(a+b) \leqslant f(a) + f(b)$$

其中，常数 a,b 满足 $0 \leqslant a \leqslant b \leqslant a+b \leqslant c$.

11. 证明不等式 $1+x\ln(x+\sqrt{1+x^2}) \geqslant \sqrt{1+x^2}$.

12. 设 A,D 分别是曲线 $y=e^x$ 和 $y=e^{-2x}$ 上的点，且 A 点横坐标小于零，AB 和 CD 垂直于 x 轴，C,B 两点在 x 轴上，且 $|AB|:|CD|=2:1$，$|AB|<1$，求点 B 和 C 的横坐标，使梯形 $ABCD$ 的面积最大.

13. 设 $f''(x)<0$ ，$f(0)=0$ ，证明：对任何 $x_1>0, x_2>0$ ，有
$$f(x_1+x_2) < f(x_1) + f(x_2)$$

14. 求函数 $u=x+2\cos x$ 在 $\left[0, \dfrac{\pi}{2}\right]$ 上的最大值.

15. 设 $f(x)$ 在 $[0,1]$ 上有二阶导数，且 $f(1)>0$，$\displaystyle\lim_{x\to 0^+}\dfrac{f(x)}{x}<0$，证明：

（1）方程 $f(x)=0$ 在 $(0,1)$ 内至少有一个实根；

（2）方程 $f(x)f''(x)+[f'(x)]^2=0$ 在 $(0,1)$ 内至少存在两个不同实根.

16. 证明方程 $x+p+q\cos x=0$ 恰有一个实根，其中 $0<q<1$.

17. 求曲线 $y=\dfrac{1}{x}$ 的切线被两坐标轴所截线段的最短长度.

18. 设 $b>a>0$，证明 $\ln\dfrac{b}{a} > \dfrac{2(b-a)}{a+b}$.

19. 作半径为 r 的球的外切正圆锥，问此圆锥的高 h 为何值时其体积 V 最小？求出该最小值.

20 设 $f(x)$ 在 $[0,1]$ 上连续，在 $(0,1)$ 内二阶可导，过点 $A(0,f(0)), B(1,f(1))$ 的直线与曲线 $y=f(x)$ 相交于点 $C(c,f(c))$，其中 $0<c<1$. 证明：在 $(0,1)$ 内至少存在一点 ξ，使 $f''(\xi)=0$.

21. 设当 $x>0$ 时，方程 $kx+\dfrac{1}{x^2}=1$ 有且仅有一个解，求 k 的取值范围.

22. 设 $y=\dfrac{x^3+4}{x^2}$，求函数的单调区间和极值、凸凹区间和拐点、渐近线，并画出其草图.

23. 设 $f(x)$ 在 $[a,+\infty)$ 上连续，$f''(x)>0$，记 $F(x)=\dfrac{f(x)-f(a)}{x-a}$，$x>a$. 证明 $F(x)$ 在 $(a,+\infty)$ 内单调递增.

24. 证明：（1）$(1+x)^\alpha \geqslant 1+\alpha x$，$x>-1, \alpha\leqslant 0$ 或 $\alpha\geqslant 1$；

（2）$(1+x)^\alpha \leqslant 1+\alpha x$，$x>-1, 0\leqslant\alpha\leqslant 1$.

25. 设函数 $f(x)$ 在 $(-\infty,+\infty)$ 内连续，且 $F(x)=\displaystyle\int_0^x (x-2t)f(t)\mathrm{d}t$. 证明：

（1）若 $f(x)$ 为偶函数，则 $F(x)$ 也为偶函数；

（2）若 $f(x)$ 单调不增，则 $F(x)$ 是单调不减.

26. 就 k 的不同取值情况，确定 $x-\dfrac{\pi}{2}\sin x=k$ 在开区间 $\left(0,\dfrac{\pi}{2}\right)$ 内根的个数，并证明你的结论.

27. 求所有实数 α 的集合，使得对任何正数 x 和 y，不等式 $x\leqslant \dfrac{\alpha-1}{\alpha}y+\dfrac{1}{\alpha}\dfrac{x^\alpha}{y^{\alpha-1}}$ 成立.

28．证明：当 $0 \leqslant x \leqslant 1$，$p > 1$ 时，$\dfrac{1}{2^{p-1}} \leqslant x^p + (1-x)^p \leqslant 1$．

29．求满足条件"当 $x = 1$ 时，取极大值为 6；当 $x = 3$ 时，取极小值为 2"的次数最少的多项式．

30．求函数 $F(x) = \displaystyle\int_x^{x+1} |t(t^2 - 1)|\, \mathrm{d}t$ 的最小值．

31．设 $a > 0$，求使 $f(a) = \displaystyle\int_0^1 |x^2 - a^2|\, \mathrm{d}x$ 最小的 a．

32．求数列 $\left\{\dfrac{n^{10}}{2^n}\right\}$ 的最大项．

33．证明：方程 $a^x = bx$，$a > 1$，（1）当 $b > \mathrm{e}\ln a$ 时，有两个实根；（2）当 $0 \leqslant b < \mathrm{e}\ln a$ 时，没有实根；（3）当 $b < 0$ 时，有唯一实根．

34．若 $f(x)$ 在 $[a,b]$ 上连续，且 $f(a) = f(b) = 0$，如果 $f'(a)f'(b) > 0$，则 $f(x)$ 在 (a,b) 内至少有一个零点．

35．确定方程 $\ln x = ax\, (a > 0)$ 实根的个数．

36．设 $f(x)$ 在 $[a,b]$ 上连续，在 (a,b) 内可导，又 $ab > 0$，证明：存在 $\xi \in (a,b)$，使 $\dfrac{af(b) - bf(a)}{b - a} = \xi f'(\xi) - f(\xi)$ 成立．

37．若 $f(x), g(x), f'(x), g'(x)$ 都在 $(-\infty, +\infty)$ 内连续，$f(x)g'(x) - f'(x)g(x)$ 在 $(-\infty, +\infty)$ 上无零点，证明：$f(x)$（或 $g(x)$）的任何两个相邻的零点之间必有 $g(x)$（或 $f(x)$）的一个零点．

38．设 $f(x)$ 在 $[a,b]$ 上连续，在 (a,b) 内可导，如果 $f(x)$ 不是线性函数，则在 (a,b) 中至少有一点 ξ，使 $f'(\xi) > \dfrac{f(b) - f(a)}{b - a}$．

39．设 $f(x)$ 在 $[a,b]$ 上有连续二阶导数，且 $f''(x) < 0$，$f(a) = f(b) = 0$，证明：$\displaystyle\int_a^b \left|\dfrac{f''(x)}{f(x)}\right|\, \mathrm{d}x > \dfrac{4}{b - a}$．

40．已知 $f(x)$ 在 $[0,1]$ 上连续，在 $(0,1)$ 内可导，且 $f(0) = 1$，$f(1) = 0$，证明：在 $(0,1)$ 内至少存在一点 c，使 $f'(c) = -\dfrac{f(c)}{c}$．

41．设 $f(x)$ 在 $[a,b]$ 上二阶可导，且 $f(a) = f(b) = 0$，$M = \sup|f''(x)|$，证明 $|f'(a)| + |f'(b)| \leqslant M(b - a)$．

42．设 $f(x)$ 在 $[0,2]$ 上二阶可导，且 $|f(x)| \leqslant 1$，$|f''(x)| \leqslant 1$，证明：对 $x \in [0,2]$，有 $|f'(x)| \leqslant 2$．

43．设 $f(x)$ 在 $[a,b]$ 上有二阶连续导数，且 $f''(x) \leqslant 0$，证明：

$$\int_a^b f(x)\, \mathrm{d}x \leqslant (b - a) f\left(\dfrac{a + b}{2}\right)$$

44．设 $y = f(x)$ 是 $[0,1]$ 上的任一非负连续函数．

（1）试证存在 $\xi \in (0,1)$，使 $[0,\xi]$ 上以 $f(\xi)$ 为高的矩形面积等于 $[\xi,1]$ 上以 $y = f(x)$ 为曲边的曲边梯形面积；

（2）又设 $f(x)$ 在 $(0,1)$ 内可导，且 $f'(x) > -\dfrac{2f(x)}{x}$，证明（1）中的 ξ 是唯一的．

45．设 $y = f(x)$ 在 $(-1,1)$ 内有二阶连续导数，且 $f''(x) \neq 0$，证明：

（1）对 $(-1,1)$ 内的任一 $x \neq 0$，存在唯一的 $\theta(x) \in (0,1)$，使 $f(x) = f(0) + xf'(\theta(x)x)$ 成立；

（2）$\lim\limits_{x \to 0} \theta(x) = \dfrac{1}{2}$.

46．设 $f(x), g(x)$ 在 $[a,b]$ 上连续，在 (a,b) 内有二阶导数，且存在相等的最大值，$f(a) = g(a)$，$f(b) = g(b)$，证明：存在 $\xi \in (a,b)$，使 $f''(\xi) = g''(\xi)$.

47．若 $f(x)$ 有二阶导数，且满足 $f(2) > f(1)$，$f(2) > \displaystyle\int_2^3 f(x)\mathrm{d}x$，证明：至少存在一点 $\xi \in (1,3)$，使 $f''(\xi) < 0$.

48．试确定常数 A, B, C 的值，使 $\mathrm{e}^x(1 + Bx + Cx^2) = 1 + Ax + o(x^3)$. 其中，$o(x^3)$ 是当 $x \to 0$ 时比 x^3 高阶的无穷小.

49．已知 $f(x)$ 在 $[0,1]$ 上连续，在 $(0,1)$ 内可导，且 $f(0) = 0, f(1) = 1$. 证明：

（1）存在 $\xi \in (0,1)$，使 $f(\xi) = 1 - \xi$；

（2）存在两个不同的点 $\eta, \xi \in (0,1)$，使 $f'(\eta)f'(\xi) = 1$.

50．已知 $y(x)$ 由方程 $x^3 + y^3 - 3x + 3y - 2 = 0$ 确定，求 $y(x)$ 的极值.

51．设 $\lim\limits_{x \to 0} \dfrac{x + a\ln(1+x) + bx\sin x}{kx^3} = 1$，求 a, b, k.

52．设 $f(x)$ 在 $[0,2]$ 上有连续导数，$f(0) = f(2) = 0$，$M = \max\limits_{x \in [0,2]}\{|f(x)|\}$. 证明：

（1）存在 $\xi \in (0,2)$，使 $|f'(\xi)| \geqslant M$；

（2）若对任意 $x \in (0,2)$，$|f'(x)| \leqslant M$，则 $M = 0$.

第5章

不定积分

本章内容主要包括原函数和不定积分的概念，不定积分的基本性质，基本积分公式，换元积分和分部积分方法，有理函数、三角函数有理式的积分和简单的无理函数的积分. 虽然这些不是积分学的重点，但确是学好积分学的基础，也是每个考生必须掌握的. 本部分的题型比较单纯，大部分都是比较明显的不定积分计算问题，因此，掌握不定积分的基本解法是必要的，但不必过分追求那些技巧性很强的题目.

5.1 知识点提要

5.1.1 原函数与不定积分的概念

设 $F(x)$ 在区间 I 上可导，且 $F'(x) = f(x)$ 或 $\mathrm{d}F(x) = f(x)\mathrm{d}x$，则称 $F(x)$ 为 $f(x)$ 的一个原函数，称集合 $F(x)+c$ 为 $f(x)$ 的不定积分，也称 $F(x)+c$ 为 $f(x)$ 原函数的统一表达式，记为 $\int f(x)\mathrm{d}x = F(x)+c$，其中，$c$ 为任意常数.

5.1.2 不定积分的性质

性质 1

$$\left(\int f(x)\mathrm{d}x\right)' = f(x) \quad \text{或} \quad \mathrm{d}\int f(x)\mathrm{d}x = f(x)\mathrm{d}x$$

$$\int f'(x)\mathrm{d}x = f(x)+c \quad \text{或} \quad \int \mathrm{d}f(x) = f(x)+c$$

性质 2

$$\int [af(x) \pm bg(x)]\mathrm{d}x = a\int f(x)\mathrm{d}x \pm b\int g(x)\mathrm{d}x$$

其中，a, b 是不同时为零的常数.

5.1.3 不定积分基本公式

（1）$\int 0\mathrm{d}x = c$

（2）$\int \mathrm{d}x = x+c$

（3）$\int x^\alpha \mathrm{d}x = \dfrac{1}{\alpha+1}x^{\alpha+1}+c$，$\alpha \neq -1$

（4） $\displaystyle\int\frac{1}{x}\mathrm{d}x=\ln|x|+c$

（5） $\displaystyle\int a^x\mathrm{d}x=\frac{a^x}{\ln a}+c$, $a>0,a\neq1$

（6） $\displaystyle\int\mathrm{e}^x\mathrm{d}x=\mathrm{e}^x+c$

（7） $\displaystyle\int\sin x\mathrm{d}x=-\cos x+c$

（8） $\displaystyle\int\cos x\mathrm{d}x=\sin x+c$

（9） $\displaystyle\int\sec^2 x\mathrm{d}x=\int\frac{1}{\cos^2 x}\mathrm{d}x=\tan x+c$

（10） $\displaystyle\int\csc^2 x\mathrm{d}x=\int\frac{1}{\sin^2 x}\mathrm{d}x=-\cot x+c$

（11） $\displaystyle\int\frac{1}{\sqrt{a^2-x^2}}\mathrm{d}x=\arcsin\frac{x}{a}+c$

（12） $\displaystyle\int\frac{1}{a^2+x^2}\mathrm{d}x=\frac{1}{a}\arctan\frac{x}{a}+c$

（13） $\displaystyle\int\tan x\mathrm{d}x=-\ln|\cos x|+c$

（14） $\displaystyle\int\cot x\mathrm{d}x=\ln|\sin x|+c$

（15） $\displaystyle\int\sec x\mathrm{d}x=\int\frac{1}{\cos x}\mathrm{d}x=\ln|\sec x+\tan x|+c$

（16） $\displaystyle\int\csc x\mathrm{d}x=\int\frac{1}{\sin x}\mathrm{d}x=\ln|\csc x-\cot x|+c$

（17） $\displaystyle\int\frac{1}{x^2-a^2}\mathrm{d}x=\frac{1}{2a}\ln\left|\frac{x-a}{x+a}\right|+c$

（18） $\displaystyle\int\frac{1}{\sqrt{x^2\pm a^2}}\mathrm{d}x=\ln\left|x+\sqrt{x^2\pm a^2}\right|+c$

（19） $\displaystyle\int\sqrt{a^2-x^2}\mathrm{d}x=\frac{x}{2}\sqrt{a^2-x^2}+\frac{a^2}{2}\arcsin\frac{x}{a}+c$

（20） $\displaystyle\int\sqrt{x^2\pm a^2}\mathrm{d}x=\frac{x}{2}\sqrt{x^2\pm a^2}\pm\frac{a^2}{2}\ln\left|x+\sqrt{x^2\pm a^2}\right|+c$

5.1.4 原函数的存在性

（1）若 $f(x)$ 在区间 I 上连续，则 $f(x)$ 在 I 上必有原函数.

（2）若 $f(x)$ 在区间 I 上有第一类间断点，则 $f(x)$ 在 I 上一定没有原函数.

5.1.5 不定积分的计算

（1）第一换元积分法（凑微分法）.

设 $F'(x)=f(x)$，则

$$\int f[\varphi(x)]\varphi'(x)\mathrm{d}x=\int f[\varphi(x)]\mathrm{d}\varphi(x)\overset{u=\varphi(x)}{=}\int f(u)\mathrm{d}u=F(u)+c=F(\varphi(x))+c$$

（2）第二换元积分法.

$$\int f(x)\mathrm{d}x \overset{x=\varphi(t)}{=} \int f(\varphi(t))\varphi'(t)\mathrm{d}t$$

注：由于积分之后还要将 t 换为 x 的函数，所以要求 $x = \varphi(t)$ 有反函数 $t = \varphi^{-1}(x)$.

（3）分部积分法.

$$\int f(x)g'(x)\mathrm{d}x = f(x)g(x) - \int f'(x)g(x)\mathrm{d}x$$

或

$$\int f(x)\mathrm{d}g(x) = f(x)g(x) - \int g(x)\mathrm{d}f(x)$$

5.2 例题与方法

5.2.1 第一换元积分法（凑微分法）

$$\int f[\varphi(x)]\varphi'(x)\mathrm{d}x = \int f[\varphi(x)]\mathrm{d}\varphi(x) = F[\varphi(x)] + c, \ F'(x) = f(x)$$

注：第一换元积分法将被积函数拆成两个因子之积的形式，其中一个因子是某个函数 $\varphi(x)$ 的函数，而另一个因子是 $\phi(x)$ 的导数或可凑成 $\varphi(x)$ 的导数，因此也称第一换元积分法为凑微分法.

1. 常见的显式凑微分形式

（1）$\displaystyle\int f(ax+b)\mathrm{d}x = \frac{1}{a}\int f(ax+b)\mathrm{d}(ax+b)$

（2）$\displaystyle\int f(ax^n+b)x^{n-1}\mathrm{d}x = \frac{1}{an}\int f(ax^n+b)\mathrm{d}(ax^n+b)$

（3）$\displaystyle\int f(a^x)a^x\mathrm{d}x = \frac{1}{\ln a}\int f(a^x)\mathrm{d}(a^x)$

（4）$\displaystyle\int \frac{f(\ln x)}{x}\mathrm{d}x = \int f(\ln x)\mathrm{d}(\ln x)$

（5）$\displaystyle\int f(\sin x)\cos x\mathrm{d}x = \int f(\sin x)\mathrm{d}(\sin x)$

（6）$\displaystyle\int f(\cos x)\sin x\mathrm{d}x = -\int f(\cos x)\mathrm{d}(\cos x)$

（7）$\displaystyle\int \frac{f(\tan x)}{\cos^2 x}\mathrm{d}x = \int f(\tan x)\mathrm{d}(\tan x)$

（8）$\displaystyle\int \frac{f(\cot x)}{\sin^2 x}\mathrm{d}x = -\int f(\cot x)\mathrm{d}(\cot x)$

（9）$\displaystyle\int \frac{f(\arcsin x)}{\sqrt{1-x^2}}\mathrm{d}x = \int f(\arcsin x)\mathrm{d}(\arcsin x)$

（10）$\displaystyle\int \frac{f(\arctan x)}{1+x^2}\mathrm{d}x = \int f(\arctan x)\mathrm{d}(\arctan x)$

2. 常见三角函数积分

三角函数积分绝大部分要用第一换元积分法，但必须将其与三角公式结合使用.

（1） $\int \sin^m x \cos^n x \mathrm{d}x$

① 如果 m 和 n 中至少有一个是奇数，不妨设 $n = 2k+1$，则

$$\int \sin^m x \cos^{2k+1} x \mathrm{d}x = \int \sin^m x \cos^{2k} x \mathrm{d}(\sin x) = \int \sin^m x (1 - \sin^2 x)^k \mathrm{d}(\sin x)$$

② 如果 m 和 n 全为偶数，则利用倍角公式 $\sin^2 x = \dfrac{1 - \cos 2x}{2}$，$\cos^2 x = \dfrac{1 + \cos 2x}{2}$ 来降被积函数的次数，直到使之产生奇次幂为止.

（2） $\int \dfrac{1}{\sin^m x \cos^n x} \mathrm{d}x$

只需将分子利用 $\sin^2 x + \cos^2 x = 1$ 变成 $\sin x$ 和 $\cos x$ 幂的形式来降分母的次数，一直降到可以凑微分或 et 公式为止.

（3） $\int \tan^n x \mathrm{d}x$ 或 $\int \cot^n x \mathrm{d}x$，$n \geq 2$.

反复利用公式 $\tan^2 x = \dfrac{1}{\cos^2 x} - 1$ 或 $\cot^2 x = \dfrac{1}{\sin^2 x} - 1$ 来降次.

（4） $\int \dfrac{1}{a + b\sin^2 x} \mathrm{d}x$ 或 $\int \dfrac{1}{a + b\cos^2 x} \mathrm{d}x$

只需将 a 表示成 $a = a(\sin^2 x + \cos^2 x)$，使上述积分变成

$$\int \dfrac{1}{a\cos^2 x + (a+b)\sin^2 x} \mathrm{d}x \quad 或 \quad \int \dfrac{1}{a\sin^2 x + (a+b)\cos^2 x} \mathrm{d}x$$

然后提取 $\dfrac{1}{\cos^2 x}$ 或 $\dfrac{1}{\sin^2 x}$，再凑微分 $\dfrac{1}{\cos^2 x} \mathrm{d}x = \mathrm{d}\tan x$ 或 $\dfrac{1}{\sin^2 x} \mathrm{d}x = -\mathrm{d}\cot x$ 即可.

例 5-1 求 $\int \dfrac{x}{x^2 - 4x + 8} \mathrm{d}x$.

解： 原式 $= \dfrac{1}{2} \int \dfrac{(2x-4)+4}{x^2 - 4x + 8} \mathrm{d}x = \dfrac{1}{2} \int \dfrac{\mathrm{d}(x^2 - 4x + 8)}{x^2 - 4x + 8} + 2 \int \dfrac{\mathrm{d}(x-2)}{(x-2)^2 + 4}$

$\qquad = \dfrac{1}{2} \ln(x^2 - 4x + 8) + \arctan \dfrac{x-2}{2} + c$

例 5-2 求 $\int \dfrac{\arctan \sqrt{x}}{\sqrt{x}(1+x)} \mathrm{d}x$.

解： 原式 $= 2 \int \dfrac{\arctan \sqrt{x}}{1+x} \mathrm{d}\sqrt{x} = 2 \int \dfrac{\arctan \sqrt{x}}{1 + \left(\sqrt{x}\right)^2} \mathrm{d}\sqrt{x}$

$\qquad = 2 \int \arctan \sqrt{x} \, \mathrm{d}\arctan \sqrt{x} = \left(\arctan \sqrt{x}\right)^2 + c$

例 5-3 求 $\int \dfrac{\sin x(\sin x - \cos x)}{\mathrm{e}^{2x} + \sin^2 x} \mathrm{d}x$.

解： 原式 $= \dfrac{1}{2} \int \dfrac{-(2\mathrm{e}^{2x} + 2\sin x \cos x) + 2(\mathrm{e}^{2x} + \sin^2 x)}{\mathrm{e}^{2x} + \sin^2 x} \mathrm{d}x$

$\qquad = \int \mathrm{d}x - \dfrac{1}{2} \int \dfrac{1}{\mathrm{e}^{2x} + \sin^2 x} \mathrm{d}(\mathrm{e}^{2x} + \sin^2 x) = x - \dfrac{1}{2} \ln(\mathrm{e}^{2x} + \sin^2 x) + c$

例 5-4 求 $\int \tan x \tan\left(x+\dfrac{\pi}{8}\right)\mathrm{d}x$.

解： 由于

$$\tan\frac{\pi}{8}=\tan\left[\left(x+\frac{\pi}{8}\right)-x\right]=\frac{\tan\left(x+\dfrac{\pi}{8}\right)-\tan x}{1+\tan x\tan\left(x+\dfrac{\pi}{8}\right)}$$

所以

$$\text{原式}=\cot\frac{\pi}{8}\int\left[\tan\left(x+\frac{\pi}{8}\right)-\tan x\right]\mathrm{d}x-x$$

$$=\cot\frac{\pi}{8}\left[\ln|\cos x|-\ln\left|\cos\left(x+\frac{\pi}{8}\right)\right|\right]-x+c$$

例 5-5 求 $\int\dfrac{\sin x-x\cos x}{(x+\sin x)^2}\mathrm{d}x$.

解： 原式 $=\displaystyle\int\frac{\sin x-x\cos x}{\sin^2 x\left(\dfrac{x}{\sin x}+1\right)^2}\mathrm{d}x=\int\frac{1}{\left(\dfrac{x}{\sin x}+1\right)^2}\mathrm{d}\left(\frac{x}{\sin x}+1\right)$

$$=\frac{-1}{\dfrac{x}{\sin x}+1}+c=\frac{-\sin x}{x+\sin x}+c$$

5.2.2 分部积分法

分部积分法将被积函数拆成两个因子之积的形式，要求其中一个因子的原函数可求，而另一个因子可导且其导数相对简单.

$$\int f(x)g'(x)\mathrm{d}x=\int f(x)\mathrm{d}g(x)$$

$$=f(x)g(x)-\int g(x)\mathrm{d}f(x)$$

$$=f(x)g(x)-\int g(x)f'(x)\mathrm{d}x$$

典型分部积分形式如下.

（1） $\displaystyle\int p_n(x)\mathrm{e}^{\alpha x}\mathrm{d}x$，$\displaystyle\int p_n(x)\sin\alpha x\mathrm{d}x$，$\displaystyle\int p_n(x)\cos\alpha x\mathrm{d}x$，其中，$p_n(x)$ 为 x 的 n 次多项式，α 为常数，取 $g'(x)=\mathrm{e}^{\alpha x}$ 或 $\sin\alpha x$ 或 $\cos\alpha x$.

（2） $\displaystyle\int\mathrm{e}^{\alpha x}\sin\beta x\mathrm{d}x$，$\displaystyle\int\mathrm{e}^{\alpha x}\cos\beta x\mathrm{d}x$，$\alpha,\beta$ 为常数，任取 $g'(x)=\mathrm{e}^{\alpha x}$ 或 $\sin\alpha x$ 或 $\cos\alpha x$，经过两次分部积分后移项解方程.

（3） $\displaystyle\int p_n(x)\ln x\mathrm{d}x$，$\displaystyle\int p_n(x)\arctan x\mathrm{d}x$，$\displaystyle\int p_n(x)\mathrm{arccot}x\mathrm{d}x$，其中，$p_n(x)$ 是 x 的 n 次多项式，取 $g'(x)=p_n(x)$.

（4） $\displaystyle\int\ln^n x\mathrm{d}x$，$\displaystyle\int\arcsin^n x\mathrm{d}x$，$\displaystyle\int\arccos^n x\mathrm{d}x$，$\displaystyle\int\arctan^n x\mathrm{d}x$，$\displaystyle\int\mathrm{arccot}^n x\mathrm{d}x$，取 $g'(x)=1$.

（5）$\displaystyle\int\frac{1}{\sin^n x}\mathrm{d}x$ ， $\displaystyle\int\frac{1}{\cos^n x}\mathrm{d}x$ ， $n \geqslant 3$ ．

分解

$$\frac{1}{\sin^n x}=\frac{1}{\sin^{n-2} x}\frac{1}{\sin^2 x}\ 或\ \frac{1}{\cos^n x}=\frac{1}{\cos^{n-2} x}\frac{1}{\cos^2 x}$$

取 $g'(x)=\dfrac{1}{\sin^2 x}$ 或 $\dfrac{1}{\cos^2 x}$ ，移项解方程．

（6）$\displaystyle\int\frac{1}{(a^2+x^2)^n}\mathrm{d}x$ ， $n \geqslant 2$ ，取 $g'(x)=1$ ．

由上可知，常见分部积分形式有不同类函数乘积型积分、抽象函数积分和"没有原函数"型积分．注："没有原函数"型函数不是真的没有原函数，而是其原函数找不到或不会求，如 e^{x^2} ， $\dfrac{\sin x}{x}$ ， $\dfrac{\mathrm{e}^x}{\cos x}$ ， $\mathrm{e}^x\tan x$ ， $\sqrt{x^3+1}$ 等。

例 5-6 求 $\displaystyle\int\frac{\ln(\mathrm{e}^x+1)}{\mathrm{e}^x}\mathrm{d}x$ ．

解：原式 $=\dfrac{-\ln(\mathrm{e}^x+1)}{\mathrm{e}^x}+\displaystyle\int\frac{\mathrm{e}^x}{\mathrm{e}^x(\mathrm{e}^x+1)}\mathrm{d}x$

$\qquad\qquad =\dfrac{-\ln(\mathrm{e}^x+1)}{\mathrm{e}^x}+\displaystyle\int\frac{(1+\mathrm{e}^x)-\mathrm{e}^x}{\mathrm{e}^x+1}\mathrm{d}x$

$\qquad\qquad =\dfrac{-\ln(\mathrm{e}^x+1)}{\mathrm{e}^x}+x-\ln(\mathrm{e}^x+1)+c$

例 5-7 求 $\displaystyle\int\cos\ln x\,\mathrm{d}x$ ．

解：原式 $=x\cos\ln x+\displaystyle\int\sin\ln x\,\mathrm{d}x$

$\qquad\qquad =x\cos\ln x+x\sin\ln x-\displaystyle\int\cos\ln x\,\mathrm{d}x$

移项得

$$原式=\frac{x}{2}(\cos\ln x+\sin\ln x)+c$$

例 5-8 求 $\displaystyle\int x\mathrm{e}^x\cos x\,\mathrm{d}x$ ．

解：

$$\int x\mathrm{e}^x\mathrm{d}x=x\mathrm{e}^x-\int \mathrm{e}^x\mathrm{d}x=x\mathrm{e}^x-\mathrm{e}^x+c=(x-1)\mathrm{e}^x+c$$

$$\int \mathrm{e}^x\cos x\,\mathrm{d}x=\mathrm{e}^x\cos x+\int \mathrm{e}^x\sin x\,\mathrm{d}x=\mathrm{e}^x\cos x+\mathrm{e}^x\sin x-\int \mathrm{e}^x\cos x\,\mathrm{d}x$$

移项得

$$\int \mathrm{e}^x\cos x\,\mathrm{d}x=\frac{\mathrm{e}^x}{2}(\cos x+\sin x)+c$$

所以

$$\int x\mathrm{e}^x\cos x\,\mathrm{d}x$$

$$=(x-1)\mathrm{e}^x\cos x+\int(x-1)\mathrm{e}^x\sin x\,\mathrm{d}x=(x-1)\mathrm{e}^x\cos x+(x-2)\mathrm{e}^x\sin x-\int(x-2)\mathrm{e}^x\cos x\,\mathrm{d}x$$

$$=\mathrm{e}^x[(x-1)\cos x+(x-2)\sin x]-\int x\mathrm{e}^x\cos x\,\mathrm{d}x+2\int \mathrm{e}^x\cos x\,\mathrm{d}x$$

移项得

$$原式 = \frac{e^x}{2}[(x-1)\cos x + (x-2)\sin x] + \frac{e^x}{2}(\cos x + \sin x) + c$$

例 5-9　求 $\int (\arcsin x)^2 dx$.

解：原式 $= x(\arcsin x)^2 - \int x \cdot 2\arcsin x \cdot \frac{1}{\sqrt{1-x^2}} dx$

$\qquad = x(\arcsin x)^2 + 2\int \arcsin x\, d\left(\sqrt{1-x^2}\right)$

$\qquad = x(\arcsin x)^2 + 2\sqrt{1-x^2}\arcsin x - 2\int \frac{\sqrt{1-x^2}}{\sqrt{1-x^2}} dx$

$\qquad = x(\arcsin x)^2 + 2\sqrt{1-x^2}\arcsin x - 2x + c$

例 5-10　求 $\int [f(x)g''(x) - f''(x)g(x)]dx$.

解：原式 $= f(x)g'(x) - \int f'(x)g'(x)dx - f'(x)g(x) + \int f'(x)g'(x)dx$

$\qquad = f(x)g'(x) - f'(x)g(x) + c$

例 5-11　求 $\int \frac{e^x(1+\sin x)}{1+\cos x} dx$.

解：原式 $= \int \frac{e^x(1+\sin x)(1-\cos x)}{1-\cos^2 x} dx$

$\qquad = \int \frac{e^x}{\sin^2 x} dx + \int \frac{e^x}{\sin x} dx - \int \frac{e^x \cos x}{\sin^2 x} dx - \int \frac{e^x \cos x}{\sin x} dx$

$\qquad = -e^x \cot x + \int e^x \cot x dx + \frac{e^x}{\sin x} + \int \frac{e^x \cos x}{\sin^2 x} dx - \int \frac{e^x \cos x}{\sin^2 x} dx - \int e^x \cot x dx$

$\qquad = \frac{e^x}{\sin x} - e^x \cot x + c$

5.2.3　第二换元积分法

第二换元积分法是一种技巧性很强的方法，因此不要过分解这样的难题，只需掌握常规的方法即可.

$$\int f(x)dx \overset{x=g(t)}{=} \int f[g(t)]g'(t)dt$$

典型的第二换元积分形式如下.

（1）$\int f\left(\sqrt[n]{\frac{ax+b}{cx+d}}\right)dx$，作变换设 $\sqrt[n]{\frac{ax+b}{cx+d}} = t$.

（2）$\int f(\sqrt{a^2-x^2})dx$，作变换设 $x = a\sin t$.

（3）$\int f(\sqrt{a^2+x^2})dx$，作变换设 $x = a\tan t$.

（4）$\int f(\sqrt{x^2-a^2})\mathrm{d}x$，作变换设 $x = \dfrac{a}{\cos t} = a\sec t$．

第二换元积分法的思想是通过换元去掉复杂项．

例 5-12 求 $\int \dfrac{1}{\sqrt{x}+\sqrt[3]{x}}\mathrm{d}x$．

解： 设 $\sqrt[6]{x} = t$．

$$\text{原式} = \int \frac{6t^5}{t^3+t^2}\mathrm{d}t = 6\int \frac{t^3}{t+1}\mathrm{d}t$$

$$= 6\left[\int(t^2-t+1)\mathrm{d}t - \int\frac{1}{t+1}\mathrm{d}t\right]$$

$$= 6\left[\frac{t^3}{3} - \frac{t^2}{2} + t - \ln(t+1)\right] + c$$

$$= 6\left[\frac{\sqrt{x}}{3} - \frac{\sqrt[3]{x}}{2} + \sqrt[6]{x} - \ln(\sqrt[6]{x}+1)\right] + c$$

例 5-13 求 $\int \dfrac{x^2}{(1+x^2)^{\frac{3}{2}}}\mathrm{d}x$．

解： 设 $x = \tan t$，还原变量的直角三角形，如右图所示．

$$\text{原式} = \int \frac{\tan^2 t}{(1+\tan^2 t)^{\frac{3}{2}}}\mathrm{d}\tan t$$

$$= \int \frac{\sin^2 t}{\cos t}\mathrm{d}t = \int\frac{1-\cos^2 t}{\cos t}\mathrm{d}t$$

$$= \ln\left|\frac{1}{\cos t} + \tan t\right| - \sin t + c$$

$$= \ln|x+\sqrt{1+x^2}| - \frac{x}{\sqrt{1+x^2}} + c$$

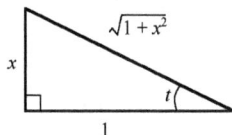

例 5-14 求 $\int \sqrt{1-x^2}\mathrm{d}x$．

解： 设 $x = \sin t$，还原变量的直角三角形，如右图所示．

$$\text{原式} = \int \sqrt{1-\sin^2 t}\,\mathrm{d}\sin t$$

$$= \int \cos^2 t\,\mathrm{d}t = \int\frac{1+\cos 2t}{2}\mathrm{d}t$$

$$= \frac{t}{2} + \frac{1}{4}\sin 2t + c = \frac{t}{2} + \frac{1}{2}\sin t\cos t + c$$

$$= \frac{1}{2}(\arcsin x + x\sqrt{1-x^2}) + c$$

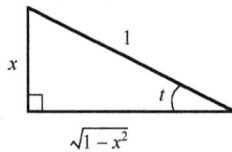

例 5-15 求 $\int \dfrac{\mathrm{d}x}{\sqrt{\mathrm{e}^x-1}}$．

解： 设 $\sqrt{\mathrm{e}^x-1} = t$，则 $x = \ln(1+t^2)$．

$$\text{原式} = \int \frac{1}{t}\frac{2t}{1+t^2}\mathrm{d}t = 2\arctan t + c = 2\arctan\sqrt{\mathrm{e}^x-1} + c$$

5.2.4 有理真分式的积分

$\int R(x)\mathrm{d}x$，有理真分式的积分的难点之一是将被积表达式分解为最简分式，下面用具体例子说明.

对有理真分式 $P(x)/Q(x)$，$Q(x)$ 的次数高于 $P(x)$ 的次数，且 $Q(x) = b_0(x-a)^\lambda \cdots (x^2+Px+q)^\mu \cdots$，$\lambda, \mu$ 为正整数，则 $P(x)/Q(x)$ 可唯一分解为最简分式之和：

$$\frac{P(x)}{Q(x)} = \frac{A_1}{(x-a)^\lambda} + \frac{A_2}{(x-a)^{\lambda-1}} + \cdots + \frac{A_\lambda}{x-a} + \cdots + \frac{M_1x+N_1}{(x^2+Px+q)^\mu}$$

$$+ \frac{M_2x+N_2}{(x^2+Px+q)^{\mu-1}} + \cdots + \frac{M_\mu x+N_\mu}{(x^2+Px+q)} + \cdots, \quad P^2-4q<0, \ A_i, \ M_i, \ N_i \text{ 为待定系数}$$

例 5-16 将 $\dfrac{1}{x(x-1)^2}$ 分解为最简分式之和.

解： $\dfrac{1}{x(x-1)^2} = \dfrac{A}{x} + \dfrac{B}{x-1} + \dfrac{C}{(x-1)^2}$

将右端通分，再比较等式两端的分子，有

$$A(x-1)^2 + B(x-1)x + Cx = 1$$

令 $x=0$，有 $A=1$；令 $x=1$，有 $C=1$；再令 $x=2$，有 $1+B(2-1)\cdot2+2=1$，得 $B=-1$. 所以

$$\frac{1}{x(x-1)^2} = \frac{1}{x} - \frac{1}{x-1} + \frac{1}{(x-1)^2}$$

例 5-17 将 $\dfrac{1}{(1+2x)(1+x^2)}$ 分解为最简分式之和.

解： 原式 $= \dfrac{A}{1+2x} + \dfrac{Bx+C}{1+x^2}$

将右端通分，再比较等式两端的分子，有

$$1 = A(1+x^2) + (Bx+C)(1+2x)$$

令 $x=-\dfrac{1}{2}$，有 $A=\dfrac{4}{5}$；令 $x=0$，有 $C=\dfrac{1}{5}$. 求 B 可用比较 x^2 项系数的方法，确定 $B=-\dfrac{2}{5}$，亦可令 $x=i$，有

$$1 = \left(Bi + \frac{1}{5}\right)(1+2i) = \left(\frac{1}{5} - 2B\right) + \left(B + \frac{2}{5}\right)i$$

易见 $B=-\dfrac{2}{5}$.

例 5-18 求 $\displaystyle\int \dfrac{2x^2+1}{(x^2-1)^2}\mathrm{d}x$.

解： 设

$$\frac{2x^2+1}{(x^2-1)^2} = \frac{A}{x-1} + \frac{B}{(x-1)^2} + \frac{D}{x+1} + \frac{E}{(x+1)^2}$$

解得 $A = \dfrac{1}{4}$, $B = \dfrac{3}{4}$, $D = -\dfrac{1}{4}$, $E = \dfrac{3}{4}$, 故

$$原式 = \frac{1}{4}\int\frac{1}{x-1}dx + \frac{3}{4}\int\frac{1}{(x-1)^2}dx - \frac{1}{4}\int\frac{1}{x+1}dx + \frac{3}{4}\int\frac{1}{(x+1)^2}dx$$

$$= \frac{1}{4}\ln|x-1| - \frac{3}{4(x-1)} - \frac{1}{4}\ln|x+1| - \frac{3}{4(x+1)} + c$$

$$= \frac{1}{4}\ln\left|\frac{x-1}{x+1}\right| - \frac{3x}{2(x^2-1)} + c$$

5.2.5 三角有理式的积分

$\displaystyle\int R(\sin x, \cos x)dx$, 设 $u = \tan\dfrac{x}{2}$（此变换称为万能变换），则 $\sin x = \dfrac{2u}{1+u^2}$, $\cos x = \dfrac{1-u^2}{1+u^2}$,

$dx = \dfrac{2}{1+u^2}du$, 故

$$\int R(\sin x, \cos x)dx = \int R\left(\frac{2t}{1+t^2}, \frac{1-t^2}{1+t^2}\right)\frac{2}{1+t^2}dt$$

例 5-19 求 $I = \displaystyle\int\frac{1+\sin x}{\sin x(1+\cos x)}dx$.

解：设 $u = \tan\dfrac{x}{2}$, 则

$$I = \frac{1}{2}\int\left(u + 2 + \frac{1}{u}\right)du = \frac{1}{4}u^2 + u + \frac{1}{2}\ln|u| + c$$

$$= \frac{1}{4}\tan^2\frac{x}{2} + \tan\frac{x}{2} + \frac{1}{2}\ln\left|\tan\frac{x}{2}\right| + c$$

注：如果求 $I = \displaystyle\int\frac{\cos x}{1+\sin x}dx$, 则用简单的第一换元积分法即可得到结果：

$$I = \ln(1+\sin x) + c$$

故三角有理式积分不一定用万能变换计算.

5.2.6 无理函数的积分

对无理函数的积分，一般地，应设法去掉根号，注意观察下例的做法.

例 5-20 求 $\displaystyle\int\frac{1-\sqrt{x+1}}{1+\sqrt[3]{x+1}}dx$.

解：令 $u = \sqrt[6]{x+1}$, $x = u^6 - 1$, $dx = 6u^5du$, 代入原式，得

$$原式 = \int\frac{1-u^3}{1+u^2}6u^5du = 6\int\left(-u^6 + u^4 + u^3 - u^2 - u + 1 + \frac{u-1}{u^2+1}\right)du$$

$$= -\frac{6}{7}(x+1)^{\frac{7}{6}} + \frac{6}{5}(x+1)^{\frac{5}{6}} + \frac{3}{2}(x+1)^{\frac{2}{3}} - 2(x+1)^{\frac{1}{2}}$$

$$-3(x+1)^{\frac{1}{3}} + 6(x+1)^{\frac{1}{6}} + 3\ln[1+(x+1)^{\frac{1}{3}}] - 6\arctan(x+1)^{\frac{1}{6}} + c$$

5.3 习题

1．选择题.

（1）下列等式中，正确的是（　　）.

(A) $\int f'(x)\mathrm{d}x = f(x)$　　　　　　　(B) $\int \mathrm{d}f(x) = f(x)$

(C) $\dfrac{\mathrm{d}}{\mathrm{d}x}\int f(x)\mathrm{d}x = f(x)$　　　　　　(D) $\mathrm{d}\int f(x)\mathrm{d}x = f(x)$

（2）设 $f(x) = \begin{cases} 2(x-1), & x<1 \\ \ln x, & x\geq 1 \end{cases}$，则 $f(x)$ 的一个原函数是（　　）.

(A) $F(x) = \begin{cases} (x-1)^2, & x<1 \\ x(\ln x - 1), & x\geq 1 \end{cases}$　　　(B) $F(x) = \begin{cases} (x-1)^2, & x<1 \\ x(\ln x + 1), & x\geq 1 \end{cases}$

(C) $F(x) = \begin{cases} (x-1)^2, & x<1 \\ x(\ln x + 1)+1, & x\geq 1 \end{cases}$　　(D) $F(x) = \begin{cases} (x-1)^2, & x<1 \\ x(\ln x - 1)+1, & x\geq 1 \end{cases}$

（3）设 $f(x)$ 是连续函数，$F(x)$ 是 $f(x)$ 的原函数，则（　　）.

(A) 当 $f(x)$ 是奇函数时，$F(x)$ 必是偶函数

(B) 当 $f(x)$ 是偶函数时，$F(x)$ 必是奇函数

(C) 当 $f(x)$ 是周期函数时，$F(x)$ 必是周期函数

(D) 当 $f(x)$ 是单调递增函数时，$F(x)$ 必是单调递增函数

（4）设 $f'(x) = \sin x$，则 $f(x)$ 有一个原函数是（　　）.

(A) $1 + \sin x$　　　　　　　　　　(B) $1 - \sin x$

(C) $1 + \cos x$　　　　　　　　　　(D) $1 - \cos x$

（5）设 $\dfrac{\sin x}{x}$ 是 $f(x)$ 的一个原函数，$a\neq 0$，则 $\int \dfrac{f(ax)}{a}\mathrm{d}x = $（　　）.

(A) $\dfrac{\sin ax}{a^3 x} + C$　　　　　　　　　(B) $\dfrac{\sin ax}{a^2 x} + C$

(C) $\dfrac{\sin ax}{ax} + C$　　　　　　　　　(D) $\dfrac{\sin ax}{x} + C$

2．填空题.

（1）设 $f'(\ln x) = 1 + x$，则 $f(x) = $（　　）.

（2）$\int e^x \arcsin \sqrt{1 - e^{2x}}\,\mathrm{d}x = $（　　）.

（3）已知 $f'(e^x) = xe^{-x}$，且 $f(1) = 0$，则 $f(x) = $（　　）.

（4）已知 $\int f'(x^3)\mathrm{d}x = x^3 + C$，则 $f(x) = $（　　）.

（5）设 $f(x)$ 是周期为 4 的可导奇函数，且 $f'(x) = 2(x-1)$，$x\in[0,2]$，则 $f(7) = $（　　）.

3．计算下列不定积分.

（1）$\int \dfrac{\mathrm{d}x}{2 + 3x^2}$；　　　　　　　　（2）$\int \dfrac{\mathrm{d}x}{2 - 3x^2}$；

（3） $\displaystyle\int \frac{\mathrm{d}x}{\sqrt{3x^2-2}}$ ；

（4） $\displaystyle\int \sqrt{5x^2 \pm 3}\mathrm{d}x$ ；

（5） $\displaystyle\int \sqrt{5-4x-x^2}\mathrm{d}x$ ；

（6） $\displaystyle\int \frac{\mathrm{d}x}{1+\sin x}$ ；

（7） $\displaystyle\int \frac{x\mathrm{d}x}{4+x^4}$ ；

（8） $\displaystyle\int \frac{\mathrm{d}x}{x\sqrt{x^2+1}}$ ；

（9） $\displaystyle\int \frac{\mathrm{d}x}{\sqrt{1+\mathrm{e}^{2x}}}$ ；

（10） $\displaystyle\int \frac{1}{1-x^2}\ln^2\frac{1+x}{1-x}\mathrm{d}x$ ；

（11） $\displaystyle\int x^2\sqrt[3]{1-x}\mathrm{d}x$ ；

（12） $\displaystyle\int \frac{x^2}{\sqrt{2-x}}\mathrm{d}x$ ；

（13） $\displaystyle\int \frac{\mathrm{d}x}{x^3\sqrt{a^2-x^2}}$ ；

（14） $\displaystyle\int \frac{\mathrm{d}x}{(1+\sqrt[3]{x})\sqrt{x}}$ ；

（15） $\displaystyle\int \cos^5 x\sqrt{\sin x}\mathrm{d}x$ ；

（16） $\displaystyle\int \frac{\ln x}{x\sqrt{1+\ln x}}\mathrm{d}x$ ；

（17） $\displaystyle\int \sqrt{\frac{a+x}{a-x}}\mathrm{d}x$ ；

（18） $\displaystyle\int x^{-1}\sqrt{\frac{x}{2a-x}}\mathrm{d}x$ ；

（19） $\displaystyle\int \left(\frac{\ln x}{x}\right)^2\mathrm{d}x$ ；

（20） $\displaystyle\int \sqrt{a^2-x^2}\mathrm{d}x$ ；

（21） $\displaystyle\int \frac{x\arctan x}{\sqrt{1+x^2}}\mathrm{d}x$ ；

（22） $\displaystyle\int \sin^n x\mathrm{d}x$ ；

（23） $\displaystyle\int \frac{1}{1-x^2}\cdot\frac{1}{\sqrt{1+x^2}}\mathrm{d}x$ ；

（24） $\displaystyle\int \frac{x}{1+\sqrt{1+x^2}}\mathrm{d}x$ ；

（25） $\displaystyle\int \mathrm{e}^{2x}\arctan\sqrt{\mathrm{e}^x-1}\mathrm{d}x$ ；

（26） $\displaystyle\int \frac{1}{a^2\sin^2 x+b^2\cos^2 x}\mathrm{d}x$ ；

（27） $\displaystyle\int \mathrm{e}^{\sqrt{2x-1}}\mathrm{d}x$ ；

（28） $\displaystyle\int \frac{x\mathrm{d}x}{x^4+2x^2+5}$ ；

（29） $\displaystyle\int \frac{1}{x\ln^2 x}\mathrm{d}x$ ；

（30） $\displaystyle\int \frac{x+\ln(1-x)}{x^2}\mathrm{d}x$ ；

（31） $\displaystyle\int \frac{\ln x}{(1-x)^2}\mathrm{d}x$ ；

（32） $\displaystyle\int \frac{x\cos^4\frac{x}{2}}{\sin^3 x}\mathrm{d}x$ ；

（33） $\displaystyle\int x\sin^2 x\mathrm{d}x$ ；

（34） $\displaystyle\int \frac{x^2}{1+x^2}\arctan x\mathrm{d}x$ ；

（35） $\displaystyle\int \frac{\arctan \mathrm{e}^x}{\mathrm{e}^x}\mathrm{d}x$ ；

（36） $\displaystyle\int \frac{\tan x}{\sqrt{\cos x}}\mathrm{d}x$ ；

（37） $\displaystyle\int \frac{\mathrm{d}x}{(2-x)\sqrt{1-x}}$ ；

（38） $\displaystyle\int x^3\mathrm{e}^{x^2}\mathrm{d}x$ ；

（39） $\displaystyle\int \frac{\arctan x}{x^2(1+x^2)}\mathrm{d}x$ ；

（40） $\displaystyle\int \frac{1}{\sqrt{x(4-x)}}\mathrm{d}x$ ；

（41） $\displaystyle\int \frac{\ln x-1}{x^2}\mathrm{d}x$ ；

（42） $\displaystyle\int \frac{x+5}{x^2-6x+13}\mathrm{d}x$ ；

（43）$\displaystyle\int\frac{\arcsin\sqrt{x}}{\sqrt{x}}\mathrm{d}x$ ；

（44）$\displaystyle\int\frac{\arctan\mathrm{e}^x}{\mathrm{e}^{2x}}\mathrm{d}x$ ；

（45）$\displaystyle\int\frac{3x+6}{(x-1)^2(x^2+x+1)}\mathrm{d}x$.

4．设 $f(x)=\begin{cases}\ln x, & x\geqslant 1\\ \dfrac{1}{2}-\dfrac{1}{1+x^2}, & x<1\end{cases}$ ，求 $\displaystyle\int f(x)\mathrm{d}x$ ；

5．设 $f(x^2-1)=\ln\dfrac{x^2}{x^2-2}$ ，且 $f(\varphi(x))=\ln x$ ，求 $\displaystyle\int\varphi(x)\mathrm{d}x$.

第 6 章

定积分及反常积分

本章主要内容有定积分的概念和性质、定积分中值定理、变上限积分函数及微积分基本公式、反常积分的概念及其计算、定积分在几何及物理方面的应用. 这些是积分学的基础, 也是每个考生必须掌握的.

6.1 知识点提要

6.1.1 定积分的定义和几何意义

1. 定积分的定义

设函数 $f(x)$ 在 $[a,b]$ 上有定义, 用分点

$$a = x_1 < x_2 < \cdots < x_i < x_{i+1} < \cdots < x_n < x_{n+1} = b$$

将区间 $[a,b]$ 分为 n 个小区间 $[x_i, x_{i+1}]$, 记 $\Delta x_i = x_{i+1} - x_i$, $\lambda = \max\limits_{1 \le i \le n}\{\Delta x_i\}$. 任取 $\xi_i \in [x_i, x_{i+1}]$, $i = 1, 2, \cdots, n$. 如果乘积的和式

$$\sum_{i=1}^{n} f(\xi_i)\Delta x_i$$

(称为积分和) 的极限

$$\lim_{\lambda \to 0} \sum_{i=1}^{n} f(\xi_i)\Delta x_i$$

存在, 且这个极限值与 x_i 和 ξ_i 的取法无关, 则说 $f(x)$ 在 $[a,b]$ 上可积, 且称此极限值为 $f(x)$ 在 $[a,b]$ 上的定积分, 用记号 $\int_a^b f(x)\mathrm{d}x$ 表示, 即

$$\int_a^b f(x)\mathrm{d}x = \lim_{\lambda \to 0} \sum_{i=1}^{n} f(\xi_i)\Delta x_i$$

注: 若 $f(x)$ 在 $[0,1]$ 上连续, 则积分 $\int_0^1 f(x)\mathrm{d}x$ 存在. 将 $[0,1]$ 区间 n 等分, 此时 $\Delta x_i = \dfrac{1}{n}$, 取 ξ_i 为右端点 $\dfrac{i}{n}$ (也可以取左端点 $\dfrac{i-1}{n}$), 由定积分的定义得

$$\int_0^1 f(x)\mathrm{d}x = \lim_{\lambda \to 0} \sum_{i=1}^{n} f(\xi_i)\Delta x_i = \lim_{n \to \infty} \frac{1}{n} \sum_{i=1}^{n} f\left(\frac{i}{n}\right)$$

故等式右端的极限可通过等式左端的定积分来计算.

2. 定积分的几何意义

当 $f(x)>0$ 时，$\int_a^b f(x)\mathrm{d}x$ 表示由曲线 $y=f(x)$ 和直线 $x=a,x=b$ 及 $y=0$ 围成的曲边梯形的面积；当 $f(x)<0$ 时，由于 $f(\xi_i)\Delta x_i<0$，所以 $\int_a^b f(x)\mathrm{d}x$ 表示曲边梯形面积的负值. 因此，对一般函数 $f(x)$，定积分 $\int_a^b f(x)\mathrm{d}x$ 的几何意义是：介于 x 轴，曲线 $y=f(x)$ 和直线 $x=a,x=b$ 之间的各部分图形面积的代数和，即在 x 轴上方的图形面积与下方的图形面积数之差.

6.1.2 定积分的性质

定积分是由被积函数与积分区间通过如下极限运算所确定的一个数，即

$$\int_a^b f(x)\mathrm{d}x=\lim_{\lambda\to 0}\sum_{i=1}^n f(\xi_i)\Delta x_i$$

它具有下列性质（假定所涉及的定积分都存在）.

（1）$\int_b^a f(x)\mathrm{d}x=-\int_a^b f(x)\mathrm{d}x$.

（2）$\int_a^a f(x)\mathrm{d}x=0$.

（3）$\int_a^b 1\mathrm{d}x=b-a$.

（4）（线性性质）$\int_a^b [kf(x)+lg(x)]\mathrm{d}x=k\int_a^b f(x)\mathrm{d}x+l\int_a^b g(x)\mathrm{d}x$，$k,l$ 为常数.

（5）（区间可加性）$\int_a^b f(x)\mathrm{d}x=\int_a^c f(x)\mathrm{d}x+\int_c^b f(x)\mathrm{d}x$，其中，$c$ 可以在 $[a,b]$ 区间内，也可以在区间外.

（6）若在 $[a,b]$ 上，$f(x)\leqslant g(x)$，则有

$$\int_a^b f(x)\mathrm{d}x\leqslant \int_a^b g(x)\mathrm{d}x$$

（7）若在 $[a,b]$ 上，$m\leqslant f(x)\leqslant M$，则有估计式

$$m(b-a)\leqslant \int_a^b f(x)\mathrm{d}x\leqslant M(b-a)$$

（8）$\left|\int_a^b f(x)\mathrm{d}x\right|\leqslant \int_a^b |f(x)|\mathrm{d}x$，$a<b$.

（9）定积分值与积分变量的记号无关，即

$$\int_a^b f(x)\mathrm{d}x=\int_a^b f(t)\mathrm{d}t$$

（10）定积分中值定理：设 $f(x)\in C_{[a,b]}$，则至少存在一点 $\xi\in[a,b]$，使

$$\int_a^b f(x)\mathrm{d}x=f(\xi)(b-a)$$

注：设 $f(x) \in C_{[a,b]}$，对 $F(x) = \int_a^x f(t)\mathrm{d}t$ 应用拉格朗日中值定理，可以证明存在一点 $\xi \in (a,b)$，使 $\int_a^b f(x)\mathrm{d}x = f(\xi)(b-a)$.

6.1.3 定积分存在的条件

（1）$f(x)$ 在 $[a,b]$ 上可积的必要条件是 $f(x)$ 在 $[a,b]$ 上有界；
（2）$f(x)$ 在 $[a,b]$ 上连续，是 $f(x)$ 在 $[a,b]$ 上可积的充分条件；
（3）$f(x)$ 在 $[a,b]$ 上有界，且只有有限个间断点，是 $f(x)$ 在 $[a,b]$ 上可积的充分条件；
（4）$f(x)$ 在 $[a,b]$ 上只有有限个第一类间断点，是 $f(x)$ 在 $[a,b]$ 上可积的充分条件.

6.1.4 微积分基本定理

定理 6.1（微积分基本定理第一部分）　设 $f(x)$ 在 $[a,b]$ 上连续，则积分上限函数

$$\Phi(x) = \int_a^x f(t)\mathrm{d}t$$

是 $[a,b]$ 上的可导函数，且

$$\Phi'(x) = \frac{\mathrm{d}}{\mathrm{d}x}\int_a^x f(t)\mathrm{d}t = f(x), \quad a \leq x \leq b \tag{6.1}$$

定理 6.1 指出积分运算和微分运算为逆运算的关系，它把微分和积分联结为一个有机的整体——微积分，所以它是微积分学基本定理.

它还说明，连续函数 $f(x)$ 一定有原函数，函数 $\Phi(x) = \int_a^x f(t)\mathrm{d}t$ 就是 $f(x)$ 的一个原函数.由此可见，连续函数 $f(x)$ 的不定积分和定积分有如下关系：

$$\int f(x)\mathrm{d}x = \int_a^x f(t)\mathrm{d}t + c \tag{6.2}$$

注：①当 $\varphi(x)$ 与 $\psi(x)$ 可导时，利用复合函数求导，还可以得到下面关于变限积分函数的求导公式：

$$\left(\int_{\varphi(x)}^{\psi(x)} f(t)\mathrm{d}t\right)' = f(\psi(x))\psi'(x) - f(\varphi(x))\varphi'(x)$$

②若 $f(x)$ 为奇函数，则对任意的 a，均有 $\int_a^x f(t)\mathrm{d}t$ 为偶函数；若 $f(x)$ 为偶函数，则只有 $\int_0^x f(t)\mathrm{d}t$ 为奇函数.

③若 $f(x)$ 仅为 $[a,b]$ 上的可积函数，此时，$\int_a^x f(t)\mathrm{d}t$ 未必是可导的，但一定是连续的.

定理 6.2（微积分基本定理第二部分）　如果 $F(x)$ 是 $[a,b]$ 上连续函数 $f(x)$ 的一个原函数，则

$$\int_a^b f(x)\mathrm{d}x = F(b) - F(a) \tag{6.3}$$

式（6.3）表明连续函数的定积分与不定积分之间的关系. 它把复杂的乘积和式的极限运

算转化为被积函数的原函数在积分上下限 b 与 a 两点处函数值之差. 习惯用 $F(x)\big|_a^b$ 表示 $F(b) - F(a)$，于是式（6.3）可写为

$$\int_a^b f(x)\mathrm{d}x = F(x)\big|_a^b = F(b) - F(a)$$

式（6.3）称为牛顿—莱布尼兹公式.

6.1.5 定积分的计算

1．牛顿—莱布尼兹公式

牛顿—莱布尼兹公式就是式（6.3）.

2．换元积分法

设 $f(x)$ 在 $[a,b]$ 上连续，对变换 $x = \varphi(t)$，若有常数 α, β 满足：

（i）$\beta(\alpha) = a$，$\varphi(\beta) = b$；

（ii）在 α, β 介定的区间上，$a \leqslant \varphi(t) \leqslant b$；

（iii）在 α, β 介定的区间上，$\varphi(t)$ 有连续的导数，则

$$\int_a^b f(x)\mathrm{d}x = \int_\alpha^\beta f[\varphi(t)]\varphi'(t)\mathrm{d}t$$

3．分部积分法

设 $f(x), g(x)$ 在 $[a,b]$ 上有连续的导数，则

$$\int_a^b f(x)g'(x)\mathrm{d}x = \int_a^b f(x)\mathrm{d}g(x) = f(x)g(x)\big|_a^b - \int_a^b g(x)\mathrm{d}f(x)$$

4．其他定积分公式

（1）若 $f(x)$ 为偶函数，则 $\displaystyle\int_{-a}^a f(x)\mathrm{d}x = 2\int_0^a f(x)\mathrm{d}x$.

（2）若 $f(x)$ 为奇函数，则 $\displaystyle\int_{-a}^a f(x)\mathrm{d}x = 0$.

（3）设 $f(x)$ 是 $(-\infty, +\infty)$ 上以 T 为周期的分段连续有界函数，则对任何实数 a，都有

$$\int_a^{a+T} f(x)\mathrm{d}x = \int_0^T f(x)\mathrm{d}x$$

（4）$\displaystyle\int_0^\pi xf(\sin x)\mathrm{d}x = \frac{\pi}{2}\int_0^\pi f(\sin x)\mathrm{d}x = \pi\int_0^{\frac{\pi}{2}} f(\sin x)\mathrm{d}x$.

（5）对任何自然数 n，都有

$$I_n = \int_0^{\frac{\pi}{2}} \sin^n x\mathrm{d}x = \int_0^{\frac{\pi}{2}} \cos^n x\mathrm{d}x = \begin{cases} \dfrac{(n-1)(n-3)\cdots 2}{n(n-2)\cdots 3}, & n\text{为奇数} \\[3mm] \dfrac{(n-1)(n-3)\cdots 1}{n(n-2)\cdots 2}\cdot\dfrac{\pi}{2}, & n\text{为偶数} \end{cases}$$

6.1.6 反常积分

1. 无穷区间上的反常积分

设函数 $f(x)$ 在 $[a,+\infty)$ 上连续，记

$$\int_a^{+\infty} f(x)\mathrm{d}x = \lim_{b \to +\infty} \int_a^b f(x)\mathrm{d}x$$

若等式右端的极限存在,则称反常积分 $\int_a^{+\infty} f(x)\mathrm{d}x$ **收敛**,否则称反常积分**发散**. 若 $F(x)$ 是 $f(x)$ 的一个原函数，则

$$\int_a^{+\infty} f(x)\mathrm{d}x = F(+\infty) - F(a), \quad F(+\infty) = \lim_{b \to +\infty} F(b)$$

类似的有

$$\int_{-\infty}^b f(x)\mathrm{d}x = \lim_{a \to -\infty} \int_a^b f(x)\mathrm{d}x \quad (=F(b) - F(-\infty))$$

$$\int_{-\infty}^{+\infty} f(x)\mathrm{d}x = \int_{-\infty}^c f(x)\mathrm{d}x + \int_c^{+\infty} f(x)\mathrm{d}x$$

仅当等式右端两个反常积分 $\int_{-\infty}^c f(x)\mathrm{d}x$ 和 $\int_c^{+\infty} f(x)\mathrm{d}x$ 均收敛时，称反常积分 $\int_{-\infty}^{+\infty} f(x)\mathrm{d}x$ 收敛.

2. 无界函数的反常积分

设 $f(x)$ 在 $[a,b)$ 内的任意区间上可积，在 b 点的左邻域内 $f(x)$ 无界（b 称为瑕点），取 $\varepsilon > 0$，记

$$\int_a^b f(x)\mathrm{d}x = \lim_{\varepsilon \to 0^+} \int_a^{b-\varepsilon} f(x)\mathrm{d}x$$

若等式右端的极限存在,则称反常积分 $\int_a^b f(x)\mathrm{d}x$ **收敛**,否则称反常积分**发散**. 若 $F(x)$ 是 $f(x)$ 的一个原函数，则

$$\int_a^b f(x)\mathrm{d}x = F(b^-) - F(a), \quad F(b^-) = \lim_{x \to b^-} F(x)$$

由于 b 是瑕点，这种反常积分又称为**瑕积分**.

类似地，当 a 为瑕点时，有

$$\int_a^b f(x)\mathrm{d}x = \lim_{\varepsilon \to 0^+} \int_{a+\varepsilon}^b f(x)\mathrm{d}x \quad (=F(b) - F(a^+))$$

当 $c \in (a,b)$ 为瑕点时，

$$\int_a^b f(x)\mathrm{d}x = \int_a^c f(x)\mathrm{d}x + \int_c^b f(x)\mathrm{d}x$$

仅当等式右端的两个反常积分 $\int_a^c f(x)\mathrm{d}x$ 和 $\int_c^b f(x)\mathrm{d}x$ 均收敛时，称反常积分 $\int_a^b f(x)\mathrm{d}x$ 收敛.

对于无界函数的反常积分，要特别注意瑕点在积分区间内的情形，因此在计算定积分时，要先检查它是否为瑕积分.

3. 广义积分的几个常用结论

（1） $\int_a^{+\infty} \dfrac{1}{x^p}\mathrm{d}x (a > 0)$ $\begin{cases} p > 1, & 收敛 \\ p \leqslant 1, & 发散 \end{cases}$

（2）$\displaystyle\int_a^b \frac{1}{(x-a)^p}\mathrm{d}x$ $\quad\begin{cases} p<1, & \text{收敛} \\ p\geqslant 1, & \text{发散} \end{cases}$

$\displaystyle\int_a^b \frac{1}{(b-x)^p}\mathrm{d}x$ $\quad\begin{cases} p<1, & \text{收敛} \\ p\geqslant 1, & \text{发散} \end{cases}$

4．反常积分敛散性的判别法

定理 6.3 设 $f(x)$ 在 $[a,+\infty)$ 上非负连续，且

$$\lim_{x\to+\infty} x^{\lambda}\cdot f(x)=l$$

（1）当 $0\leqslant l<+\infty$，且 $\lambda>1$ 时，$\displaystyle\int_a^{+\infty} f(x)\mathrm{d}x$ 收敛；

（2）当 $0<l\leqslant +\infty$，且 $\lambda\leqslant 1$ 时，$\displaystyle\int_a^{+\infty} f(x)\mathrm{d}x$ 发散.

定理 6.4 设 $f(x)$ 在 $[a,b]$ 上非负连续，$x=a$ 为瑕点，且

$$\lim_{x\to+\infty}(x-a)^{\lambda}\cdot f(x)=l$$

（1）当 $0\leqslant l<+\infty$，且 $\lambda<1$ 时，$\displaystyle\int_a^{+\infty} f(x)\mathrm{d}x$ 收敛；

（2）当 $0<l\leqslant +\infty$，且 $\lambda\geqslant 1$ 时，$\displaystyle\int_a^{+\infty} f(x)\mathrm{d}x$ 发散.

6.1.7　定积分的应用

哪些问题要归为定积分处理呢？　当求在区间均匀分布的量的总和时，只需用乘法（分布密度×区间的度量）便可解决问题；当分布非均匀时，就需要用定积分（如分布密度函数在区间上的定积分）来计算.

定积分应用包括几何应用（平面图形面积计算、已知横截面面积的体积计算、曲线弧长的计算、旋转体的体积和侧面积计算等）和物理应用（引力、变力做功、压力等），这时要掌握微元法.

1．微元法

设某个量 S 非均匀分布在 $[a,b]$ 上，且具有可加性（如几何体的面积、体积）.
① 第一步，写出微元：任取 $[x,x+\mathrm{d}x]\subset[a,b]$，$\Delta S\approx f(x)\mathrm{d}x$，记 $\mathrm{d}S=f(x)\mathrm{d}x$；
② 第二步，写出积分：$S=\displaystyle\int_a^b f(x)\mathrm{d}x$.

2．几何应用

（1）平面图形的面积.
① 在直角坐标方程下，曲线 $y=f(x),y=g(x)$（$x\in[a,b]$）与直线 $x=a,x=b$ 所围图形的面积为

$$S=\int_a^b \big|f(x)-g(x)\big|\mathrm{d}x$$

② 在极坐标方程下，当 $r_2(\theta) \geqslant r_1(\theta)$，$\theta \in [\alpha, \beta]$，则曲线 $r = r_2(\theta)$，$r = r_1(\theta)$ 与射线 $\theta = \alpha$，$\theta = \beta$ 所围图形的面积为

$$S = \frac{1}{2} \int_\alpha^\beta [r_2^2(\theta) - r_1^2(\theta)] \mathrm{d}\theta$$

③ 在参数方程下，曲线 $\begin{cases} x = x(t) \\ y = y(t) \end{cases}$（$\alpha \leqslant t \leqslant \beta$）及 x 轴所围图形的面积为

$$S = \int_\alpha^\beta y(t) \mathrm{d}(x(t)) = \int_\alpha^\beta y(t) x'(t) \mathrm{d}t$$

（2）立体的体积.

① 已知横截面面积为 $S = S(x)$（$x \in [a, b]$）的立体的体积为

$$V = \int_a^b S(x) \mathrm{d}x$$

② 曲线 $y = f(x)$（$x \in [a, b]$）与直线 $x = a, x = b$ 及 x 轴围成平面图形绕 x 轴旋转一周所得的旋转体的体积为

$$V = \pi \int_a^b f^2(x) \mathrm{d}x$$

③ 曲线 $y = f(x) > 0$（$x \in [a, b], a \geqslant 0$）与直线 $x = a, x = b$ 及 x 轴围成平面图形绕 y 轴旋转一周所得的旋转体的体积为

$$V = 2\pi \int_a^b x f(x) \mathrm{d}x$$

（3）曲线的弧长.

① 曲线 $y = f(x)$（$x \in [a, b]$）的弧微分为

$$\mathrm{d}s = \sqrt{1 + y'^2} \mathrm{d}x$$

弧长为

$$s = \int_a^b \sqrt{1 + y'^2} \mathrm{d}x$$

② 曲线 $r = r(\theta)$（$\theta \in [\alpha, \beta]$）的弧微分为

$$\mathrm{d}s = \sqrt{r^2(\theta) + r'^2(\theta)} \mathrm{d}\theta$$

弧长为

$$s = \int_\alpha^\beta \sqrt{r^2(\theta) + r'^2(\theta)} \mathrm{d}\theta$$

③ 曲线的 $\begin{cases} x = \varphi(t) \\ y = \psi(t) \end{cases}$（$t \in [t_1, t_2]$）的弧微分为

$$\mathrm{d}s = \sqrt{\varphi'^2(t) + \psi'^2(t)} \mathrm{d}t$$

弧长为

$$s = \int_{t_1}^{t_2} \sqrt{\varphi'^2(t) + \psi'^2(t)}\mathrm{d}t$$

（4）旋转体的侧面积.

曲线 $y = f(x)$（$x \in [a,b]$）与直线 $x = a, x = b$ 及 x 轴围成平面图形绕 x 轴旋转所得的旋转体的侧面积为

$$S = \int_a^b 2\pi |f(x)| \sqrt{1 + f'^2(x)}\mathrm{d}x$$

3．物理应用

物理应用主要包括物体之间的引力、变力做功、水的压力等. 解决物理问题，要根据相应的物理量计算公式，利用微元法建立定积分计算公式.

6.2 例题与方法

6.2.1 定积分的概念、性质及几何意义

例 6-1 设二阶可导函数 $f(x)$ 满足 $f(1) = f(-1) = 1$，$f(0) = -1$，且 $f''(x) > 1$，则（　　）.

（A）$\int_{-1}^1 f(x)\mathrm{d}x > 0$ 　　　　　　（B）$\int_{-1}^1 f(x)\mathrm{d}x < 0$

（C）$\int_{-1}^0 f(x)\mathrm{d}x > \int_0^1 f(x)\mathrm{d}x$ 　　（D）$\int_{-1}^0 f(x)\mathrm{d}x < \int_0^1 f(x)\mathrm{d}x$

解：由题设知曲线 $y = f(x)$ 过点 $A(-1,1), B(0,-1)$ 和 $C(1,1)$，且是凹的（如右图所示）.

分别连接点 A,B 和点 B,C，得两条线段 AB 和 BC，设这两条线段对应的函数为 $y = g(x)$. 由于 $y = f(x)$ 在 $[-1,1]$ 上是凹的，则 $f(x) \leqslant g(x), x \in [-1,1]$，则 $\int_{-1}^1 f(x)\mathrm{d}x < \int_{-1}^1 g(x)\mathrm{d}x$. 由定积分几何意义可知

$$\int_{-1}^0 g(x)\mathrm{d}x = 0, \quad \int_0^1 g(x)\mathrm{d}x = 0$$

则 $\int_{-1}^1 g(x)\mathrm{d}x = 0$，故选择（B）.

例 6-2 已知 $f(x) = x + \int_0^1 xf(x)\mathrm{d}x$，求 $f(x)$.

解：因为定积分是一个数，设 $\int_0^1 xf(x)\mathrm{d}x = A$，则

$$f(x) = x + A$$

所以等式两端同乘 x，再求定积分，则有

$$A = \int_0^1 xf(x)\mathrm{d}x = \int_0^1 (x^2 + Ax)\mathrm{d}x = \frac{1}{3} + \frac{A}{2}$$

解得 $A = \dfrac{2}{3}$，故

$$f(x) = x + \frac{2}{3}$$

例 6-3 求 $\displaystyle\lim_{n\to\infty}\left[\dfrac{\sin\dfrac{\pi}{n}}{n+1} + \dfrac{\sin\dfrac{2\pi}{n}}{n+\dfrac{1}{2}} + \cdots + \dfrac{\sin\pi}{n+\dfrac{1}{n}}\right]$.

分析：求这类数列的极限，通常要先求和再取极限，或用夹挤准则. 特别地，当这个和为积分和时，其极限就是定积分，可通过定积分运算求极限.

解：由于

$$\frac{\sin\dfrac{i\pi}{n}}{n+1} < \frac{\sin\dfrac{i\pi}{n}}{n+\dfrac{i}{n}} < \frac{\sin\dfrac{i\pi}{n}}{n}$$

所以

$$\frac{1}{n+1}\sum_{i=1}^{n}\sin\frac{i\pi}{n} < \sum_{i=1}^{n}\frac{\sin\dfrac{i\pi}{n}}{n+\dfrac{i}{n}} < \frac{1}{n}\sum_{i=1}^{n}\sin\frac{i\pi}{n}$$

又

$$\lim_{n\to\infty}\frac{1}{n}\sum_{i=1}^{n}\sin\frac{i\pi}{n} = \int_0^1 \sin\pi x\,\mathrm{d}x = \frac{2}{\pi}$$

$$\lim_{n\to\infty}\frac{1}{n+1}\sum_{i=1}^{n}\sin\frac{i\pi}{n} = \lim_{n\to\infty}\left(\frac{n}{n+1}\frac{1}{n}\sum_{i=1}^{n}\sin\frac{i\pi}{n}\right) = \frac{2}{\pi}$$

于是由夹挤准则知，所求极限为 $\dfrac{2}{\pi}$.

例 6-4 求 $\displaystyle\lim_{n\to\infty}\int_0^1 \frac{x^n}{\sqrt{1+x^3}}\,\mathrm{d}x$.

解：由定积分性质（6），得

$$0 \leqslant \int_0^1 \frac{x^n}{\sqrt{1+x^3}}\,\mathrm{d}x \leqslant \int_0^1 x^n\,\mathrm{d}x = \frac{1}{n+1}$$

故由夹挤准则得

$$\lim_{n\to\infty}\int_0^1 \frac{x^n}{\sqrt{1+x^3}}\,\mathrm{d}x = 0$$

例 6-5 设 $f(x)$ 连续，求 $\displaystyle\lim_{b\to a}\frac{b^3}{b-a}\int_a^b f(x)\,\mathrm{d}x$.

解：由积分中值定理，得

$$\frac{1}{b-a}\int_a^b f(x)\mathrm{d}x = f(\xi)，\quad \xi \text{ 介于 } a,b \text{ 之间}$$

故

$$\lim_{b\to a}\frac{b^3}{b-a}\int_a^b f(x)\mathrm{d}x = \lim_{b\to a}b^3 f(\xi) = a^3 f(a)$$

例 6-6 比较 $\int_0^1 \sin x^n\mathrm{d}x$ 与 $\int_0^1 \sin^n x\mathrm{d}x$ 的大小.

解：由 $[\sin x^n - \sin^n x]' = n\cos x^n \cdot x^{n-1} - n\sin^{n-1}x \cdot \cos x$，又当 $0 \le x \le 1$ 时，$\cos x > 0$ 且单调递减，而 $0 \le \sin x \le x$，故

$$[\sin x^n - \sin^n x]' \ge 0$$

又 $[\sin x^n - \sin^n x]|_{x=0} = 0$，因此，当 $0 \le x \le 1$ 时，有

$$\sin x^n \ge \sin^n x$$

根据定积分性质（6）知

$$\int_0^1 \sin x^n\mathrm{d}x \ge \int_0^1 \sin^n x\mathrm{d}x$$

例 6-7 设 $f(x) \in C_{[0,1]}$ 非负、单调递减，且 $0 < a < b < 1$，证明：

$$\left(1-\frac{a}{b}\right)\int_0^a f(x)\mathrm{d}x \ge \frac{a}{b}\int_a^b f(x)\mathrm{d}x$$

证明：由定积分性质（10），存在 $\xi_1 \in [0,a]$，使

$$\int_0^a f(x)\mathrm{d}x = af(\xi_1) \ge af(a)$$

又存在 $\xi_2 \in [a,b]$，使

$$\int_a^b f(x)\mathrm{d}x = (b-a)f(\xi_2) \le (b-a)f(a)$$

于是

$$\frac{1}{a}\int_0^a f(x)\mathrm{d}x \ge f(a) \ge \frac{1}{b-a}\int_a^b f(x)\mathrm{d}x$$

即

$$\left(\frac{b}{a}-1\right)\int_0^a f(x)\mathrm{d}x \ge \int_a^b f(x)\mathrm{d}x$$

不等式两端乘以 $\dfrac{a}{b}$，得

$$\left(1-\frac{a}{b}\right)\int_0^a f(x)\mathrm{d}x \ge \frac{a}{b}\int_a^b f(x)\mathrm{d}x$$

由此可见要证明的不等式成立.

6.2.2 定积分的计算

例 6-8 求 $\int_{-1}^1 (x+\sqrt{4-x^2})^2\mathrm{d}x$.

解：在原点对称区间上的积分的计算要充分利用奇偶函数的积分特点，因为

$$(x+\sqrt{4-x^2})^2 = 4 + 2x\sqrt{4-x^2}$$

故所求积分等于 $8\int_0^1 dx = 8$.

例 6-9 求 $\int_0^4 e^{\sqrt{x}} dx$.

解：令 $\sqrt{x} = u$，用分部积分得

$$\int_0^4 e^{\sqrt{x}} dx = \int_0^2 2u e^u du = 2u e^u \big|_0^2 - \int_0^2 2e^u du = 2(e^2+1)$$

例 6-10 求 $\int_0^1 \frac{\ln(1+x)}{(2-x)^2} dx$.

解：先用分部积分，再用有理函数积分，得

$$\int_0^1 \frac{\ln(1+x)}{(2-x)^2} dx = \int_0^1 \ln(1+x) d\frac{1}{2-x}$$

$$= \ln(1+x) \cdot \frac{1}{2-x} \bigg|_0^1 - \int_0^1 \frac{dx}{(1+x)(2-x)}$$

$$= \ln 2 - \frac{1}{3} \int_0^1 \left(\frac{1}{2-x} + \frac{1}{1+x} \right) dx = \frac{1}{3} \ln 2$$

例 6-11 求 $\int_0^{\frac{\pi}{4}} \frac{x}{1+\cos 2x} dx$.

解：应先将分母单项化，$1+\cos 2x = 2\cos^2 x$，再用分部积分，得

$$\int_0^{\frac{\pi}{4}} \frac{x}{1+\cos 2x} dx = \int_0^{\frac{\pi}{4}} \frac{x}{2\cos^2 x} dx = \frac{1}{2} \int_0^{\frac{\pi}{4}} x d\tan x$$

$$= \frac{1}{2} x \tan x \bigg|_0^{\frac{\pi}{4}} - \frac{1}{2} \int_0^{\frac{\pi}{4}} \tan x dx$$

$$= \frac{\pi}{8} + \frac{1}{2} \ln \cos x \bigg|_0^{\frac{\pi}{4}} = \frac{\pi}{8} - \frac{1}{4} \ln 2$$

例 6-12 求 $\int_0^{\pi} \sqrt{1-\sin x} dx$.

解：由三角恒等式

$$\sqrt{1-\sin x} = \sqrt{\left(\sin\frac{x}{2} - \cos\frac{x}{2} \right)^2} = \left| \sin\frac{x}{2} - \cos\frac{x}{2} \right|$$

带绝对值的积分应通过区间的分段去掉绝对值正负号后再积分，得

$$\int_0^{\pi} \sqrt{1-\sin x} dx = \int_0^{\pi} \left| \sin\frac{x}{2} - \cos\frac{x}{2} \right| dx$$

$$= \int_0^{\frac{\pi}{2}} \left(\cos\frac{x}{2} - \sin\frac{x}{2} \right) dx + \int_{\frac{\pi}{2}}^{\pi} \left(\sin\frac{x}{2} - \cos\frac{x}{2} \right) dx = 4(\sqrt{2}-1)$$

例 6-13 求 $\int_1^3 \sqrt{|x(x-2)|}\,\mathrm{d}x$.

解： $\int_1^3 \sqrt{|x(x-2)|}\,\mathrm{d}x = \int_1^2 \sqrt{x(2-x)}\,\mathrm{d}x + \int_2^3 \sqrt{x(x-2)}\,\mathrm{d}x$

$$= \int_1^2 \sqrt{1-(x-1)^2}\,\mathrm{d}x + \int_2^3 \sqrt{(x-1)^2-1}\,\mathrm{d}x = I_1 + I_2$$

令 $x-1 = \sin t$ ，则

$$I_1 = \int_1^2 \sqrt{1-(x-1)^2}\,\mathrm{d}x = \int_0^{\frac{\pi}{2}} \cos^2 t\,\mathrm{d}t = \frac{1}{2}\cdot\frac{\pi}{2} = \frac{\pi}{4}$$

令 $x-1 = \sec t$ ，则

$$I_2 = \int_2^3 \sqrt{(x-1)^2-1}\,\mathrm{d}x = \int_0^{\frac{\pi}{3}} \tan^2 t \cdot \sec t\,\mathrm{d}t$$

$$= \int_0^{\frac{\pi}{3}} (\sec^3 t - \sec t)\,\mathrm{d}t$$

$$= \tan t \cdot \sec t\Big|_0^{\frac{\pi}{3}} - \int_0^{\frac{\pi}{3}} \tan^2 t \cdot \sec t\,\mathrm{d}t - \int_0^{\frac{\pi}{3}} \sec t\,\mathrm{d}t$$

故

$$I_2 = \frac{1}{2}[2\sqrt{3} - \ln(\sec t + \tan t)\Big|_0^{\frac{\pi}{3}}] = \sqrt{3} - \frac{1}{2}\ln(2+\sqrt{3})$$

总之

$$\int_1^3 \sqrt{|x(x-2)|}\,\mathrm{d}x = \frac{\pi}{4} + \sqrt{3} - \frac{1}{2}\ln(2+\sqrt{3})$$

例 6-14 设 $f(x) = \begin{cases} 1+x^2, & x < 0 \\ \mathrm{e}^{-x}, & x \geq 0 \end{cases}$ ，求 $\int_1^3 f(x-2)\,\mathrm{d}x$.

解： 先用换元法把被积函数转化为 $f(t)$ ，注意到 $f(t)$ 是分段函数，再将积分区间分为两部分，令 $x-2 = t$ ，则

$$\int_1^3 f(x-2)\,\mathrm{d}x = \int_{-1}^1 f(t)\,\mathrm{d}t$$

$$= \int_{-1}^0 (1+t^2)\,\mathrm{d}t + \int_0^1 \mathrm{e}^{-t}\,\mathrm{d}t$$

$$= \frac{7}{3} - \frac{1}{\mathrm{e}}$$

例 6-15 求 $\int_{\frac{-\pi}{2}}^{\frac{\pi}{2}} \frac{\mathrm{e}^x}{1+\mathrm{e}^x}\sin^4 x\,\mathrm{d}x$.

解： 对原点对称区间上的积分运算，要注意被积函数的奇偶性，但 $f(x) = \dfrac{\mathrm{e}^x}{1+\mathrm{e}^x}\sin^4 x$ 既不是奇函数也不是偶函数. 由

$$f(x) = \frac{f(x)+f(-x)}{2} + \frac{f(x)-f(-x)}{2}$$

可将它分为一个奇函数和一个偶函数之和，由定积分性质（1）、（2）和（5）得

$$\int_{-\frac{\pi}{2}}^{\frac{\pi}{2}} \frac{e^x}{1+e^x} \sin^4 x \mathrm{d}x = \int_0^{\frac{\pi}{2}} \left(\frac{e^x}{1+e^x} + \frac{e^x}{1+e^{-x}} \right) \sin^4 x \mathrm{d}x$$

$$= \int_0^{\frac{\pi}{2}} \sin^4 x \mathrm{d}x = \frac{3 \cdot 1}{4 \cdot 2} \cdot \frac{\pi}{2} = \frac{3}{16}\pi$$

例 6-16 求 $\int_0^{\pi} \frac{x \sin x}{1+\cos^2 x} \mathrm{d}x$.

解：由定积分性质（4）得

$$\int_0^{\pi} \frac{x \sin x}{1+\cos^2 x} \mathrm{d}x = \frac{\pi}{2} \int_0^{\pi} \frac{\sin x}{1+\cos^2 x} \mathrm{d}x = -\frac{\pi}{2} \int_0^{\pi} \frac{\mathrm{d}\cos x}{1+\cos^2 x}$$

$$= -\frac{\pi}{2} \arctan \cos x \Big|_0^{\pi} = \frac{\pi^2}{4}$$

例 6-17 求 $I = \int_0^{100\pi} \sin^8 x \mathrm{d}x$.

解：因 $\sin^8 x$ 是以 π 为周期的，故由定积分性质（3）和（5）得

$$I = 100 \int_0^{\pi} \sin^8 x \mathrm{d}x = 200 \int_0^{\frac{\pi}{2}} \sin^8 x \mathrm{d}x = 200 \cdot \frac{7 \cdot 5 \cdot 3 \cdot 1}{8 \cdot 6 \cdot 4 \cdot 2} \cdot \frac{\pi}{2} = \frac{875}{32}\pi$$

例 6-18 求 $\int_{e^{\frac{1}{2}}}^{e^{\frac{3}{4}}} \frac{\mathrm{d}x}{x\sqrt{\ln x(1-\ln x)}}$.

解：原式 $= \int_{e^{\frac{1}{2}}}^{e^{\frac{3}{4}}} \frac{\mathrm{d}\ln x}{\sqrt{\ln x}\sqrt{1-\ln x}} = \int_{e^{\frac{1}{2}}}^{e^{\frac{3}{4}}} \frac{2\mathrm{d}\sqrt{\ln x}}{\sqrt{1-(\sqrt{\ln x})^2}}$

$$= 2 \arcsin(\sqrt{\ln x}) \Big|_{e^{\frac{1}{2}}}^{e^{\frac{3}{4}}} = \frac{\pi}{6}$$

例 6-19 求 $\int_0^{\frac{\pi}{4}} \frac{\sin x}{1+\sin x} \mathrm{d}x$.

解：原式 $= \int_0^{\frac{\pi}{4}} \frac{\sin x(1-\sin x)}{1-\sin^2 x} \mathrm{d}x = \int_0^{\frac{\pi}{4}} \frac{\sin x}{\cos^2 x} \mathrm{d}x - \int_0^{\frac{\pi}{4}} \tan^2 x \mathrm{d}x$

$$= -\int_0^{\frac{\pi}{4}} \frac{\mathrm{d}\cos x}{\cos^2 x} - \int_0^{\frac{\pi}{4}} (\sec^2 x - 1)\mathrm{d}x$$

$$= \frac{1}{\cos x} \Big|_0^{\frac{\pi}{4}} - (\tan x - x) \Big|_0^{\frac{\pi}{4}} = \frac{\pi}{4} - 2 + \sqrt{2}$$

例 6-20 求 $\int_0^{\frac{1}{\sqrt{3}}} \frac{\mathrm{d}x}{(2x^2+1)\sqrt{1+x^2}}$.

解：令 $x = \tan t$ ，则

原式 $= \int_0^{\frac{\pi}{6}} \frac{\sec^2 t}{(2\tan^2 t+1)\sec t} \mathrm{d}t = \int_0^{\frac{\pi}{6}} \frac{\cos t}{1+\sin^2 t} \mathrm{d}t$

$$= \arctan(\sin t) \Big|_0^{\frac{\pi}{6}} = \arctan \frac{1}{2}$$

例 6-21 已知 $f(0)=1$, $f(2)=3$, $f'(2)=5$ ，求 $I = \int_0^1 x f''(2x) \mathrm{d}x$.

解： 这类题显然要用分部积分.

$$I = \frac{1}{2}\int_0^1 x\mathrm{d}f'(2x) = \frac{1}{2}xf'(2x)\Big|_0^1 - \frac{1}{2}\int_0^1 f'(2x)\mathrm{d}x$$

$$= \frac{5}{2} - \frac{1}{4}f(2x)\Big|_0^1 = 2$$

例 6-22 设 $y = f(x),\ x \in [0,2]$，且其图形关于点 $(1,0)$ 对称，如下图所示，即有

$$f(x) = -f(2-x)$$

求

$$I = \int_0^\pi f(1+\cos x)\mathrm{d}x$$

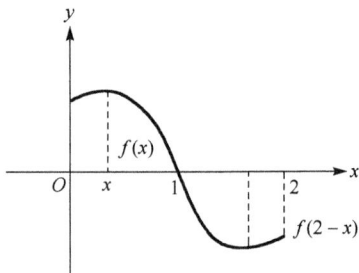

解：

方法一：

$$I = \int_0^{\frac{\pi}{2}} f(1+\cos x)\mathrm{d}x + \int_{\frac{\pi}{2}}^{\pi} f(1+\cos x)\mathrm{d}x$$

对右端的第二个积分作变换，令 $x = \pi - t$，并注意到 $f(x)$ 的性质，得

$$\int_{\frac{\pi}{2}}^{\pi} f(1+\cos x)\mathrm{d}x = -\int_{\frac{\pi}{2}}^{0} f(1+\cos(\pi - t))\mathrm{d}t$$

$$= \int_0^{\frac{\pi}{2}} f(1-\cos t)\mathrm{d}t = \int_0^{\frac{\pi}{2}} -f(2-(1-\cos t))\mathrm{d}t$$

$$= -\int_0^{\frac{\pi}{2}} f(1+\cos t)\mathrm{d}t$$

方法二： 作变换，令 $x = t + \frac{\pi}{2}$，即 $t = x - \frac{\pi}{2}$，则

$$I = \int_{-\frac{\pi}{2}}^{\frac{\pi}{2}} f\left(1 + \cos\left(t + \frac{\pi}{2}\right)\right)\mathrm{d}t = \int_{-\frac{\pi}{2}}^{\frac{\pi}{2}} f(1-\sin t)\mathrm{d}t = 0$$

最后一步用到 $f(1-\sin t)$ 是奇函数，这是因为

$$f(1-\sin(-t)) = f(1+\sin t) = -f(2-(1+\sin t)) = -f(1-\sin t)$$

例 6-23 设函数 $f(x)$ 在 $(-\infty,+\infty)$ 内满足

$$f(x) = f(x-\pi) + \sin x$$

且 $f(x) = x,\ x \in [0,\pi)$，求 $\int_\pi^{3\pi} f(x)\mathrm{d}x$.

解： 一种方法是先求出 $f(x)$ 在 $[\pi,3\pi]$ 上的表达式，再积分. 另一种方法是将其化为 $[0,\pi]$ 上 $f(x)$ 的积分.

$$\int_\pi^{3\pi} f(x)\mathrm{d}x = \int_\pi^{3\pi} [f(x-\pi) + \sin x]\mathrm{d}x = \int_\pi^{3\pi} f(x-\pi)\mathrm{d}x$$

令 $t = x - \pi$，则

$$原式 = \int_0^{2\pi} f(t)\mathrm{d}t = \int_0^\pi f(t)\mathrm{d}t + \int_\pi^{2\pi} f(t)\mathrm{d}t$$

$$= \int_0^\pi t \mathrm{d}t + \int_\pi^{2\pi} [f(t-\pi) + \sin t] \mathrm{d}t$$

$$= \frac{\pi^2}{2} - 2 + \int_\pi^{2\pi} f(t-\pi) \mathrm{d}t$$

再令 $u = t - \pi$，则

$$原式 = \frac{\pi^2}{2} - 2 - \int_0^\pi f(u) \mathrm{d}u = \pi^2 - 2$$

6.2.3 变限积分函数及其应用

例 6-24 设 $f(x)$ 连续，$F(x)$ 是 $f(x)$ 的原函数，则（　　）.

（A）当 $f(x)$ 是奇函数时，$F(x)$ 必是偶函数

（B）当 $f(x)$ 是偶函数时，$F(x)$ 必是奇函数

（C）当 $f(x)$ 是周期函数时，$F(x)$ 必是周期函数

（D）当 $f(x)$ 是单调函数时，$F(x)$ 必是单调函数

解：首先要表达出 $f(x)$ 的原函数

$$F(x) = \int_0^x f(t) \mathrm{d}t + c$$

则

$$F(-x) = \int_0^{-x} f(t) \mathrm{d}t + c \overset{令u=-t}{=} -\int_0^x f(-u) \mathrm{d}u + c$$

当 $f(x)$ 是奇函数时，$f(-u) = -f(u)$，从而有

$$F(-x) = \int_0^x f(u) \mathrm{d}u = F(x)$$

故选择（A），其余选项也可举反例说明.

例 6-25 若 $I = \frac{1}{s} \int_0^{st} f\left(t + \frac{x}{s}\right) \mathrm{d}x$，$s > 0, t > 0$，则 I（　　）.

（A）依赖 s, t, x　　　　　（B）依赖 t 和 s

（C）依赖 t，不依赖 s　　　（D）依赖 s, x

解：由于这个积分与积分变量记号无关，只与积分区间和被积函数有关，显然（A）与（D）不正确.

令 $u = t + \frac{x}{s}$，则 $\mathrm{d}x = s \mathrm{d}u$. 当 $x = 0$ 时，$u = t$；当 $x = st$ 时，$u = 2t$，故

$$I = \int_t^{2t} f(u) \mathrm{d}u$$

所以 I 只依赖 t，与 s 无关. 故选择（C）.

例 6-26 设 $\alpha(x) = \int_0^{5x} \frac{\sin t}{t} \mathrm{d}t$，$\beta(x) = \int_0^{\sin x} (1+t)^{\frac{1}{t}} \mathrm{d}t$，则当 $x \to 0$ 时，$\alpha(x)$ 是 $\beta(x)$ 的（　　）.

（A）高阶无穷小　　　　　　（B）低阶无穷小

（C）同阶但不等价的无穷小　　　　　　（D）等价无穷小

解： 因为

$$\lim_{x \to 0} \frac{\alpha(x)}{\beta(x)} = \lim_{x \to 0} \frac{\int_0^{5x} \frac{\sin t}{t} dt}{\int_0^{\sin x} (1+t)^{\frac{1}{t}} dt} = 5\lim_{x \to 0} \frac{\frac{\sin 5x}{5x}}{(1+\sin x)^{\frac{1}{\sin x}} \cdot \cos x} = \frac{5}{e}$$

故选择（C）.

例 6-27　$\dfrac{d}{dx} \displaystyle\int_0^x \sin(x-t)^2 dt = （\quad\quad）$.

解： 对积分变量作变换，令 $x - t = u$，则

$$\int_0^x \sin(x-t)^2 dt = \int_x^0 -\sin u^2 du = \int_0^x \sin u^2 du$$

故

$$\frac{d}{dx} \int_0^x \sin(x-t)^2 dt = \sin x^2$$

例 6-28　设函数 $y(x)$（$x \geq 0$），二阶可导，且 $y'(x) > 0$，$y(0) = 1$. 过曲线 $y = y(x)$ 上任意一点 $P(x,y)$ 作该曲线的切线及 x 轴垂线，上述两直线与 x 轴所围成的三角形的面积记为 s_1，区间 $[0, x]$ 上以 $y = y(x)$ 为曲边的曲边梯形的面积记为 s_2，并记 $2s_1 - s_2$ 恒为 1，求此曲线 $y = y(x)$ 的方程.

解： 曲线 $y = y(x)$ 上点 $P(x,y)$ 处的切线方程为

$$Y - y = y'(x)(X - x)$$

它与 x 轴的交点为 $\left(x - \dfrac{y}{y'}, 0\right)$. 由于 $y'(x) > 0$，$y(0) = 1$，从而 $y(x) > 0$，于是

$$s_1 = \frac{1}{2} y \left| x - \left(x - \frac{y}{y'} \right) \right| = \frac{y^2}{2y'}$$

又

$$s_2 = \int_b^x y(t) dt$$

由条件 $2s_1 - s_2 = 1$ 知，$y(x)$ 满足方程

$$\frac{y^2}{y'} - \int_0^x y(t) dt = 1 \tag{6.4}$$

式（6.4）两端对 x 求导，得到 $y(x)$ 满足的微分方程

$$yy'' = (y')^2$$

令 $p = y'$，设 y 为自变量，则有 $y'' = p\dfrac{dp}{dy}$，于是

$$y \cdot p \frac{dp}{dy} = p^2$$

从而

$$\frac{\mathrm{d}p}{p} = \frac{\mathrm{d}y}{y}$$

解得 $p = c_1 y$，即

$$\frac{\mathrm{d}y}{\mathrm{d}x} = c_1 y$$

于是

$$y = c_2 \mathrm{e}^{c_1 x}$$

注意到 $y(0) = 1$，并由式（6.4）得 $y'(0) = 1$，由此可得 $c_1 = 1$，$c_2 = 1$，故曲线方程为

$$y = \mathrm{e}^x$$

例 6-29 设 $f(x)$ 是奇函数，除 $x = 0$ 外处处连续，$x = 0$ 是第一类间断点，则 $\int_0^x f(t)\mathrm{d}t$ 是（　　）.

（A）连续的奇函数　　　　　　　　（B）在 $x = 0$ 间断的奇函数
（C）连续的偶函数　　　　　　　　（D）在 $x = 0$ 间断的偶函数

解： 由于 $f(x)$ 是奇函数，则 $\int_0^x f(t)\mathrm{d}t$ 是偶函数. 由题意可知，$f(x)$ 可积，则 $\int_0^x f(t)\mathrm{d}t$ 连续，故选择（C）.

例 6-30 设 $f(t)$ 连续，$f(t) > 0$，$f(-t) = f(t)$. 令

$$F(x) = \int_{-a}^a |x - t| f(t)\mathrm{d}t, \quad -a \leqslant x \leqslant a$$

（1）试证曲线 $y = F(x)$ 在 $[-a, a]$ 上是凹的；
（2）当 x 为何值时，$F(x)$ 取得最小值；
（3）若 $F(x)$ 的最小值可表示为 $f(a) - a^2 - 1$，试求 $f(t)$.

解：（1）$F(x) = \int_{-a}^a |x - t| f(t)\mathrm{d}t$

$$= \int_{-a}^x (x - t) f(t)\mathrm{d}t + \int_x^a (t - x) f(t)\mathrm{d}t$$

$$= x \int_{-a}^x f(t)\mathrm{d}t - \int_{-a}^x t f(t)\mathrm{d}t + \int_x^a t f(t)\mathrm{d}t - x \int_x^a f(t)\mathrm{d}t$$

$$F'(x) = \int_{-a}^x f(t)\mathrm{d}t + x f(x) - x f(x) - x f(x) + x f(x) - \int_x^a f(t)\mathrm{d}t$$

$$= \int_{-a}^x f(t)\mathrm{d}t - \int_x^a f(t)\mathrm{d}t$$

$$F''(x) = f(x) + f(x) = 2f(x) > 0$$

故曲线 $y = F(x)$ 在 $[-a, a]$ 上是凹的.

（2）由 $F'(x) = \int_{-a}^x f(t)\mathrm{d}t - \int_x^a f(t)\mathrm{d}t = 0$，且 $f(x)$ 为偶函数，易得 $F'(0) = 0$. 又 $F''(x) > 0$，则 $F'(x)$ 单调递增，从而 $x = 0$ 为 $F(x)$ 在 $[-a, a]$ 上唯一的驻点. 又 $F''(0) > 0$，故 $F(x)$ 在 $x = 0$ 取

得极小值，由极值的唯一性可知，$F(x)$ 在 $x=0$ 取得最小值.

（3）$F(x)$ 在 $[-a,a]$ 上最小值为

$$F(0) = \int_{-a}^{a} |t| f(t) \mathrm{d}t = 2 \int_{0}^{a} t f(t) \mathrm{d}t$$

故 $2 \int_{0}^{a} t f(t) \mathrm{d}t = f(a) - a^2 - 1$，等式两端对 a 求导，得 $2af(a) = f'(a) - 2a$，解此微分方程得 $f(a) = c\mathrm{e}^{a^2} - 1$. 由 $f(0) = 1$，得 $c = 2$，从而 $f(t) = 2\mathrm{e}^{t^2} - 1$.

6.2.4 定积分的证明

例 6-31 证明 $\displaystyle\int_{1}^{a} f\left(x^2 + \frac{a^2}{x^2}\right) \frac{\mathrm{d}x}{x} = \int_{1}^{a} f\left(x + \frac{a^2}{x}\right) \frac{\mathrm{d}x}{x}$, $a > 0$.

证明： 用换元积分法，令 $x^2 = t$，则

$$\int_{1}^{a} f\left(x^2 + \frac{a^2}{x^2}\right) \frac{\mathrm{d}x}{x} = \int_{1}^{a^2} f\left(t + \frac{a^2}{t}\right) \frac{\mathrm{d}t}{2t}$$

$$= \frac{1}{2}\left[\int_{1}^{a} f\left(t + \frac{a^2}{t}\right) \frac{\mathrm{d}t}{t} + \int_{a}^{a^2} f\left(t + \frac{a^2}{t}\right) \frac{\mathrm{d}t}{t} \right]$$

对最后一个积分作变换，令 $u = \dfrac{a^2}{t}$，则

$$\int_{a}^{a^2} f\left(t + \frac{a^2}{t}\right) \frac{\mathrm{d}t}{t} = -\int_{a}^{1} f\left(u + \frac{a^2}{u}\right) \frac{\mathrm{d}u}{u} = \int_{1}^{a} f\left(u + \frac{a^2}{u}\right) \frac{\mathrm{d}u}{u}$$

代入前式得

$$\int_{1}^{a} f\left(x^2 + \frac{a^2}{x^2}\right) \frac{\mathrm{d}x}{x} = \int_{1}^{a} f\left(x + \frac{a^2}{x}\right) \frac{\mathrm{d}x}{x}$$

例 6-32 证明 $\displaystyle\int_{1}^{\frac{\pi}{2}} \frac{\sin x}{\sin x + \cos x} \mathrm{d}x = \int_{0}^{\frac{\pi}{2}} \frac{\cos x}{\sin x + \cos x} \mathrm{d}x$，并计算 $\displaystyle\int_{0}^{a} \frac{\mathrm{d}x}{x + \sqrt{a^2 - x^2}}$，$a > 0$.

证明： 令 $x = \dfrac{\pi}{2} - t$，则

$$\int_{0}^{\frac{\pi}{2}} \frac{\sin x}{\sin x + \cos x} \mathrm{d}x = -\int_{\frac{\pi}{2}}^{0} \frac{\cos t}{\cos t + \sin t} \mathrm{d}t = \int_{0}^{\frac{\pi}{2}} \frac{\cos x}{\sin x + \cos x} \mathrm{d}x$$

对要计算的积分作变换，令 $x = a\sin t$，则

$$\int_{0}^{a} \frac{\mathrm{d}x}{x + \sqrt{a - x^2}} = \int_{0}^{\frac{\pi}{2}} \frac{\cos t}{\sin t + \cos t} \mathrm{d}t = \frac{1}{2} \int_{0}^{\frac{\pi}{2}} \frac{\sin t + \cos t}{\sin t + \cos t} \mathrm{d}t = \frac{\pi}{4}$$

例 6-33 设 $f(x)$ 连续，证明

$$\int_{0}^{x} \left[\int_{0}^{u} f(t) \mathrm{d}t \right] \mathrm{d}u = \int_{0}^{x} (x - u) f(u) \mathrm{d}u$$

证明： 被积函数是变限积分函数，可考虑用分部积分.

$$\int_0^x \left[\int_0^u f(t)dt \right] du = u \int_0^u f(t)dt \bigg|_0^x - \int_0^x uf(u)du$$

$$= x \int_0^x f(t)dt - \int_0^x uf(u)du = \int_0^x (x-u)f(u)du$$

例 6-34 设 $f(x)$ 在 $[0,1]$ 上有二阶连续导数，证明

$$\int_0^1 f(x)dx = \frac{1}{2}[f(0)+f(1)] - \frac{1}{2} \int_0^1 x(1-x)f''(x)dx$$

证明： $\int_0^1 x(1-x)f''(x)dx = x(1-x)f'(x)\bigg|_0^1 - \int_0^1 (1-2x)f'(x)dx$

$$= (2x-1)f(x)\bigg|_0^1 - 2 \int_0^1 f(x)dx = f(0)+f(1) - 2 \int_0^1 f(x)dx$$

例 6-35 设 $F(x) \in C_{[0,1]}$，且在 $(0,1)$ 内可导，满足 $3\int_{\frac{2}{3}}^1 f(x)dx = f(0)$，证明在 $(0,1)$ 内存在一点 c，使 $f'(c) = 0$.

证明： 由积分中值定理，$\exists \xi \in \left[\frac{2}{3},1\right]$，使

$$\int_{\frac{2}{3}}^1 f(x)dx = f(\xi)\left(1-\frac{2}{3}\right) = \frac{1}{3}f(\xi)$$

于是在 $[0,\xi]$ 上，$f(x)$ 满足罗尔中值定理的条件，故 $\exists c \in (0,\xi) \subset (0,1)$，使

$$f'(c) = 0$$

例 6-36 设 $f(x) \in C_{[0,1]}$，$\int_0^1 f(x)dx = 0$，$\int_0^1 xf(x)dx = 1$，证明存在 $x_0 \in [0,1]$，使 $|f(x_0)| > 4$.

证明： 反证法. 设 $|f(x)| \leq 4$，$x \in [0,1]$，由题设知

$$1 = \left| \int_0^1 \left(x-\frac{1}{2}\right)f(x)dx \right| \leq \int_0^1 \left|x-\frac{1}{2}\right| |f(x)|dx \leq 4 \int_0^1 \left|x-\frac{1}{2}\right| dx$$

$$= 4\left[\int_0^{\frac{1}{2}} \left(\frac{1}{2}-x\right)dx + \int_{\frac{1}{2}}^1 \left(x-\frac{1}{2}\right)dx \right]$$

$$= 4\left[\left(\frac{1}{2}x - \frac{x^2}{2}\right)\bigg|_0^{\frac{1}{2}} + \left(\frac{x^2}{2} - \frac{x}{2}\right)\bigg|_{\frac{1}{2}}^1 \right] = 4\left(\frac{1}{8}+\frac{1}{8}\right) = 1$$

于是

$$\int_0^1 \left|x-\frac{1}{2}\right| |f(x)|dx = 4 \int_0^1 \left|x-\frac{1}{2}\right| dx$$

即

$$\int_0^1 \left|x-\frac{1}{2}\right| [4-|f(x)|]dx = 0$$

于是 $|f(x)| = 4$，$f(x) = \pm 4$，这与 $\int_0^1 f(x)dx = 0$ 矛盾.

例 6-37 设 $f'(x)$ 在 $[0,a]$ 上连续，且 $f(0) = 0$，证明

$$\left| \int_0^a f(x)\mathrm{d}x \right| \leqslant \frac{M}{2}a^2$$

其中，$M = \max_{0 \leqslant x \leqslant a} |f'(x)|$.

证明： 设 $x \in [0,a]$，在 $[0,x]$ 上对 $f(x)$ 应用拉格朗日中值定理，有

$$f(x) = f(x) - f(0) = xf'(\xi), \quad \xi \in (0,x)$$

于是由定积分性质（8）得

$$\left| \int_0^a f(x)\mathrm{d}x \right| = \left| \int_0^a xf'(\xi)\mathrm{d}x \right| \leqslant \int_0^a x|f'(\xi)|\mathrm{d}x \leqslant M\int_0^a x\mathrm{d}x = \frac{M}{2}a^2$$

6.2.5 反常积分

例 6-38 已知 $\lim\limits_{x\to\infty}\left(\dfrac{x-a}{x+a}\right)^2 = \int_0^{+\infty} 4x^2\mathrm{e}^{-2x}\mathrm{d}x$，求 a.

解： 由于

$$\lim_{x\to\infty}\left(\frac{x-a}{x+a}\right)^x = \lim_{x\to\infty}\left(1 - \frac{2a}{x+a}\right)^x = \mathrm{e}^{-2a}$$

$$\int_0^{+\infty} 4x^2\mathrm{e}^{-2x}\mathrm{d}x = -2\int_0^{+\infty} x^2\mathrm{d}\mathrm{e}^{-2x} = -2\lim_{b\to+\infty}\int_0^b x^2\mathrm{d}\mathrm{e}^{-2x}$$

$$= -2\lim_{b\to+\infty}\left[x^2\mathrm{e}^{-2x}\Big|_0^b - \int_0^b 2x\mathrm{e}^{-2x}\mathrm{d}x\right] = -\lim_{b\to+\infty}\int_0^b 2x\mathrm{d}\mathrm{e}^{-2x}$$

$$= -\lim_{b\to+\infty} 2x\mathrm{e}^{-2x}\Big|_0^b + \lim_{b\to+\infty}\int_0^b \mathrm{e}^{-2x}\mathrm{d}2x$$

$$= -\lim_{b\to+\infty}\mathrm{e}^{-2x}\Big|_0^b = 1$$

故有 $\mathrm{e}^{-2a} = 1$，解得 $a = 0$.

例 6-39 计算 $I = \int_0^{+\infty}(\sqrt{1+x^2} - x)^n\mathrm{d}x$，$n > 1$.

解： 作变换，令 $\sqrt{1+x^2} - x = t$，则 $\sqrt{1+x^2} = x + t$，两端取平方得 $1 + x^2 = x^2 + 2xt + t^2$，于是

$$x = \frac{1-t^2}{2t}, \qquad \mathrm{d}x = -\frac{1+t^2}{2t^2}\mathrm{d}t$$

故

$$I = \int_1^0 -t^n\frac{1+t^2}{2t^2}\mathrm{d}t = \frac{1}{2}\int_0^1(t^{n-2} + t^n)\mathrm{d}t = \frac{n}{n^2-1}$$

例 6-40 计算 $\int_0^a x^3\sqrt{\dfrac{x}{a-x}}\mathrm{d}x$，$a > 0$.

解： 这是无界函数的反常积分，$x = a$ 为瑕点. 令 $t = \sqrt{\dfrac{x}{a-x}}$，则 $x = \dfrac{at^2}{t^2+1}$，$\mathrm{d}x = \dfrac{2at\mathrm{d}t}{(t^2+1)^2}$，

于是

$$\int_0^a x^3 \sqrt{\frac{x}{a-x}}\,\mathrm{d}x = \int_0^{+\infty} \frac{a^3 t^6}{(t^2+1)^3} \cdot t \cdot \frac{2at}{(t^2+1)^2}\,\mathrm{d}t = 2a^4 \int_0^{+\infty} \frac{t^8}{(t^2+1)^5}\,\mathrm{d}t$$

最后的积分是有理函数的积分，但根据其具体构成，可作变换，令 $t = \tan\theta,\ \mathrm{d}t = \sec^2\theta\mathrm{d}\theta$，则

$$原式 = 2a^4 \int_0^{\frac{\pi}{2}} \frac{\tan^8\theta}{\sec^{10}\theta} \sec^2\theta\mathrm{d}\theta$$

$$= 2a^4 \int_0^{\frac{\pi}{2}} \sin^8\theta\mathrm{d}\theta = 2a^4 \frac{7\cdot5\cdot3\cdot1}{8\cdot6\cdot4\cdot2}\frac{\pi}{2} = \frac{35}{128}\pi a^4$$

例 6-41　求 $\int_0^{\frac{\pi}{2}} \frac{\cos x + \sin x}{\cos x - \sin x}\,\mathrm{d}x$.

解：因为这是无界函数的反常积分，$x = \dfrac{\pi}{4}$ 为瑕点，故

$$\int_0^{\frac{\pi}{4}} \frac{\cos x + \sin x}{\cos x - \sin x}\,\mathrm{d}x = -\int_0^{\frac{\pi}{4}} \frac{\mathrm{d}(\cos x - \sin x)}{\cos x - \sin x} = -\ln|\cos x - \sin x|\Big|_0^{\frac{\pi}{4}} = +\infty$$

故发散.

注：由于无界函数的反常积分和定积分记号相同，要注意区分，主要看被积函数的积分区间上是否有瑕点. 另外，若一个反常积分发散，则其与其他反常积分的和必发散.

例 6-42　判别下列反常积分的敛散性.

（1）$\int_2^{+\infty} \frac{\ln x}{x}\,\mathrm{d}x$　　　　（2）$\int_1^{+\infty} \frac{\mathrm{d}x}{x^2\sqrt{1+x}}$　　　　（3）$\int_0^1 \frac{\mathrm{d}x}{\ln(1+x)}$

分析：反常积分的敛散性判定可以用定义或者判别法.

解：（1）$\int_2^{+\infty} \frac{\ln x}{x}\,\mathrm{d}x = \int_2^{+\infty} \ln x\,\mathrm{d}\ln x = \frac{1}{2}\ln^2 x\Big|_2^{+\infty} = +\infty$，由定义可知该反常积分发散.

（2）由 $\lim\limits_{x\to+\infty} x^{\frac{5}{2}} \cdot \frac{1}{x^2\sqrt{1+x}} = 1$，故该反常积分收敛.

（3）由 $\lim\limits_{x\to0^+}(x-0)\frac{1}{\ln(1+x)} = 1$，故该反常积分发散.

6.2.6　定积分的应用

例 6-43　求 $y^2 = 2x$ 与 $y = x - 4$ 所围面积.

解：联立解 $\begin{cases} y^2 = 2x \\ y = x - 4 \end{cases}$ 得交点 $(2,-2)$ 与 $(8,4)$，由其图形可知，此处选 y 为积分变量计算要简便一些，所求面积为

$$S = \int_{-2}^{4}\left(y + 4 - \frac{y^2}{2}\right)\mathrm{d}y = \left(\frac{y^2}{2} + 4y - \frac{y^3}{6}\right)\Bigg|_{-2}^{4} = 18$$

例 6-44　求曲线 $|\ln x| + |\ln y| = 1$ 所围面积.

解：原方程可写成

$$\pm\ln x \pm \ln y = \ln e$$

因此它包含曲线 $y = \dfrac{e}{x}$，$y = \dfrac{1}{ex}$ 和直线 $y = ex$，$y = \dfrac{x}{e}$，其交点为 $\left(\dfrac{1}{e},1\right)$，$\left(1,\dfrac{1}{e}\right)$，$(1,e)$，$(e,1)$，故其

所围面积为

$$S = \int_{\frac{1}{e}}^{1}\left(ex - \frac{1}{ex}\right)dx + \int_{1}^{e}\left(\frac{e}{x} - \frac{x}{e}\right)dx = e - \frac{1}{e}$$

例 6-45 求双纽线 $(x^2 + y^2)^2 = a^2(x^2 - y^2)$ 所围面积.

解： 首先将双纽线方程改为极坐标形式

$$r^2 = a^2 \cos 2\theta$$

然后注意到其图形关于 x 轴、y 轴均对称，故只需计算它在第一象限图形的面积再乘以 4 即可. 并且从其极坐标方程可看出，其积分限为 0 到 $\frac{\pi}{4}$，于是所求面积为

$$S = 4\int_0^{\frac{\pi}{4}}\frac{1}{2}r^2 d\theta = 2a^2\int_0^{\frac{\pi}{4}}\cos 2\theta d\theta = a^2 \sin 2\theta\Big|_0^{\frac{\pi}{4}} = a^2$$

例 6-46 设星形线 $\begin{cases} x = a\cos^3 t \\ y = a\sin^3 t \end{cases}$，求

（1）它所围的面积；

（2）它的周长；

（3）它绕 x 轴旋转而成的旋转体的侧面积.

解： 可以根据星形线关于坐标轴对称的特征来求.

（1）所围面积为

$$A = 4\int_0^a y\,dx = 4\int_{\frac{\pi}{2}}^0 a\sin^3 t(-3a\sin t \cdot \cos^2 t)dt = 12\int_0^{\frac{\pi}{2}}a^2(\sin^4 t - \sin^6 t)dt = \frac{3\pi a^2}{8}$$

（2）周长为

$$l = 4\int_0^{\frac{\pi}{2}}\sqrt{[x'(t)]^2 + [y'(t)]^2}\,dt = 4\int_0^{\frac{\pi}{2}}3a\sin t \cdot \cos t\,dt = 6a$$

（3）所求旋转曲面的侧面积为

$$S = 2\int_0^{\frac{\pi}{2}}2\pi a\sin^3 t\sqrt{(-3a\cos^2 t\sin t)^2 + (3a\sin^2 t\cos t)^2}\,dt$$

$$= 4\pi a\int_0^{\frac{\pi}{2}}\sin^3 t \cdot 3a\sin t\cos t\,dt = 12\pi a^2\int_0^{\frac{\pi}{2}}\sin^4 t\,d\sin t$$

$$= \frac{12\pi a^2}{5}\sin^5 t\Big|_0^{\frac{\pi}{2}} = \frac{12\pi a^2}{5}$$

例 6-47 已知 $y = \cos x$（$0 \leqslant x \leqslant \frac{\pi}{2}$）与 x 轴、y 轴所围面积被 $y = a\sin x$，$y = b\sin x$（$a > b > 0$）三等分，求 a, b 的值.

解： 首先，$y = \cos x$（$0 \leqslant x \leqslant \frac{\pi}{2}$）与 x 轴、y 轴所围面积为

$$\int_0^{\frac{\pi}{2}} \cos x \mathrm{d}x = \sin x \Big|_0^{\frac{\pi}{2}} = 1$$

其次，$x = 0$，$y = \cos x$，$y = a\sin x$ 所围面积应为 $\dfrac{1}{3}$，$y = \cos x$ 与 $y = a\sin x$ 的交点为

$\left(\arctan\dfrac{1}{a}, \dfrac{a}{\sqrt{1+a^2}} \right)$，于是

$$\frac{1}{3} = \int_0^{\arctan\frac{1}{a}} (\cos x - a\sin x)\mathrm{d}x = (\sin x + a\cos x)\Big|_0^{\arctan\frac{1}{a}}$$

$$= \left(\frac{\tan x}{\sqrt{1+\tan^2 x}} + \frac{a}{\sqrt{1+\tan^2 x}} \right)\Bigg|_0^{\arctan\frac{1}{a}} = \sqrt{1+a^2} - a$$

解得 $a = \dfrac{4}{3}$.

最后，$y = b\sin x$，$y = \cos x$ 与 $y = 0$ 所围面积亦为 $\dfrac{1}{3}$，$y = \cos x$ 与 $y = b\sin x$ 的交点为

$\left(\arctan\dfrac{1}{b}, \dfrac{1}{\sqrt{1+b^2}} \right)$，于是

$$\frac{1}{3} = \int_0^{\arctan\frac{1}{b}} b\sin x \mathrm{d}x + \int_{\arctan\frac{1}{b}}^{\frac{\pi}{2}} \cos x \mathrm{d}x = -b\cos x \Big|_0^{\arctan\frac{1}{b}} + \sin x \Big|_{\arctan\frac{1}{b}}^{\frac{\pi}{2}}$$

$$= -\frac{b}{\sqrt{1+\tan^2 x}}\Bigg|_0^{\arctan\frac{1}{b}} + 1 - \frac{\tan x}{\sqrt{1+\tan^2 x}}\Bigg|_{\arctan\frac{1}{b}}^{\frac{\pi}{2}} = 1 + b - \sqrt{1+b^2}$$

解得 $b = \dfrac{5}{12}$.

例 6-48 设曲线弧 $y = \sin x$，$0 \leqslant x \leqslant \dfrac{\pi}{2}$，取 $t \in \left[0, \dfrac{\pi}{2}\right]$，作直线 $y = \sin t$，它与 $y = \sin x$，$x = 0$ 所围面积为 S_1，$y = \sin t$ 与 $y = \sin x$，$x = \dfrac{\pi}{2}$ 所围面积为 S_2，且 $S = S_1 + S_2$，问 t 取何值时 S 最小？t 取何值时 S 最大？

解： $S(t) = S_1 + S_2 = \left(t\sin t - \displaystyle\int_0^t \sin x \mathrm{d}x \right) + \displaystyle\int_t^{\frac{\pi}{2}} \sin x \mathrm{d}x - \left(\dfrac{\pi}{2} - t \right)\sin t$

$$= 2\left(t - \frac{\pi}{4} \right)\sin t + 2\cos t - 1, \qquad t \in \left[0, \frac{\pi}{2}\right]$$

$$S'(t) = 2\left(t - \frac{\pi}{4} \right)\cos t = 0, \qquad t = \frac{\pi}{4}$$

又

$$S''(t)\Big|_{t=\frac{\pi}{4}} = 2\left[\cos t - \left(t - \frac{\pi}{4} \right)\sin t \right]\Big|_{t=\frac{\pi}{4}} = \sqrt{2} > 0$$

故 $S\left(\dfrac{\pi}{4}\right) = \sqrt{2} - 1$ 为极小值，也是最小值. $S(0) = 1$，$S\left(\dfrac{\pi}{2}\right) = \dfrac{\pi}{2} - 1$，故 $S(0) = 1$ 为最大值.

例 6-49 求半径为 R 的圆柱体被过底面直径且与底面夹角为 $\alpha\left(<\dfrac{\pi}{2}\right)$ 的平面所截下部分的体积.

解： 在圆柱体的底面上，以圆心为原点建立直角坐标系，与 x 轴垂直的平面截得所求体积的截面为直角三角形，设其高为 h，三角形面积为

$$S(x)=\frac{1}{2}yh=\frac{1}{2}\tan\alpha\cdot y^2=\frac{1}{2}\tan\alpha\cdot(R^2-x^2)$$

所求体积为

$$V=\int_{-R}^{R}\frac{1}{2}\tan\alpha\cdot(R^2-x^2)\mathrm{d}x=\frac{2R^3}{3}\tan\alpha$$

例 6-50 求 $x^2+(y-R)^2\leqslant r^2$（$R>r>0$）绕 x 轴旋转所得圆环体的体积.

解： $V=\pi\int_{-r}^{r}\left[\left(R+\sqrt{r^2-x^2}\right)^2-\left(R-\sqrt{r^2-x^2}\right)^2\right]\mathrm{d}x$

$$=8\pi R\int_0^r\sqrt{r^2-x^2}\mathrm{d}x=2\pi^2Rr^2$$

例 6-51 求 $y=3-|x^2-1|$ 与 x 轴围成的封闭图形绕 $y=3$ 旋转所得旋转体的体积.

解： $y=3-|x^2-1|=\begin{cases}x^2+2, & 0\leqslant x\leqslant 1 \\ 4-x^2, & 1<x\leqslant 2\end{cases}$ 为偶函数 $y=3-|x^2-1|$ 的 $x\geqslant 0$ 部分，故所求体积为

$$V=2\pi\int_0^1\{3^2-[3-(x^2+2)]^2\}\mathrm{d}x+2\pi\int_1^2\{3^2-[3-(4-x^2)]^2\}\mathrm{d}x=\frac{448}{15}\pi$$

例 6-52 设平面图形 A 由 $x^2+y^2\leqslant 2x$ 与 $y\geqslant x$ 所确定，求图形 A 绕直线 $x=2$ 旋转一周所得旋转体的体积.

解： 因绕直线 $x=2$ 旋转，故应取 y 为积分变量，区域 A 的边界由 $x=1-\sqrt{1-y^2}$ 与 $x=y$ 构成，故所求体积为

$$V=\pi\int_0^1\left\{\left[2-(1-\sqrt{1-y^2})\right]^2-(2-y)^2\right\}\mathrm{d}y=2\pi\int_0^1\left[\sqrt{1-y^2}-(1-y)^2\right]\mathrm{d}y$$

$$=2\pi\left[\frac{y}{2}\sqrt{1-y^2}+\frac{1}{2}\arcsin y+\frac{(1-y)^3}{3}\right]\Bigg|_0^1=\frac{\pi^2}{2}-\frac{2\pi}{3}$$

例 6-53 求曲线 $y=\int_0^x\sqrt{\sin t}\,\mathrm{d}t$（$0\leqslant x\leqslant\pi$）的弧长.

解： $S=\int_0^\pi\sqrt{1+y'^2}\,\mathrm{d}x=\int_0^\pi\sqrt{1+\sin x}\,\mathrm{d}x=2\int_0^{\frac{\pi}{2}}\sqrt{1+\sin x}\,\mathrm{d}x$

$$=2\int_0^{\frac{\pi}{2}}\frac{\cos x}{\sqrt{1-\sin x}}\,\mathrm{d}x=-4\sqrt{1-\sin x}\,\Big|_0^{\frac{\pi}{2}}=4$$

例 6-54 证明椭圆 $\begin{cases}x=a\cos t \\ y=b\sin t\end{cases}$ 的弧长与正弦曲线 $y=c\sin\dfrac{x}{b}$（$c=\sqrt{a^2-b^2}$）一波之长相等.

证明： 椭圆 $\begin{cases}x=a\cos t \\ y=b\sin t\end{cases}$ 的弧长为

$$S_1 = 4\int_0^{\frac{\pi}{2}} \sqrt{(-a\sin t)^2 + (b\cos t)^2}\,\mathrm{d}t = 4\int_0^{\frac{\pi}{2}} \sqrt{b^2 + c^2\sin^2 t}\,\mathrm{d}t$$

正弦曲线 $y = c\sin\dfrac{x}{b}$ 的一波之长为

$$S_2 = 4\int_0^{\frac{b\pi}{2}} \sqrt{1 + \left(\frac{c}{b}\cos x\frac{x}{b}\right)^2}\,\mathrm{d}x \xlongequal{x=bu} 4\int_0^{\frac{\pi}{2}} \sqrt{b^2 + c^2\cos^2 u}\,\mathrm{d}u$$

再由定积分性质（4）即知 $S_1 = S_2$.

例 6-55 求对数螺线 $r = \mathrm{e}^{k\theta}$（$\alpha \leqslant \theta \leqslant \beta$）一段弧长.

解： $S = \displaystyle\int_\alpha^\beta \sqrt{r^2(\theta) + r'^2(\theta)}\,\mathrm{d}\theta = \int_\alpha^\beta \sqrt{1+k^2}\,\mathrm{e}^{k\theta}\,\mathrm{d}\theta = \dfrac{\sqrt{1+k^2}}{k}(\mathrm{e}^{k\beta} - \mathrm{e}^{k\alpha})$

例 6-56 求半径为 R 的球的面积.

解： $S = \displaystyle\int_{-R}^R 2\pi y\sqrt{1+y'^2}\,\mathrm{d}x = 2\pi\int_{-R}^R \sqrt{R^2 - x^2}\sqrt{1 + \dfrac{x^2}{R^2 - x^2}}\,\mathrm{d}x = 2\pi R\int_{-R}^R \mathrm{d}x = 4\pi R^2$

例 6-57 求心形线 $r = a(1+\cos\theta)$ 绕极轴旋转所得旋转曲面的面积.

解： $S = 2\pi\displaystyle\int_0^\pi a(1+\cos\theta)\sin\theta\sqrt{[a(1+\cos\theta)]^2 + (-a\sin\theta)^2}\,\mathrm{d}\theta$

$\qquad = 2\pi a\displaystyle\int_0^\pi (1+\cos\theta)\sin\theta \cdot 2a\cos\dfrac{\theta}{2}\,\mathrm{d}\theta = 16\pi a^2\int_0^\pi \cos^4\dfrac{\theta}{2}\sin\dfrac{\theta}{2}\,\mathrm{d}\theta$

$\qquad \xlongequal{\frac{\theta}{2}=u} 32\pi a^2\displaystyle\int_0^{\frac{\pi}{2}} \cos^4 u\sin u\,\mathrm{d}u = -\dfrac{32}{5}\pi a^2 \cos^5 u\Big|_0^{\frac{\pi}{2}} = \dfrac{32}{5}\pi a^2$

例 6-58 一圆柱形贮水池深为 4m，底面半径为 10m，贮满了水，求将水全部抽出所做的功.

解： 水的密度为 $10^3\,\mathrm{kg/m^3}$，重力加速度取为 $10\mathrm{m/s^2}$，则

$$W = \pi \cdot 10^6\int_0^4 x\,\mathrm{d}x = 8\pi \cdot 10^6 \quad (\mathrm{J})$$

例 6-59 有一梯形水闸，上底宽为 6m，下底宽为 2m，高为 10m，试求当水面与上底平齐时，闸门所受的总压力.

解： 取上底为 y 轴、中心为原点，建立直角坐标系，于是所求总压力为

$$P = 2\int_0^{10} 10^4 x\left(-\frac{1}{5}x + 3\right)\mathrm{d}x = \frac{5}{3}\times 10^6 \quad (\mathrm{N})$$

例 6-60 一半径为 R 的均匀带电圆盘，求过圆盘心与圆盘垂直的直线上距离为 h 的一单位电荷的作用力，其中圆盘的总电量为 Q.

解： 取圆盘心为原点，半径为 r 与 $r + \mathrm{d}r$ 的圆环所带电量为 $\dfrac{2\pi r\mathrm{d}r}{\pi R^2}Q$，设静电力常数为 k，则带电圆盘对单位电荷的作用力为

$$F = k\frac{2hQ}{R^2}\int_0^h \frac{r\mathrm{d}r}{(r^2 + h^2)^{\frac{3}{2}}} = \frac{2kQh}{R^2}\left(\frac{1}{h} - \frac{1}{\sqrt{R^2 + h^2}}\right)$$

6.3 习题

1. 选择题.

（1）当 $x \to 0^+$ 时，下列无穷小中最高阶是（　　）.

（A）$\displaystyle\int_0^x (e^{t^2}-1)dt$　　　　　　　（B）$\displaystyle\int_0^x \ln\left(1+\sqrt{t^3}\right)dt$

（C）$\displaystyle\int_0^{\sin x} \sin t^2 dt$　　　　　　　（D）$\displaystyle\int_0^{1-\cos x} \sqrt{\sin^3 t}\,dt$

（2）设奇函数 $f(x)$ 在 $(-\infty,+\infty)$ 上有连续导数，则（　　）.

（A）$\displaystyle\int_0^x [\cos f(t)+f'(t)]dt$ 是奇函数　　（B）$\displaystyle\int_0^x [\cos f(t)+f'(t)]dt$ 是偶函数

（C）$\displaystyle\int_0^x [\cos f'(t)+f(t)]dt$ 是奇函数　　（D）$\displaystyle\int_0^x [\cos f'(t)+f(t)]dt$ 是偶函数

（3）若反常积分 $\displaystyle\int_0^{+\infty} \frac{1}{x^a(1+x)^b}dx$ 收敛，则（　　）.

（A）$a<1$ 且 $b>1$　　　　　　　（B）$a>1$ 且 $b>1$

（C）$a<1$ 且 $a+b>1$　　　　　　（D）$a>1$ 且 $a+b>1$

（4）设 $M=\displaystyle\int_{-\frac{\pi}{2}}^{\frac{\pi}{2}} \frac{(1+x)^2}{1+x^2}dx$, $N=\displaystyle\int_{-\frac{\pi}{2}}^{\frac{\pi}{2}} \frac{1+x}{e^x}dx$, $K=\displaystyle\int_{-\frac{\pi}{2}}^{\frac{\pi}{2}} \left(1+\sqrt{\cos x}\right)dx$, 则（　　）.

（A）$M>N>K$　　　　　　　　（B）$M>K>N$

（C）$K>M>N$　　　　　　　　（D）$K>N>M$

（5）$\displaystyle\int_0^1 \frac{\arcsin\sqrt{x}}{\sqrt{x(1-x)}}dx=$（　　）.

（A）$\dfrac{\pi^2}{4}$　　　　　（B）$\dfrac{\pi^2}{8}$　　　　　（C）$\dfrac{\pi}{4}$　　　　　（D）$\dfrac{\pi}{8}$

（6）设 $f(x)=\begin{cases}e^x, & x\leqslant 0 \\ x^2+a, & x>0\end{cases}$, 则 $F(x)=\displaystyle\int_{-1}^x f(t)dt$ 在 $x=0$ 处（　　）.

（A）极限存在但不连续　　　　　　（B）连续但不可导

（C）可导　　　　　　　　　　　　（D）是否可导与 a 的取值有关

（7）下列结论正确的是（　　）.

（A）$\displaystyle\int_{-\infty}^{+\infty} \frac{x}{1+x^2}dx=0$　　　　　　（B）$\displaystyle\int_{-\infty}^{+\infty} \frac{x}{(1+x^2)^2}dx=0$

（C）$\displaystyle\int_{-1}^{+1} \frac{1}{\sin x}dx=0$　　　　　　（D）$\displaystyle\int_{-\infty}^{+\infty} e^{-|x|}dx=1$

（8）甲乙两人赛跑，计时开始时，甲在乙前方 10 米（单位：m）处，如后图所示，实线表示甲的速度曲线 $v=v_1(t)$（单位：m/s），虚线表示乙的速度曲线 $v=v_2(t)$，三块阴影部分的面积依次为 10、20、3，计时开始后乙追上甲的时刻记为 t_0（单位：s），则（　　）.

（A）$t_0=10$　　　　（B）$15<t_0<20$　　（C）$t_0=25$　　　　（D）$t_0>25$

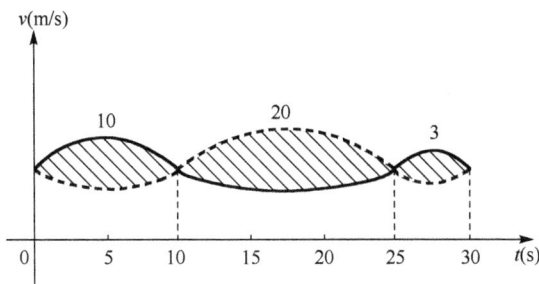

2．填空题．

（1）若函数 $f(x)$ 满足 $f''(x)+af'(x)+f(x)=0$ ，$a>0$ ，且 $f(0)=m,f'(0)=n$，则 $\int_0^{+\infty}f(x)\mathrm{d}x=$（　　）．

（2）$\lim\limits_{n\to\infty}\left(\dfrac{n}{n+1}+\dfrac{n}{n+2}+\cdots+\dfrac{n}{n+n}\right)\sin\dfrac{\pi}{n}=$（　　）．

（3）设 $f(x)$ 满足 $\int_0^x f(t-x)\mathrm{d}t=-\dfrac{x^2}{2}+\mathrm{e}^{-x}-1$，则曲线 $y=f(x)$ 的斜渐近线方程是（　　）．

（4）设 $f(x)$ 满足等式 $xf'(x)-f(x)=\sqrt{2x-x^2}$，且 $f(1)=4$，则 $\int_0^1 f(x)\mathrm{d}x=$（　　）．

（5）设连续非负函数 $f(x)$ 满足 $f(x)f(-x)=1$，则 $\int_{-\frac{\pi}{2}}^{\frac{\pi}{2}}\dfrac{\cos x\mathrm{d}x}{1+f(x)}=$（　　）．

（6）$y=\dfrac{x^2}{\sqrt{1-x^2}}$ 在 $\left[\dfrac{1}{2},\dfrac{\sqrt{3}}{2}\right]$ 上的平均值是（　　）．

（7）斜边长为 $2a$ 的等腰直角三角形平板垂直地沉没在水中，且斜边与水面相齐，记重力加速度为 g，水的密度为 ρ，则三角形平板的一侧受到的水压力为（　　）．

（8）曲线 $y=-x^3+x^2+2x$ 与 x 轴所围图形的面积为（　　）．

（9）曲线 $y=\mathrm{e}^x$ 与其过原点的切线及 y 轴所围图形的面积为（　　）．

（10）曲线 $y=x^2,x$ 轴与 $x=1$ 围成的曲边梯形绕 x 轴旋转一周所得的旋转体的形心 x 坐标等于（　　）．

3．求 $\int_0^{\frac{\pi}{4}}\dfrac{x}{1+\cos 2x}\mathrm{d}x$．

4．求 $\int_0^{\pi}\sqrt{1-\sin x}\mathrm{d}x$．

5．求 $\lim\limits_{x\to+\infty}\dfrac{\left(\int_0^x \mathrm{e}^{t^2}\mathrm{d}t\right)^2}{\int_0^x \mathrm{e}^{2t^2}\mathrm{d}t}$．

6．求 $\int_0^1 x|x-a|\mathrm{d}x$．

7．求 $\int_1^{\mathrm{e}}(x\ln x)^2\mathrm{d}x$．

8．证明 $\lim\limits_{n\to+\infty}\int_0^{\frac{\pi}{2}}\sin^n x\mathrm{d}x=0$．

9. 证明 $\displaystyle\int_0^{+\infty}\frac{1}{(1+x^2)(1+x^\alpha)}\mathrm{d}x$ 与 α 无关.

10. 求 $\displaystyle\int_1^{+\infty}\frac{x\ln x}{(1+x^2)^2}\mathrm{d}x$.

11. 求 $\displaystyle\int_0^1\frac{1}{(2-x)\sqrt{1-x}}\mathrm{d}x$.

12. 设 $f(x)=\displaystyle\int_1^x\frac{\ln t}{1+t}\mathrm{d}t$，$x>0$，求 $f(x)+f\left(\dfrac{1}{x}\right)$.

13. 设 $f(x)\in C_{(-\infty,+\infty)}$，且 $F(x)=\displaystyle\int_0^x(x-2t)f(t)\mathrm{d}t$，试证：

（1）若 $f(x)$ 为偶函数，则 $F(x)$ 也为偶函数；

（2）若 $f(x)$ 单调递减，则 $F(x)$ 单调递增.

14. 求 $Ax^2+2Bxy+Cy^2=1$（$AC-B^2>0$）所围图形的面积.

15. 求 $y=|\ln x|$ 与 $y=0,x=\dfrac{1}{\mathrm{e}},x=\mathrm{e}$ 所围图形的面积.

16. 求曲线 $y=\mathrm{e}^{-x}\sin x(x\geqslant 0)$ 与 x 轴之间图形的面积.

17. 求 $r=a(1+\cos\theta)$ 所围图形的面积.

18. 过点 $P(1,0)$ 作抛物线 $y=\sqrt{x-2}$ 的切线，该切线与上述抛物线及 x 轴围成一平面图形，求此图形绕 x 轴旋转一周所得旋转体的体积.

19. 设函数 $f(x)$ 的定义域为 $(0,+\infty)$，且 $2f(x)+x^2f\left(\dfrac{1}{x}\right)=\dfrac{x^2+2x}{\sqrt{1+x^2}}$. 求 $f(x)$，并求曲线 $y=f(x),y=\dfrac{1}{2},y=\dfrac{\sqrt{3}}{2}$ 及 y 轴围成图形绕 x 轴旋转所得旋转体的体积.

20. 设容器上半段为圆柱形，底半径为 4m，高为 4m，下半段为半球形（半径为 2m），容器内水的高度为柱体部分的一半，容器埋于地下，容器口在地面以下 3m，求将容器内水全部吸出所要做的功.

21. 求 $f(x)=\displaystyle\int_0^x\frac{3t+1}{t^2-t+1}\mathrm{d}t$ 在 $[0,1]$ 上的最大值与最小值.

22. 设 $f(x)\in C_{(-\infty,+\infty)}$，$f(x)>0$，求证：

$$\int_0^1\ln f(x+t)\mathrm{d}t=\int_0^x\ln\frac{f(u+1)}{f(u)}\mathrm{d}u+\int_0^1\ln f(u)\mathrm{d}u$$

23. 求 $\displaystyle\int_{\mathrm{e}^{-2\pi}}^1\left|\left[\cos\left(\ln\frac{1}{x}\right)\right]'\right|\mathrm{d}x$.

24. 讨论 $\displaystyle\int_0^1\frac{1}{2x-\sqrt{1-x^2}}\mathrm{d}x$ 的敛散性.

25. 求 $\displaystyle\int_0^{100\pi}\sqrt{1-\cos 2x}\mathrm{d}x$.

26. 用定积分计算椭球体 $\dfrac{x^2}{a^2}+\dfrac{y^2}{b^2}+\dfrac{z^2}{c^2}\leqslant 1$ 的体积.

27. 设函数 $f(x)=\int_0^1|t^2-x^2|\mathrm{d}t$，$x>0$，求 $f'(x)$，并求 $f(x)$ 的最小值.

28. 求 $\lim_{n\to\infty}\sum_{k=1}^n\dfrac{k}{n^2}\ln\left(1+\dfrac{k}{n}\right)$.

29. 设 $y=f(x)$ 是 $[0,1]$ 上的任一非负连续函数.

（1）试证存在 $x_0\in(0,1)$，使在 $[0,x_0]$ 上以 $f(x_0)$ 为高的矩形面积等于在 $[x_0,1]$ 上以 $y=f(x)$ 为曲边的曲边梯形面积；

（2）又设 $f(x)$ 在 $(0,1)$ 内可导，且 $f'(x)>-\dfrac{2f(x)}{x}$，证明（1）中的 x_0 是唯一的.

30. 确定常数 a,b,c 的值，使 $\lim_{x\to0}\dfrac{ax-\sin x}{\displaystyle\int_b^x\frac{\ln(1+t^3)}{t}\mathrm{d}t}=c$，$c\neq0$.

31. 求 $\displaystyle\int_{\frac{1}{2}}^{\frac{3}{2}}\frac{\mathrm{d}x}{\sqrt{|x-x^2|}}$.

32. 设 D 是由曲线 $y=\sqrt{1-x^2}$（$0\leqslant x\leqslant1$）与 $\begin{cases}x=\cos^3t\\y=\sin^3t\end{cases}$（$0\leqslant t\leqslant\dfrac{\pi}{2}$）围成的平面区域，求 D 绕 x 轴旋转一周所得旋转体的体积和表面积.

33. 如右图所示，设直线 $y=ax$ 与抛物线 $y=x^2$ 所围图形的面积为 S_1，它们与直线 $x=1$ 所围图形的面积为 S_2，且 $a<1$.

（1）试确定 a 的值，使 S_1+S_2 达到最小，并求出最小值；

（2）求该最小值对应的平面图形绕 x 轴旋转一周所得旋转体的体积.

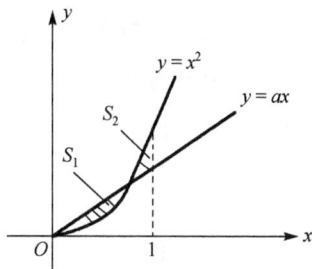

34. 设 $A>0$，D 是由曲线段 $y=A\sin x$（$0\leqslant x\leqslant\dfrac{\pi}{2}$）及直线 $y=0,x=\dfrac{\pi}{2}$ 围成的平面区域，V_1,V_2 分别表示 D 绕 x 轴与绕 y 轴旋转所得旋转体的体积. 若 $V_1=V_2$，求 A 的值.

35. 设有两条抛物线 $y=nx^2+\dfrac{1}{n}$ 和 $y=(n+1)x^2+\dfrac{1}{n+1}$，记它们交点的横坐标的绝对值为 a_n，求这两条抛物线所围平面图形的面积 S_n.

36. 已知 $f(x)$ 在 $\left[0,\dfrac{3\pi}{2}\right]$ 上连续，在 $\left(0,\dfrac{3\pi}{2}\right)$ 内是函数 $\dfrac{\cos x}{2x-3\pi}$ 的一个原函数，且 $f(0)=0$.

（1）求 $f(x)$ 在 $\left[0,\dfrac{3\pi}{2}\right]$ 上的平均值；

（2）证明 $f(x)$ 在 $\left(0,\dfrac{3\pi}{2}\right)$ 内存在唯一零点.

37. 设 $f(x)$ 连续，且 $\int_0^x tf(2x-t)\mathrm{d}t=\dfrac{1}{2}\arctan x^2$，$f(1)=1$，求 $\int_1^2 f(x)\mathrm{d}x$.

38. 设函数 $S(x)=\int_0^x|\cos t|\mathrm{d}t$.

（1）当 n 为正整数，且 $n\pi \leqslant x < (n+1)\pi$ 时，证明 $2n \leqslant S(x) \leqslant 2(n+1)$；

（2）求 $\lim\limits_{x \to +\infty} \dfrac{S(x)}{x}$．

39．设曲线 $y = ax^2$（$a > 0, x \geqslant 0$）与 $y = 1 - x^2$ 交于点 A，过坐标原点 O、点 A 的直线与曲线 $y = ax^2$ 围成一平面图形，问 a 为何值时，该图形绕 x 轴旋转一周所得旋转体的体积最大，最大体积是多少？

40．设 $f(x) = \displaystyle\int_1^x e^{t^2} \mathrm{d}t$，证明：

（1）存在 $\xi \in (1,2)$，使 $f(\xi) = (2 - \xi)e^{\xi^2}$；

（2）存在 $\eta \in (1,2)$，使 $f(2) = \ln 2 \cdot \eta \cdot e^{\eta^2}$．

41．设 $f'(x)$ 在 $x = 0$ 处连续，求 $\lim\limits_{a \to 0^+} \dfrac{1}{a^2} \displaystyle\int_{-a}^a [f(x + a) - f(x - a)]\mathrm{d}x$．

42．设 D 是位于曲线 $y = \sqrt{x} a^{-\frac{x}{2a}}$（$a > 1, 0 \leqslant x < +\infty$）下方、$x$ 轴上方的无界区域．

（1）求区域 D 绕 x 轴旋转一周所得旋转体的体积 $V(a)$；

（2）问 a 取何值时，$V(a)$ 最小？并求此最小值．

43．如下图所示，c_1 和 c_2 分别是 $y = \dfrac{1}{2}(1 + e^x)$ 和 $y = e^x$ 的图像，过点 $(0,1)$ 的曲线 c_3 是一单调递增函数的图像，过 c_2 上任一点 $M(x, y)$ 分别作垂直于 x 轴和 y 轴的直线 l_x 和 l_y，记 c_1, c_2 与 l_x 所围图形的面积为 $S_1(x)$；c_2, c_3 与 l_y 所围图形的面积为 $S_2(y)$．如果总有 $S_1(x) = S_2(y)$，求曲线 c_3 的方程 $x = \varphi(y)$．

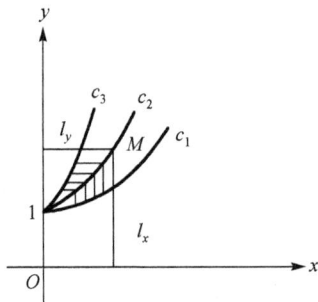

第7章

微 分 方 程

微分方程的理论和方法给各种科学技术的研究提供了有力工具，也是高等数学的主要内容之一.在历年考研试题中都出现了与微分方程有关的试题，因此不仅要了解微分方程的一些基本概念，如解、通解、阶、初始条件等，还要能正确地识别或判别方程的类型，熟练掌握一些典型方程的解法，如一阶方程中的可分离变量方程、线性方程、全微分方程等，以及二阶方程中线性方程的通解结构理论和常系数线性方程的解法.对某些微分方程要会通过适当变换将其转化为典型方程求解，并根据实际问题或给定条件建立微分方程.

7.1 知识点提要

7.1.1 微分方程的基本概念

（1）凡联系自变量 x 与未知函数 $y = y(x)$ 及它的 n 阶导数或微分的方程 $F(x, y, y', y'', \cdots y^{(n)})$ $= 0$，都称为常微分方程，简称微分方程.

（2）在微分方程中出现的未知函数的最高阶导数的阶数，称为微分方程的阶.

（3）凡满足微分方程的函数（即把它和它的导数代入微分方程后，能使方程变为恒等式），都称为该微分方程的解.对 n 阶微分方程，称含有 n 个彼此独立的任意常数的解的表达式为该方程的通解，不包含任意常数的解称为该方程的特解.

（4）当自变量取某值时，要求未知函数及其导数取给定值的条件，称为该方程的初始条件（初值条件）.求微分方程满足初始条件的解的问题，称为初值问题.

（5）微分方程的特解的几何图形称为积分曲线.通解的几何图形是积分曲线族.

7.1.2 一阶微分方程

一阶微分方程中，基本的是可分离变量型方程、线性微分方程和全微分方程.其他类型的方程可通过适当变换转化为这几种基本方程.

1. 可分离变量型方程

形如 $\dfrac{\mathrm{d}y}{\mathrm{d}x} = f(x)g(y)$ 的方程，称为可分离变量型方程.这种方程的解法是将变量分离到等式两端，即

$$\frac{\mathrm{d}y}{g(y)} = f(x)\mathrm{d}x, \quad g(y) \neq 0$$

然后对两端分别积分，得到通解

$$\int \frac{\mathrm{d}y}{g(y)} = \int f(x)\mathrm{d}x + c, \quad g(y) \neq 0$$

其中，c 为任意常数. 如果存在 y_0 使 $g(y_0) = 0$，则 $y = y_0$ 也是方程的解，但它不包含在通解中，称为奇解. 应补上此解从而得到方程的全部解.

2. 化为可分离变量型的一些方程

（1）齐次微分方程. 若微分方程 $\dfrac{\mathrm{d}y}{\mathrm{d}x} = f(x,y)$ 中的函数 $f(x,y)$ 可写成 $\dfrac{y}{x}$ 的函数，即 $f(x,y) = \varphi\left(\dfrac{y}{x}\right)$，则称之为齐次微分方程，即

$$\frac{\mathrm{d}y}{\mathrm{d}x} = \varphi\left(\frac{y}{x}\right)$$

这种方程只需作变换 $u = \dfrac{y}{x}$，即可转化为可分离变量型方程. 事实上，由 $y = ux$ 可得

$$\frac{\mathrm{d}y}{\mathrm{d}x} = u + x\frac{\mathrm{d}u}{\mathrm{d}x}$$

从而得 $u + x\dfrac{\mathrm{d}u}{\mathrm{d}x} = \varphi(u)$，转化为可分离变量型方程

$$\frac{\mathrm{d}u}{\mathrm{d}x} = \frac{\varphi(u) - u}{x}$$

解出通解后将 $u = \dfrac{y}{x}$ 代入，即得原方程的通解.

（2）可化为齐次微分方程的方程

$$\frac{\mathrm{d}y}{\mathrm{d}x} = f\left(\frac{ax + by + c}{a_1 x + b_1 y + c_1}\right)$$

其中，a, b, c, a_1, b_1, c_1 都是常数.

当 $c = c_1 = 0$ 时，上述方程为齐次微分方程.

当 c 和 c_1 至少有一个不为零时，分以下两种情况讨论.

① 当 $\Delta = \begin{vmatrix} a & b \\ a_1 & b_1 \end{vmatrix} \neq 0$ 时，将 $\begin{cases} x = X + h \\ y = Y + k \end{cases}$ 代入原方程，于是得

$$\frac{\mathrm{d}Y}{\mathrm{d}X} = f\left(\frac{aX + bY + ah + bk + c}{a_1 X + b_1 Y + a_1 h + b_1 k + c_1}\right)$$

由方程组 $\begin{cases} ah + bk + c = 0 \\ a_1 h + b_1 k + c_1 = 0 \end{cases}$ 确定出 h, k，便把上述方程转化为齐次微分方程

$$\frac{\mathrm{d}Y}{\mathrm{d}X} = f\left(\frac{aX + bY}{a_1 X + b_1 Y}\right)$$

② 当 $\Delta = 0$ 时，令 $\dfrac{a}{a_1} = \dfrac{b}{b_1} = \dfrac{1}{m}$，则原方程可写成

$$\frac{\mathrm{d}y}{\mathrm{d}x} = f\left(\frac{ax+by+c}{m(ax+by)+c_1}\right)$$

因而只需令 $v = ax+by$ 便可转化为可分离变量型方程 $\frac{1}{b}\left(\frac{\mathrm{d}v}{\mathrm{d}x} - a\right) = f\left(\frac{v+c}{mv+c_1}\right)$.

3. 一阶线性微分方程

（1）一阶线性微分方程. 形如

$$\frac{\mathrm{d}y}{\mathrm{d}x} + P(x)y = Q(x) \tag{7.1}$$

的方程称为一阶线性微分方程. 若 $Q(x) = 0$，称之为相应的齐次微分方程，即为

$$\frac{\mathrm{d}y}{\mathrm{d}x} + P(x)y = 0 \tag{7.2}$$

一阶线性微分方程的解法是常数变易法，即先用分离变量法求出相应的齐次微分方程 （7.2）的通解 $y = c_1 \mathrm{e}^{-\int P(x)\mathrm{d}x}$，将常数 c_1 看成 x 的函数 $c_1(x)$，设 $y = c_1(x)\mathrm{e}^{-\int P(x)\mathrm{d}x}$，代入式（7.1）中确定 $c_1(x)$，从而得到非齐次微分方程（7.1）的通解为

$$y = \mathrm{e}^{-\int P(x)\mathrm{d}x}\left[c + \int Q(x)\mathrm{e}^{\int P(x)\mathrm{d}x}\mathrm{d}x\right]$$

其中，c 为任意常数.

从上述通解中，可以看到它是由两部分组成的，第一部分是相应齐次微分方程（7.2）的通解 $c\mathrm{e}^{-\int P(x)\mathrm{d}x}$，第二部分是非齐次微分方程（7.1）的特解 $\mathrm{e}^{-\int P(x)\mathrm{d}x}\int Q(x)\mathrm{e}^{\int P(x)\mathrm{d}x}\mathrm{d}x$. 这是线性微分方程通解的结构特点.

（2）可化为一阶线性方程的柏努利（Bernoulli）方程. 形如

$$\frac{\mathrm{d}y}{\mathrm{d}x} + P(x)y = Q(x)y^n, \quad n \neq 0,1$$

的方程称为柏努利方程. 其解法是作变换 $z = y^{1-n}$，便可转化为一阶线性微分方程

$$\frac{\mathrm{d}z}{\mathrm{d}x} + (1-n)P(x)z = (1-n)Q(x)$$

得出通解后再将 $z = y^{1-n}$ 代入，即得柏努利方程的通解.

4. 全微分方程

形如 $P(x,y)\mathrm{d}x + Q(x,y)\mathrm{d}y = 0$ 且满足条件 $\frac{\partial P}{\partial y} = \frac{\partial Q}{\partial x}$（$(x,y) \in D$）的微分方程称为全微分方程（或称恰当方程），它的通解为

$$\int_{x_0}^{x} P(x,y_0)\mathrm{d}x + \int_{y_0}^{y} Q(x,y)\mathrm{d}y = c$$

式中，c 是任意常数，(x_0,y_0) 是区域 D 内适当选定的点 $M_0(x_0,y_0)$ 的坐标.

7.1.3　高阶微分方程的几种特殊类型

（1）形如 $y^{(n)} = f(x)$ 的微分方程进行 n 次积分，便得到其通解为

$$y = \underbrace{\int \mathrm{d}x \cdots \int}_{n} f(x)\mathrm{d}x + \frac{c_1 x^{n-1}}{(n-1)!} + \frac{c_2 x^{n-2}}{(n-2)!} + \cdots + c_{n-1}x + c_n$$

其中，$c_1, c_2, \cdots, c_n$ 为任意常数.

若初始条件为 $y|_{x=x_0} = y'|_{x=x_0} = \cdots = y^{(n-1)}|_{x=x_0} = 0$，则满足此组初始条件的解为

$$y = \underbrace{\int_{x_0}^{x} \mathrm{d}x \cdots \int_{x_0}^{x}}_{n} f(x)\mathrm{d}x$$

（2）形如 $y'' = f(x, y')$ 的方程，其特点是在方程中不含未知函数，因此可采用降阶法，即令 $y' = p$，显然 $y'' = p'$，原方程转化为一阶微分方程

$$p' = f(x, p)$$

求其通解 $p = \varphi(x, c_1)$，再积分得 $y = \int \varphi(x, c_1)\mathrm{d}x + c_2$.

（3）形如 $y'' = f(y, y')$ 的微分方程，其特点是在方程中不含自变量 x，设 $y' = p$，而

$$y'' = \frac{\mathrm{d}p}{\mathrm{d}x} = \frac{\mathrm{d}p}{\mathrm{d}y}\frac{\mathrm{d}y}{\mathrm{d}x} = P\frac{\mathrm{d}p}{\mathrm{d}y}$$

原方程转化为 $P\dfrac{\mathrm{d}p}{\mathrm{d}y} = f(y, P)$，它的通解为 $p = \varphi(y, c_1)$，再积分得其通解为

$$\int \frac{\mathrm{d}y}{\varphi(y, c_1)} = x + c_2$$

7.1.4　n 阶线性微分方程

n 阶线性微分方程的一般形式为

$$y^{(n)} + p_1 y^{(n-1)} + p_2 y^{(n-2)} + \cdots + p_n y = f \tag{7.3}$$

其中，$p_1, p_2, \cdots, p_n$，f 都是 x 的已知函数，且它们在区间 I 内连续. 当 $f \equiv 0$ 时，称这个线性方程是齐次的，否则是非齐次的.

设 $y_1, y_2, \cdots, y_n$ 是齐次线性微分方程

$$y^{(n)} + p_1 y^{(n-1)} + \cdots + p_n y = 0 \tag{7.4}$$

的 n 个线性无关的解，则 $Y = c_1 y_1 + c_2 y_2 + \cdots + c_n y_n$ 是它的通解. 其中，$c_1, c_2, \cdots, c_n$ 为任意常数.

设 y^* 为 n 阶非齐次线性微分方程（7.3）的一个特解，而对应于式（7.3）的 n 阶齐次线性微分方程（7.4）的通解 Y，则式（7.3）的通解是 $y = Y + y^*$，即

$$y = c_1 y_1 + c_2 y_2 + \cdots + c_n y_n + y^*$$

如果 y_1 是方程 $y^{(n)} + p_1 y^{(n-1)} + \cdots + p_n y = f_1$ 的解，y_2 是方程 $y^{(n)} + p_1 y^{(n-1)} + \cdots + p_n y = f_2$ 的解，则 $y_1 + y_2$ 是方程 $y^{(n)} + p_1 y^{(n-1)} + \cdots + p_n y = f_1 + f_2$ 的解，称为叠加原理.

1. n 阶常系数齐次线性微分方程解法

设二阶常系数齐次线性微分方程为

$$y'' + py' + qy = 0, \quad p, q \text{ 为常数}$$

通解 Y 可通过它的特征方程 $r^2 + pr + q = 0$ 的特征根写出，见下表.

特 征 根	通 解 形 式
r_1, r_2，两不同实根	$Y = c_1 e^{r_1 x} + c_2 e^{r_2 x}$
$r_1 = r_2$，两相同实根	$Y = (c_1 + c_2 x) e^{r_1 x}$
$r_1, r_2 = \alpha \pm i\beta$，一对复根	$Y = e^{\alpha x} [c_1 \cos \beta x + c_2 \sin \beta x]$

对于 n 阶常系数齐次线性微分方程

$$y^{(n)} + p_1 y^{(n-1)} + \cdots + p_n y = 0$$

其中，$p_1, p_2, \cdots, p_n$ 为常数，它也有相应的特征方程

$$r^n + p_1 r^{n-1} + \cdots + p_n = 0$$

根据特征方程的特征根，可写出其对应的微分方程的解，见下表.

特征方程的特征根	通解中的对应项
单实根 r	给出 1 项 ce^{rx}
一对单复根 $r_1, r_2 = \alpha \pm i\beta$	给出 2 项 $e^{\alpha x}(c_1 \cos \beta x + c_2 \sin \beta x)$
k 重实根 r	给出 k 项 $e^{rx}(c_1 + c_2 x + \cdots + c_k x^{k-1})$
一对 m 重复根 $r_1, r_2 = \alpha \pm i\beta$	给出 $2m$ 项 $e^{\alpha x}[(c_1 + c_2 x + \cdots + c_m x^{m-1}) \cos \beta x + (d_1 + d_2 x + \cdots + d_m x^{m-1}) \sin \beta x]$

2. n 阶常系数非齐次线性微分方程解法

设二阶常系数非齐次线性微分方程 $y'' + py' + qy = f(x)$，p, q 为常数，$f(x)$ 为已知函数. 根据非齐次线性微分方程的通解的结构，要先求对应齐次微分方程 $y'' + py' + qy = 0$ 的通解 $c_1 y_1 + c_2 y_2$，再设法求出非齐次线性微分方程的一个特解 y^*，则非齐次线性微分方程的通解为

$$y = c_1 y_1 + c_2 y_2 + y^*$$

非齐次微分方程 $y'' + py' + qy = f(x)$ 的特解 y^* 可根据 $f(x)$ 的形式用待定系数的方法求出.

（1） $f(x) = a_0 x^m + a_1 x^{m-1} + \cdots + a_m$.

设 $y^* = x^k (b_0 x^m + b_1 x^{m-1} + \cdots + b_m)$，当 $q \neq 0$ 时，$k = 0$；当 $q = 0$，$p \neq 0$ 时，$k = 1$；当 $q = p = 0$ 时，$k = 2$.

（2） $f(x) = e^{\alpha x}(a_0 x^m + a_1 x^{m-1} + \cdots + a_m)$.

设 $y^* = x^k e^{\alpha x}(b_0 x^m + b_1 x^{m-1} + \cdots + b_m)$，当 α 不是特征根时，$k = 0$；当 α 是单特征根时，$k = 1$；当 α 是二重根时，$k = 2$.

（3） $f(x) = e^{\alpha x}[(a_0 x^m + a_1 x^{m-1} + \cdots + a_m) \cos \beta x + (c_0 x^l + \cdots + c_l) \sin \beta x]$.

设 $y^* = x^k e^{\alpha x}[(b_0 x^n + b_1 x^{n-1} x + \cdots + b_n) \cos \beta x + (d_0 x^n + d_1 x^{n-1} + \cdots + d_n) \sin \beta x]$，$n = \max\{m, l\}$.

当 $\alpha \pm \mathrm{i}\beta$ 不是特征根时，$k=0$；当 $\alpha \pm \mathrm{i}\beta$ 是特征根时，$k=1$.

对于 n 阶常系数非齐次线性微分方程中 $f(x)$ 具有上述情形时，可同样设 y^*，但要注意 x^k 的指数 k 应随特征根的重复次数递增而递增，即 k 根据特征根的重数而定.

3. 可化为常系数线性微分方程的方程——欧拉（Euler）方程

形如 $x^n y^{(n)} + p_1 x^{n-1} y^{(n-1)} + \cdots + p_{n-1} x y' + p_n y = f(x)$，$p_1$，$p_2$，$\cdots$，$p_{n-1}$，$p_n$ 是常数的线性方程，称为欧拉方程. 这种方程只需作变换 $x = \mathrm{e}^t$ 或 $t = \ln x$ 即可转化为常系数线性微分方程，因为

$$\frac{\mathrm{d}y}{\mathrm{d}x} = \frac{\mathrm{d}y}{\mathrm{d}t}\frac{\mathrm{d}t}{\mathrm{d}x} = \frac{1}{x}\frac{\mathrm{d}y}{\mathrm{d}t} \quad \text{即} \quad xy'(x) = y'(t)$$

$$\frac{\mathrm{d}^2 y}{\mathrm{d}x^2} = \frac{\mathrm{d}}{\mathrm{d}x}\left(\frac{1}{x}\frac{\mathrm{d}y}{\mathrm{d}t}\right) = \frac{1}{x^2}\left(\frac{\mathrm{d}^2 y}{\mathrm{d}t^2} - \frac{\mathrm{d}y}{\mathrm{d}t}\right) \quad \text{即} \quad x^2 y''(x) = y''(t) - y'(t)$$

若用记号 D 代表对 t 求导 $\left(D = \dfrac{\mathrm{d}}{\mathrm{d}t}\right)$ 的运算，则有 $xy' = Dy$，$x^2 y'' = D(D-1)y$，$x^3 y''' = D(D-1)(D-2)y$，一般地将 $x^k y^{(k)} = D(D-1)(D-2)\cdots(D-k+1)y$ 代入欧拉方程后，可得以 t 为自变量的常系数线性微分方程，在求出这个方程的解后，把 t 换成 $\ln x$，即得原方程的解.

从应用问题中建立微分方程，一般根据有关科学知识分析所研究的变量必须服从的规律，如物理和力学中的牛顿第二定律、欧姆定律等. 在高等数学中常用来建立微分方程的有导数几何意义、切线方程、法线方程、两点间距离、直线和截距、曲率、变上限积分、曲线弧长（含极坐标的）及函数的弹性等.

7.2 例题与方法

7.2.1 一阶微分方程

1. 可分离变量型

例 7-1 求方程通解：$\dfrac{\mathrm{d}y}{\mathrm{d}x} = \dfrac{1+y^2}{xy + x^3 y}$.

解： 由 $\dfrac{\mathrm{d}y}{\mathrm{d}x} = \dfrac{1}{x(1+x^2)}\cdot\dfrac{1+y^2}{y}$ 分离变量得 $\dfrac{y}{1+y^2}\mathrm{d}y = \dfrac{\mathrm{d}x}{x(1+x^2)}$，等式两端分别积分得

$$\frac{1}{2}\ln(1+y^2) = \ln|x| - \frac{1}{2}\ln(1+x^2) + c_1$$

整理得

$$\ln \frac{(1+y^2)^{\frac{1}{2}}(1+x^2)^{\frac{1}{2}}}{|x|} = c_1, \quad \text{进而得} \quad \frac{(1+y^2)^{\frac{1}{2}}(1+x^2)^{\frac{1}{2}}}{|x|} = c_2$$

其中，$c_2 = \mathrm{e}^{c_1}$，即 $1 + y^2 = \dfrac{cx^2}{1+x^2}$，其中 $c = c_2^2$.

例 7-2 求方程通解：$(x+1)\mathrm{d}y + (1 - 2\mathrm{e}^{-y})\mathrm{d}x = 0$.

解： 经分离变量得

$$\frac{\mathrm{d}y}{2\mathrm{e}^{-y}-1}=\frac{1}{x+1}\mathrm{d}x$$

等式两端积分得 $-\ln|2-\mathrm{e}^{y}|=\ln|x+1|+c_1$，从而 $(2-\mathrm{e}^{y})(x+1)=c$，其中 $c=\frac{1}{\mathrm{e}^{c_1}}$.

2. 可化为分离变量型的一些方程

（1）齐次微分方程.

类似 $\frac{\mathrm{d}y}{\mathrm{d}x}=\varphi\left(\frac{y}{x}\right)$ 的方程只需作变换 $u=\frac{y}{x}$，将 $\frac{\mathrm{d}y}{\mathrm{d}x}=u+x\frac{\mathrm{d}u}{\mathrm{d}x}$ 代入方程，即可转化为可分离

变量型方程 $\frac{\mathrm{d}u}{\mathrm{d}x}=\frac{\varphi(u)-u}{x}$，解出通解后，再将 $u=\frac{y}{x}$ 代入便得原方程的通解.

例 7-3 求下列方程的解.

（1）$x^2y\mathrm{d}x-(x^3+y^3)\mathrm{d}y=0$；   （2）$\frac{\mathrm{d}y}{\mathrm{d}x}=\frac{2x^3y-y^4}{x^4-2xy^3}$.

解：（1）当 $x\neq0$ 时，各项除以 x^3 得

$$\frac{y}{x}\mathrm{d}x-\left[1+\left(\frac{y}{x}\right)^3\right]\mathrm{d}y=0$$

令 $u=\frac{y}{x}$，则上式变为

$$\left(\frac{1}{u^4}+\frac{1}{u}\right)\mathrm{d}u=-\frac{\mathrm{d}y}{x}$$

等式两端积分得 $-\frac{1}{3u^3}+\ln|u|=-\ln|x|+c_1$，将 $u=\frac{y}{x}$ 代入得 $\ln|y|=c_1+\frac{x^3}{3y^3}$，即 $y=c\mathrm{e}^{\frac{x^3}{3y^3}}$，其中 $c=\pm\mathrm{e}^{c_1}$.

（2）用 x^4 除等式右端的分子、分母得齐次微分方程

$$\frac{\mathrm{d}y}{\mathrm{d}x}=\frac{2\left(\frac{y}{x}\right)-\left(\frac{y}{x}\right)^4}{1-2\left(\frac{y}{x}\right)^3}$$

令 $u=\frac{y}{x}$，得

$$u+x\frac{\mathrm{d}u}{\mathrm{d}x}=\frac{2u-u^4}{1-2u^3}\quad 即\quad \frac{\mathrm{d}x}{x}=\frac{1-2u^3}{u+u^4}\mathrm{d}u$$

积分得

$$\ln|x|=\ln|u|-\ln|u+1|-\ln|u^2-u+1|+\ln c$$

$$x=\frac{cu}{(u+1)(u^2-u+1)}$$

从而得 $x^3+y^3=cxy$.

（2）可化为齐次微分方程的方程.

例如，$\dfrac{\mathrm{d}y}{\mathrm{d}x}=f\left(\dfrac{ax+by+c}{a_1x+b_1x+c_1}\right)$，其中，$a$、$b$、$c$、$a_1$、$b_1$、$c_1$ 都是常数.

例 7-4 求方程 $\dfrac{\mathrm{d}y}{\mathrm{d}x}=\dfrac{2x^3+3xy^2-7x}{3x^2y+2y^3-8y}$ 的通解.

解： $\dfrac{\mathrm{d}y}{\mathrm{d}x}=\dfrac{x(2x^2+3y^2-7)}{y(3x^2+2y^2-8)}$ 也可写为 $\dfrac{y}{x}\dfrac{\mathrm{d}y}{\mathrm{d}x}=\dfrac{2x^2+3y^2-7}{3x^2+2y^2-8}$. 令 $x^2=X+h$，$y^2=Y+k$，得

$$\begin{cases}2h+3k-7=0\\3h+2k-8=0\end{cases}\Rightarrow\begin{cases}h=2\\k=1\end{cases}$$

则得齐次微分方程

$$\frac{\mathrm{d}Y}{\mathrm{d}X}=\frac{2X+3Y}{2X+2Y}$$

再令 $Y=uX$，则有 $\dfrac{3+2u}{2(1-u^2)}\mathrm{d}u=\dfrac{\mathrm{d}X}{X}$，积分得 $\dfrac{1+u}{(1-u)^5}=cX^4$. 原方程通解为

$$x^2+y^2-3=c(x^2-y^2-1)^5$$

例 7-5 求方程 $\dfrac{\mathrm{d}y}{\mathrm{d}x}=\sqrt{4x+2y-1}$ 的通解.

解： 令 $u=4x+2y-1$，$\dfrac{\mathrm{d}u}{\mathrm{d}x}=4+2\dfrac{\mathrm{d}y}{\mathrm{d}x}$，将 $y'=\dfrac{1}{2}u'-2$ 代入原方程，得

$$\frac{1}{2}\frac{\mathrm{d}u}{\mathrm{d}x}=\sqrt{u}+2$$

经分离变量得 $\sqrt{u}-2\ln|\sqrt{u}+2|=x+c$，于是原方程通解为

$$\sqrt{4x+2y-1}-2\ln|\sqrt{4x+2y-1}+2|=x+c$$

例 7-6 求解下列方程.

（1）$\dfrac{\mathrm{d}y}{\mathrm{d}x}=(x-y)^2+1$；　　　　（2）$(x^2-y^2-2y)\mathrm{d}x+(x^2-y^2+2x)\mathrm{d}y=0$；

（3）$xy^2(xy'+y)=a^2$.

解：（1）令 $y-x=z$，于是原方程变为 $\dfrac{\mathrm{d}z}{\mathrm{d}x}=z^2$，分离变量并积分得 $-\dfrac{1}{z}=x+c$，所以 $y=x-\dfrac{1}{x+c}$，显然 $y=x$ 为奇解.

（2）令 $x+y=u$，$x-y=v$，代入原方程得 $(u+1)v\mathrm{d}u=u\mathrm{d}v$，分离变量并积分得 $\dfrac{u}{v}\mathrm{e}^u=c$，代回原变量得 $\dfrac{x+y}{x-y}\mathrm{e}^{x+y}=c$，$y=\pm x$ 为其奇解.

（3）由 $\dfrac{\mathrm{d}(xy)}{\mathrm{d}x}=xy'+y$，令 $z=xy$，于是原方程转化为 $z^2\mathrm{d}z=a^2x\mathrm{d}x$，积分得

$$\frac{1}{3}z^3=\frac{(ax)^2}{2}+c$$

代回原变量得 $y^3 = \dfrac{3a^2}{2x} + \dfrac{3c}{x^3}$.

例 7-7 求微分方程 $x + yy' = f(x)g\left(\sqrt{x^2 + y^2}\right)$ 的通解，并利用此结果求 $x + yy' = \tan x\left(\sqrt{x^2 + y^2} - 1\right)$ 的通解.

解： 令 $u = \sqrt{x^2 + y^2}$，于是 $\dfrac{\mathrm{d}u}{\mathrm{d}x} = \dfrac{x + yy'}{\sqrt{x^2 + y^2}}$，将原方程转化为可分离变量型方程，即

$$\frac{\mathrm{d}u}{\mathrm{d}x} = f(x)\frac{g(u)}{u}$$

经分离变量得通解公式

$$\int \frac{u}{g(u)}\mathrm{d}u = \int f(x)\mathrm{d}x + c$$

又已知 $f(x) = \tan x$，$g(\sqrt{x^2 + y^2}) = \sqrt{x^2 + y^2} - 1$，得

$$\int \frac{u}{u-1}\mathrm{d}u = \int \tan x\mathrm{d}x + c$$

积分后得 $u + \ln|u-1| + \ln|\cos x| = c$，即

$$\sqrt{x^2 + y^2} + \ln\left|\left(\sqrt{x^2 + y^2} - 1\right)\cos x\right| = c$$

例 7-8 设 $f(x)$ 在 $[1, +\infty)$ 内具有连续导数，且满足方程

$$x\int_1^x f(t)\mathrm{d}t = (x+1)\int_1^x tf(t)\mathrm{d}t,\ f(1) = 1$$

求函数 $f(x)$.

解： 带有变上限积分的方程，一般先对方程求导，将其化为微分方程，再求解. 于是原方程对 x 求导，得

$$\int_1^x f(t)\mathrm{d}t + xf(x) = \int_1^x tf(t)\mathrm{d}t + (x^2 + x)f(x)$$

等式两端再对 x 求导，得

$$x^2 f'(x) = -3xf(x) + f(x)$$

分离变量，得

$$\frac{\mathrm{d}f(x)}{f(x)} = \frac{-3x+1}{x^2}\mathrm{d}x$$

积分得

$$\ln|f(x)| = -3\ln|x| - \frac{1}{x} + \ln|c|$$

即 $|f(x)| = |x|^{-3}\mathrm{e}^{\frac{1}{x}}|c|$.

当 $x \geq 1$ 时，取 $c > 0$，于是 $f(x) = cx^{-3}e^{-\frac{1}{x}}$，将 $f(1) = 1$ 代入得 $c = e$，故所求函数为

$$f(x) = x^{-3}e^{1-\frac{1}{x}}$$

3. 一阶线性微分方程

（1）一阶线性微分方程.

$y' + P(x)y = Q(x)$ 的解法是基本解法，特别要记住它的通解公式

$$y = e^{-\int P(x)dx}\left[c + \int Q(x)e^{\int P(x)dx}dx\right]$$

例 7-9 设 $y = e^x$ 是微分方程 $xy' + P(x)y = x$ 的一个解，求此微分方程满足条件 $y|_{x=\ln 2} = 0$ 的特解.

解：将 $y = e^x$ 代入方程 $xe^x + P(x)e^x = x$ 得 $P(x) = xe^{-x} - x$，于是方程化简为 $y' + (e^{-x} - 1)y = 1$，

相应齐次微分方程为 $y' + (e^{-x} - 1)y = 0$，通解为 $Y = ce^{-\int(e^{-x}-1)dx}$，$Y = ce^{e^{-x}+x}$. 于是原方程通解为

$y = Y + y^* = e^x + ce^{e^{-x}+x}$，由初始条件得 $c = -e^{-\frac{1}{2}}$，故所求特解 $y = e^x - e^{e^{-x}+x-\frac{1}{2}}$.

此题也可解方程

$$y' + (e^{-x} - 1)y = 1$$

$$y = e^{\int(1-e^{-x})dx}\left[c + \int e^{\int(e^{-x}-1)dx}dx\right]$$

$$y = e^{x+e^{-x}}\left[c + \int e^{-e^{-x}}d(-e^{-x})\right] = ce^{x+e^{-x}} + e^x$$

由初始条件得 $c = -e^{-\frac{1}{2}}$，故 $y = e^x - e^{x+e^{-x}-\frac{1}{2}}$.

例 7-10 求下列微分方程的通解.

（1）$y' + y\cot x = x^2\csc x$；　　　　（2）$y\ln y dx + (x - \ln y)dy = 0$.

解：（1）**方法一**：直接应用通解公式，有

$$y = e^{-\int P(x)dx}\left[\int Q(x)e^{\int P(x)dx}dx + c\right] = e^{-\int\cot x dx}\left[\int x^2\csc x e^{\int\cot x dx}dx + c\right]$$

$$= e^{-\ln\sin x}\left[\int x^2\csc x e^{\ln\sin x}dx + c\right] = \frac{1}{\sin x}\left(\frac{1}{3}x^3 + c\right)$$

方法二：用常数变易法，先求出相应齐次微分方程 $y' + (\cot x)y = 0$ 的通解 $y_1 = \frac{c_1}{\sin x}$，将 c_1 看成 x 的函数 $c_1(x)$，设 $y = \frac{c_1(x)}{\sin x}$，代入原方程可得

$$c_1(x) = \frac{1}{3}x^3 + c$$

从而得原方程通解 $y = \frac{1}{\sin x}\left(\frac{1}{3}x^3 + c\right)$.

（2）如果将 y 看成自变量，将 x 看成函数，原方程可写成

$$\frac{\mathrm{d}x}{\mathrm{d}y} + \frac{1}{y\ln y}x = \frac{1}{y}$$

则

$$x = \mathrm{e}^{-\int \frac{\mathrm{d}y}{y\ln y}}\left[c + \int \frac{1}{y}\mathrm{e}^{\int \frac{\mathrm{d}y}{y\ln y}}\mathrm{d}y\right] = \mathrm{e}^{-\ln\ln y}\left[c + \int \frac{1}{y}\mathrm{e}^{\ln\ln y}\mathrm{d}y\right]$$

$$= \frac{1}{\ln y}\left[c + \int \frac{1}{y}\ln y\mathrm{d}y\right] = \frac{1}{\ln y}\left[c + \frac{1}{2}\ln^2 y\right] = \frac{\ln y}{2} + \frac{c}{\ln y}$$

$y = 1$ 也是方程的解.

例 7-11 求解 $\begin{cases} \displaystyle\int_0^x xy\mathrm{d}x = x^2 + y \\ y\big|_{x=0} = 0 \end{cases}$.

解：等式两端对 x 求导，得 $\begin{cases} y' - xy = -2x \\ y\big|_{x=0} = 0 \end{cases}$，于是

$$y = \mathrm{e}^{\int x\mathrm{d}x}\left[c + \int(-2x)\mathrm{e}^{-\int x\mathrm{d}x}\mathrm{d}x\right] = \mathrm{e}^{\frac{x^2}{2}}\left(c + 2\mathrm{e}^{-\frac{x^2}{2}}\right) = c\mathrm{e}^{\frac{x^2}{2}} + 2$$

由初始条件得 $c = -2$，所以特解为 $y = 2\left(1 - \mathrm{e}^{\frac{x^2}{2}}\right)$.

（2）可化为一阶线性微分方程的方程.

柏努利方程 $\dfrac{\mathrm{d}y}{\mathrm{d}x} + p(x)y = Q(x)y^n$，$n \neq 0, 1$，其解法是作变换 $z = y^{1-n}$，便可转化为一阶线性方程

$$\frac{\mathrm{d}z}{\mathrm{d}x} + (1-n)p(x)z = (1-n)Q(x)$$

得出通解后，再将 $z = y^{1-n}$ 代入即得原方程的通解.

例 7-12 设 $F(x) = f(x)g(x)$，其中函数 $f(x)$ 和 $g(x)$ 在 $(-\infty, +\infty)$ 内满足条件：$f'(x) = g(x)$，$g'(x) = f(x)$，且 $f(0) = 0$，$f(x) + g(x) = 2\mathrm{e}^x$.

（1）求 $F(x)$ 所满足的一阶线性微分方程；

（2）求出 $F(x)$ 的表达式.

解：由 $F'(x) = f'(x)g(x) + f(x)g'(x) = g^2(x) + f^2(x)$

$$= (g(x) + f(x))^2 - 2f(x)g(x) = (2\mathrm{e}^x)^2 - 2F(x)$$

可见，$F(x)$ 所满足的一阶线性微分方程为

$$F'(x) + 2F(x) = (2\mathrm{e}^x)^2 = 4\mathrm{e}^{2x}$$

$$F(x) = \mathrm{e}^{-\int 2\mathrm{d}x}\left(c + \int 4\mathrm{e}^{2x}\mathrm{e}^{\int 2\mathrm{d}x}\mathrm{d}x\right) = \mathrm{e}^{-2x}\left(c + \int 4\mathrm{e}^{4x}\mathrm{d}x\right) = \mathrm{e}^{2x} + c\mathrm{e}^{-2x}$$

由 $F(0) = f(0)g(0) = 0$，代入上式 $\Rightarrow c = -1$，故 $F(x) = \mathrm{e}^{2x} - \mathrm{e}^{-2x}$.

4．全微分方程

如果方程 $P(x, y)\mathrm{d}x + Q(x, y)\mathrm{d}y = 0$ 不满足条件 $\dfrac{\partial Q}{\partial x} = \dfrac{\partial P}{\partial y}$，就不是全微分方程. 这时如果有

一个适当的函数 $\mu(x,y) \neq 0$ ，使

$$\mu(x,y)P(x,y)\mathrm{d}x + \mu(x,y)Q(x,y)\mathrm{d}y = 0$$

成为全微分方程，这样的函数 $\mu(x,y)$ 称为该方程的积分因子.

例 7-13　求解 $(x^3 + xy^2)\mathrm{d}x + (x^2y + y^3)\mathrm{d}y = 0$.

解：

方法一：$P = x^3 + xy^2$ ，$Q = x^2y + y^3$

$$\frac{\partial P}{\partial y} = 2xy = \frac{\partial Q}{\partial x}$$

因而原方程为全微分方程，其通解为

$$\int_0^x x^3 \mathrm{d}x + \int_0^y (x^2y + y^3)\mathrm{d}y = 0$$

即

$$\frac{x^4}{4} + \frac{1}{2}x^2y^2 + \frac{y^4}{4} = c$$

方法二：原方程可转化为

$$x^3 \mathrm{d}x + xy(y\mathrm{d}x + x\mathrm{d}y) + y^3 \mathrm{d}y = 0$$

即

$$\mathrm{d}\left(\frac{x^4}{4}\right) + \mathrm{d}\left(\frac{1}{2}x^2y^2\right) + \mathrm{d}\left(\frac{y^4}{4}\right) = 0$$

方法三：也可转化为齐次微分方程，请读者自己解答.

例 7-14　求解 $(x^2 - y^2)(\mathrm{d}x + \mathrm{d}y) + 2(x\mathrm{d}y - y\mathrm{d}x) = 0$.

解：

方法一：此方程不是全微分方程，等式两端同乘 $\frac{1}{x^2}$ 得

$$\left(1 - \frac{y^2}{x^2}\right)(\mathrm{d}x + \mathrm{d}y) + 2\frac{x\mathrm{d}y - y\mathrm{d}x}{x^2} = 0$$

$$\left(1 - \frac{y^2}{x^2}\right)\mathrm{d}(x + y) + 2\mathrm{d}\left(\frac{y}{x}\right) = 0$$

令 $x + y = u$ ，$\dfrac{y}{x} = v$ ，上述方程转化为 $(1 - v^2)\mathrm{d}u + 2\mathrm{d}v = 0$.

求其通解为 $\dfrac{v+1}{v-1}\mathrm{e}^u = c$ ，原方程的通解为 $\dfrac{y+x}{y-x}\mathrm{e}^{x+y} = c$ 及 $x - y = 0$.

方法二：等式两端同乘 $\dfrac{1}{x^2 - y^2}$ 得

$$\mathrm{d}x + \mathrm{d}y = \frac{2y\mathrm{d}x - 2x\mathrm{d}y}{x^2 - y^2}$$

其左端是 $(x+y)$ 的全微分，只需验证右端是否为某个函数 $u(x,y)$ 的全微分即可，

$$P = \frac{2y}{x^2 - y^2}, \quad Q = \frac{-2x}{x^2 - y^2}, \quad 且$$

$$\frac{\partial P}{\partial y} = \frac{2(x^2 + y^2)}{(x^2 - y^2)^2} = \frac{\partial Q}{\partial x}$$

于是

$$u(x,y) = \int_{(1,0)}^{(x,y)} \frac{2y\mathrm{d}x - 2x\mathrm{d}y}{x^2 - y^2} = \int_0^y -\frac{2x}{x^2 - y^2}\mathrm{d}y = \ln\frac{x-y}{x+y}$$

从而原方程的通解为 $x+y = \ln\frac{x-y}{x+y} + \ln c$，即 $\frac{x+y}{x-y}\mathrm{e}^{x+y} = c$ 及 $x-y = 0$.

例 7-15 曲线积分 $\int_L F(x,y)(y\mathrm{d}x + x\mathrm{d}y)$ 在整个 xOy 平面内与路径无关. 其中，F 具有一阶连续偏导数，并且由方程 $F(x,y) = 0$ 所确定的隐函数的图形通过点 $(1,2)$，求方程 $F(x,y) = 0$.

解：$P = yF(x,y)$，$Q = xF(x,y)$，由曲线积分与路径无关条件可知 $\frac{\partial P}{\partial y} = \frac{\partial Q}{\partial x}$.

又由

$$\begin{cases} \dfrac{\partial P}{\partial y} = F(x,y) + \dfrac{\partial F}{\partial y} \cdot y \\ \dfrac{\partial Q}{\partial x} = F(x,y) + \dfrac{\partial F}{\partial x} \cdot x \end{cases}$$

得 $\frac{\partial F}{\partial y} \cdot y = \frac{\partial F}{\partial x} \cdot x$. 又由 $\frac{\mathrm{d}y}{\mathrm{d}x} = -\frac{F_x'}{F_y'} = -\frac{y}{x}$，故

$$\begin{cases} \dfrac{\mathrm{d}y}{\mathrm{d}x} = -\dfrac{y}{x} \\ y\big|_{x=1} = 2 \end{cases}$$

解得 $y = \frac{2}{x}$，从而得 $F(x,y) = y - \frac{2}{x} = 0$.

例 7-16 设当 $x > 0$ 时，$f(x)$ 连续可微，且 $f(1) = 2$，对右半平面（$x > 0$）内任何闭曲线 c，有 $\oint_c 4x^3 y\mathrm{d}x + xf(x)\mathrm{d}y = 0$，求 $f(x)$.

解：由条件可知 $\frac{\partial(4x^3 y)}{\partial y} = \frac{\partial(xf(x))}{\partial x}$，有 $xf'(x) + f(x) = 4x^3$，得

$$\begin{cases} f'(x) + \dfrac{1}{x}f(x) = 4x^2 \\ f(1) = 2 \end{cases}$$

$$f(x) = \mathrm{e}^{-\int \frac{1}{x}\mathrm{d}x}\left[c + \int 4x^2 \mathrm{e}^{\int \frac{1}{x}\mathrm{d}x}\mathrm{d}x\right] = \frac{1}{x}\left[c + \int 4x^3\mathrm{d}x\right] = \frac{1}{x}[c + x^4]$$

由初始条件 $f(1) = 2$，得 $c = 1$，故 $f(x) = \frac{1}{x} + x^3$.

7.2.2 高阶微分方程的几种特殊类型

本节以二阶微分方程为主，关键要先识别其类型是否属于 $y'' = f(x)$，$y'' = f(x, y')$，

$y'' = f(y, y')$ 中的某一种，然后按固定方法解题. 特别要注意解 $y'' = f(x, y')$ 与 $y'' = f(y, y')$ 的第一步令 $y' = p$ 是相同的. 但是第二步就不一样了，对 $y'' = f(x, y')$，只需令 $y'' = p'$ 即可达到降阶作用；而对 $y'' = f(y, y')$，方程中不出现自变量 x，因而 $y'' = p\dfrac{dp}{dy}$.

例 7-17 求微分方程 $y''(x + y'^2) = y'$ 满足初始条件 $y(1) = y'(1) = 1$ 的特解.

解： 令 $y' = p$，则 $y'' = p'$，原方程转化为

$$p'(x + p^2) = p$$

即

$$\frac{dx}{dp} - \frac{1}{p}x = p$$

于是

$$x = e^{\int \frac{1}{p}dp}\left(\int p e^{-\int \frac{1}{p}dp}dp + c_1 \right) = p\left(\int dp + c_1 \right) = p(p + c_1)$$

因 $p\big|_{x=1} = y'(1) = 1$，得 $c_1 = 0$. 故 $p^2 = x$.

由 $y'(1) = 1$ 知，应取 $p = \sqrt{2}$. 即

$$\frac{dy}{dx} = \sqrt{x}$$

解得 $y = \dfrac{2}{3}x^{\frac{3}{2}} + c_2$. 又由 $y(1) = 1$，得 $c_2 = \dfrac{1}{3}$，故 $y = \dfrac{2}{3}x^{\frac{3}{2}} + \dfrac{1}{3}$.

例 7-18 求下列方程的解.

（1）$yy'' = 2(y')^2$；

（2）$\begin{cases} yy'' = 2(y'^2 - y') \\ y(0) = 1, y'(0) = 2 \end{cases}$.

解：（1）令 $y' = p$，$y'' = p\dfrac{dp}{dy}$，于是原方程转化为

$$p\frac{dp}{dy} = 2\frac{p^2}{y}, \qquad \frac{dp}{p} = \frac{2dy}{y}$$

积分得 $\ln p = 2\ln y + \ln c_1$，即 $p = c_1 y^2$. 再积分得 $-\dfrac{1}{y} = c_1 x + c_2$，故原方程通解为

$$y = -(c_1 x + c_2)^{-1}$$

（2）令 $y' = p$，$y'' = p\dfrac{dp}{dy}$，原方程转化为

$$\begin{cases} yp\dfrac{dp}{dy} = 2(p^2 - p) \\ p\big|_{y=1} = 2 \end{cases}$$

分离变量得

$$\frac{\mathrm{d}p}{2(p-1)} = \frac{\mathrm{d}y}{y}$$

积分得 $\ln(p-1)^{\frac{1}{2}} = \ln y + \ln c_1$，$p-1 = cy^2$．其中，$c = c_1^2$，由初始条件 $c=1$，有 $p = 1 + y^2$，即

$$\frac{\mathrm{d}y}{\mathrm{d}x} = 1 + y^2，\qquad y_{x=0} = 1$$

得通解 $\arctan y = x + c_2$．由初始条件 $c_2 = \frac{\pi}{4}$，故原方程解为 $y = \tan\left(x + \frac{\pi}{4}\right)$．

例7-19　设函数 $f(u)$ 在 $[0, +\infty)$ 内具有二阶导数，且 $z = f\left(\sqrt{x^2+y^2}\right)$ 满足等式 $\frac{\partial^2 z}{\partial x^2} + \frac{\partial^2 z}{\partial y^2} = 0$．

（1）验证 $f''(u) + \frac{1}{u}f'(u) = 0$；

（2）若 $f(1) = 0, f'(1) = 1$，求函数 $f(u)$ 的表达式．

解：（1）由 $z = f(u)$，$u = \sqrt{x^2+y^2}$，得

$$\frac{\partial z}{\partial x} = f' \cdot \frac{x}{\sqrt{x^2+y^2}}，\qquad \frac{\partial^2 z}{\partial x^2} = f'' \cdot \frac{x^2}{x^2+y^2} + f' \cdot \frac{y^2}{(x^2+y^2)^{\frac{3}{2}}}$$

$$\frac{\partial z}{\partial y} = f' \cdot \frac{y}{\sqrt{x^2+y^2}}，\qquad \frac{\partial^2 z}{\partial y^2} = f'' \cdot \frac{y^2}{x^2+y^2} + f' \cdot \frac{x^2}{(x^2+y^2)^{\frac{3}{2}}}$$

所以根据题设条件得

$$f'' + \frac{1}{\sqrt{x^2+y^2}} \cdot f' = 0$$

即

$$f''(u) + \frac{1}{u}f'(u) = 0$$

（2）由 $f'(1) = 1$，得 $f'(u) = \frac{1}{u}$，所以 $f(u) = \ln u + c$．

由 $f(1) = 0$，得 $c = 0$，所以 $f(u) = \ln u$．

7.2.3　n 阶线性微分方程

对 n 阶线性微分方程，首先要清楚其通解的结构，即相应齐次微分方程的通解 Y 与非齐次微分方程的特解 y^* 之和，$y = Y + y^*$，其次要清楚解的叠加原理．其解法以常系数线性微分方程的解法为主，相应齐次微分方程的通解可以通过特征方程的特征根的不同解出，而非齐次微分方程的特解可以根据 $f(x)$ 的不同情形设出特解 y^* 的形式来待定常数．但要注意 y^* 中 x^k 的指数 k 应随特征根的重数而定，这样常系数线微分性方程的通解很容易求出，即 $y = Y + y^*$．也可以说常系数线性微分方程的解法是基本解法，不是常系数的线性微分方程可以通过"变换"转化为常系数的方程来解．

1．n 阶常系数齐次线性微分方程解法

例 7-20 求下列方程的通解.

（1）$y'' - 3y' + 2y = 0$；

（2）$y'' - 6y' + 9y = 0$；

（3）$y'' - 6y' + 25y = 0$；

（4）$y^{(5)} + 2y''' + y' = 0$；

（5）$y^{(4)} - 5y''' + 6y'' + 4y' - 8y = 0$.

解：（1）特征方程为 $r^2 - 3r + 2 = 0$，$r_1 = 1$，$r_2 = 2$，于是原方程通解为 $y = c_1 e^x + c_2 e^{2x}$；

（2）特征方程为 $r^2 - 6r + 9 = 0$，$r_1 = r_2 = 3$，于是原方程通解为 $y = (c_1 + c_2 x)e^{3x}$；

（3）特征方程为 $r^2 - 6r + 25 = 0$，$r_{1,2} = 3 \pm 4i$，于是原方程通解为 $y = e^{3x}(c_1 \cos 4x + c_2 \sin 4x)$；

（4）特征方程为 $r^5 + 2r^3 + r = 0$，即 $r(r^2 + 1)^2 = 0$，$r_1 = 0, r_{2,3} = \pm i$（二重特征根），于是原方程通解为 $y = c_1 + (c_2 + c_3 x)\cos x + (c_4 + c_5 x)\sin x$；

（5）特征方程为 $r^4 - 5r^3 + 6r^2 + 4r - 8 = 0$，即 $(r+1)(r-2)^3 = 0$，$r_1 = -1$，$r_2 = r_3 = r_4 = 2$，于是原方程通解为 $y = c_1 e^{-x} + (c_2 + c_3 x + c_4 x^2)e^{2x}$.

2．n 阶常系数非齐次线性微分方程解法

例 7-21 求下列方程的通解.

（1）$y'' + y' + y = x + e^x$；

（2）$y'' + 16y = \sin(4x + \alpha)$，其中 α 为常数；

（3）$y'' - 2y' + y = (x^2 + x)e^x$；

（4）$y''' - 4y'' + 4y' = x^2 - 1 + e^{2x}$.

解：（1）特征方程为 $r^2 + r + 1 = 0$，$r_{1,2} = -\dfrac{1}{2} \pm \dfrac{\sqrt{3}}{2}i$，于是相应齐次微分方程的通解为

$$y = e^{-\frac{1}{2}x}\left(c_1 \cos \frac{\sqrt{3}}{2}x + c_2 \sin \frac{\sqrt{3}}{2}x\right)$$

设非齐次微分方程特解为 $y^* = (b_0 x + b_1) + Ae^x$，代入原方程待定系数 $b_0 = 1$，$b_1 = -1$，$A = \dfrac{1}{3}$，即 $y^* = x - 1 + \dfrac{1}{3}e^x$，于是原方程通解为

$$y = e^{-\frac{x}{2}}\left(c_1 \cos \frac{\sqrt{3}}{2}x + c_2 \sin \frac{\sqrt{3}}{2}x\right) + x - 1 + \frac{1}{3}e^x$$

（2）特征方程为 $r^2 + 16 = 0$，$r_{1,2} = \pm 4i$，于是相应齐次微分方程的通解为

$$Y = c_1 \cos 4x + c_2 \sin 4x$$

由于 $f(x) = \sin(4x + \alpha) = \sin 4x \cos \alpha + \cos 4x \sin \alpha$，又 α 为常数，所以非齐次微分方程特解 y^* 为

$$y^* = x(A\cos 4x + B\sin 4x)$$

代入原方程待定常数 $A = -\dfrac{1}{8}\cos \alpha$，$B = \dfrac{1}{8}\sin \alpha$，于是

$$y^* = x\left(-\frac{1}{8}\cos \alpha \cos 4x + \frac{1}{8}\sin \alpha \sin 4x\right) = -\frac{1}{8}x\cos(4x + \alpha)$$

故原方程通解为 $y = c_1 \cos 4x + c_2 \sin 4x - \dfrac{x}{8} \cos(4x + \alpha)$.

（3）特征方程为 $r^2 - 2r + 1 = 0$，$r_1 = r_2 = 1$，相应齐次微分方程的通解为 $Y = (c_1 + c_2 x)\mathrm{e}^x$，设 $y^* = x^2(b_0 x^2 + b_1 x + b_2)\mathrm{e}^x$，代入原方程待定系数得 $b_0 = \dfrac{1}{12}$，$b_1 = \dfrac{1}{6}$，$b_2 = 0$，所以 $y^* = \left(\dfrac{1}{12}x^4 + \dfrac{1}{6}x^3\right)\mathrm{e}^x$. 从而原方程通解为

$$y = (c_1 + c_2 x)\mathrm{e}^x + \left(\dfrac{1}{12}x^4 + \dfrac{1}{6}x^3\right)\mathrm{e}^x$$

（4）特征方程为 $r^3 - 4r^2 + 4r = 0$，$r_1 = 0$，$r_2 = r_3 = 2$，相应齐次微分方程的通解为 $Y = c_1 + (c_2 + c_3 x)\mathrm{e}^{2x}$，为了求原方程的特解 y^*，考虑下列两个方程

$$y''' - 4y'' + 4y' = x^2 - 1, \quad y''' - 4y'' + 4y' = \mathrm{e}^{2x}$$

对于前一个方程，因 $\alpha = 0$ 是特征根，所以它的特解为 $y_1^* = x(b_0 x^2 + b_1 x + b_2)$；而对后一个方程，因 $\alpha = 2$ 为二重特征根，所以它的特解为 $y_2^* = Bx^2 \mathrm{e}^{2x}$，于是

$$y^* = y_1^* + y_2^* = b_0 x^3 + b_1 x^2 + b_2 x + Bx^2 \mathrm{e}^{2x}$$

代入原方程，比较两端系数得

$$\begin{cases} 12b_0 = 1 \\ 8b_1 - 24b_0 = 0 \\ 4b_2 - 8b_1 + 6b_0 = -1 \\ 4B = 1 \end{cases}$$

解得 $b_0 = \dfrac{1}{12}$，$b_1 = \dfrac{1}{4}$，$b_2 = \dfrac{1}{8}$，$B = \dfrac{1}{4}$，所以

$$y^* = \dfrac{1}{12}x^3 + \dfrac{1}{4}x^2 + \dfrac{1}{8}x + \dfrac{1}{4}x^2 \mathrm{e}^{2x}$$

从而原方程的通解为

$$y = c_1 + (c_2 + c_3 x)\mathrm{e}^{2x} + \dfrac{1}{12}x^3 + \dfrac{1}{4}x^2 + \dfrac{1}{8}x + \dfrac{1}{4}x^2 \mathrm{e}^{2x}$$

例 7-22 求方程 $y'' + y = x\cos 2x$ 满足初始条件 $y|_{x=0} = 1$，$y'|_{x=0} = 0$ 的特解.

解：特征方程为 $r^2 + 1 = 0$，r_1，$r_2 = \pm i$，相应齐次微分方程的通解为 $Y = c_1 \cos x + c_2 \sin x$.

方法一：

设 $y^* = (b_0 x + b_1)\cos 2x + (d_0 x + d_1)\sin 2x$，微分后得

$$y^{*'} = (2d_0 x + 2d_1 + b_0)\cos 2x - (2b_0 x + 2b_1 - d_0)\sin 2x$$

$$y^{*''} = -4(b_0 x + b_1 - d_0)\cos 2x - 4(d_0 x + d_1 + b_0)\sin 2x$$

代入原方程得

$$(-3b_0 x - 3b_1 + 4d_0)\cos 2x - (3d_0 x + 3d_1 + 4b_0)\sin 2x = x\cos 2x$$

比较系数得 $b_0 = -\dfrac{1}{3}$，$b_1 = d_0 = 0$，$d_1 = \dfrac{4}{9}$，所以

$$y^* = -\frac{1}{3}x\cos 2x + \frac{4}{9}\sin 2x$$

方法二： 可将原方程转化为复数形式

$$y'' + y = xe^{i2x}$$

求其特解后取实部即可，由于 $2i$ 不是特征根，设 $y_1^* = (b_0 x + b_1)e^{2ix}$，微分后得

$$y_1^{*'} = b_0 e^{2ix} + 2i(b_0 x + b_1)e^{2ix}，\quad y_1^{*''} = 4ib_0 e^{2ix} - 4(b_0 x + b_1)e^{2ix}$$

代入得

$$(-3b_0 x + 4ib_0 - 3b_1)e^{2ix} = xe^{2ix}$$

比较系数得 $b_0 = -\dfrac{1}{3}$，$b_1 = -\dfrac{4}{9}i$，于是

$$y_1^* = \left(-\frac{1}{3}x - \frac{4}{9}i\right)e^{2ix} = \left(-\frac{x}{3} - \frac{4}{9}i\right)(\cos 2x + i\sin 2x)$$

$$= -\frac{x}{3}\cos 2x + \frac{4}{9}\sin 2x + i\left(-\frac{x}{3}\sin 2x - \frac{4}{9}\cos 2x\right)$$

故 $y^* = \mathrm{Re}\, y_1^* = -\dfrac{x}{3}\cos 2x + \dfrac{4}{9}\sin 2x$.

从而原方程通解为

$$y = c_1\cos x + c_2\sin x - \frac{x}{3}\cos 2x + \frac{4}{9}\sin 2x$$

由初始条件得 $c_1 = 1$，$c_2 = -\dfrac{5}{9}$，故所求的特解为

$$y = \cos x - \frac{5}{9}\sin x - \frac{1}{3}x\cos 2x + \frac{4}{9}\sin 2x$$

例 7-23　求方程 $y'' + 4y = 3|\sin x|$ 在 $[-\pi,\pi]$ 上满足初始条件 $y\left(\dfrac{\pi}{2}\right) = 0$，$y'\left(\dfrac{\pi}{2}\right) = 1$ 的特解.

解： 特征方程为 $r^2 + 4 = 0$，$r_{1,2} = \pm 2i$，相应齐次微分方程的通解为

$$y = c_1\cos 2x + c_2\sin 2x$$

设非齐次微分方程的特解 $y^* = a\cos x + b\sin x$，代入方程得

$$y'' + 4y = \begin{cases} -3\sin x, & -\pi \leqslant x < 0 \\ 3\sin x, & 0 \leqslant x \leqslant \pi \end{cases}$$

得 $a = 0$，$b = \pm 1$，故原方程的通解为

$$y = \begin{cases} c_1\cos 2x + c_2\sin 2x - \sin x, & -\pi \leqslant x < 0 \\ c_3\cos 2x + c_4\sin 2x + \sin x, & 0 \leqslant x \leqslant \pi \end{cases}$$

由初始条件，在 $[0,\pi]$ 上求得 $c_3 = 1$，$c_4 = -\dfrac{1}{2}$，即

$$y = \cos 2x - \frac{1}{2}\sin 2x + \sin x, \quad 0 \leqslant x \leqslant \pi$$

由上式可知，当 $x=0$ 时，$y=1$，$y'=0$．利用这个条件及所求解在 $x=0$ 处的连续性与可导性，可确定 $c_1 = 1, c_2 = \dfrac{1}{2}$，得 $y = \cos 2x + \dfrac{1}{2}\sin 2x - \sin x$，$-\pi \leqslant x < 0$．因此原方程在 $[-\pi, \pi]$ 上满足初始条件的解为

$$y = \begin{cases} \cos 2x + \dfrac{1}{2}\sin 2x - \sin x, & -\pi \leqslant x < 0 \\[3mm] \cos 2x - \dfrac{1}{2}\sin 2x + \sin x, & 0 \leqslant x \leqslant \pi \end{cases}$$

3．可化为常系数线性微分方程举例

（1）欧拉方程．

例 7-24　求微分方程 $\begin{cases} x^2 y'' - xy' + y = x\ln x \\ y|_{x=1} = 1, \ y'|_{x=1} = 1 \end{cases}$ 的特解．

解：作变换 $x = \mathrm{e}^t$ 或 $t = \ln x$，因 $\dfrac{\mathrm{d}y}{\mathrm{d}x} = \dfrac{\mathrm{d}y}{\mathrm{d}t}\dfrac{\mathrm{d}t}{\mathrm{d}x} = \dfrac{1}{x}\dfrac{\mathrm{d}y}{\mathrm{d}t}$，

$$\frac{\mathrm{d}^2 y}{\mathrm{d}x^2} = \frac{\mathrm{d}}{\mathrm{d}x}\left(\frac{1}{x}\frac{\mathrm{d}y}{\mathrm{d}t}\right) = \frac{1}{x^2}\left(\frac{\mathrm{d}^2 y}{\mathrm{d}t^2} - \frac{\mathrm{d}y}{\mathrm{d}t}\right)$$

于是原方程转化为 $y''(t) - 2y'(t) + y = t\mathrm{e}^t$．解此方程，特征方程为 $r^2 - 2r + 1 = 0$，$r_1 = r_2 = 1$，设 $y^* = (b_0 t + b_1)t^2 \mathrm{e}^t$，代入上述方程待定系数得 $b_0 = \dfrac{1}{6}$，$b_1 = 0$．于是此方程的特解为 $y^* = \dfrac{1}{6}t^3 \mathrm{e}^t$，其通解为

$$y = (c_1 + c_2 t)\mathrm{e}^t + \frac{1}{6}t^3 \mathrm{e}^t$$

将变换 $x = \mathrm{e}^t$ 或 $t = \ln x$ 代入，即得原方程的通解为

$$y = (c_1 + c_2 \ln x)x + \frac{1}{6}x\ln^3 x$$

由初始条件得 $c_1 = 1$，$c_2 = 0$，故所求特解为

$$y = x + \frac{1}{6}x\ln^3 x$$

例 7-25　设 $(1+x)y = \displaystyle\int_0^x [2y + (1+x)^2 y'']\mathrm{d}x - \ln(1+x)$，$x \geqslant 0$，且 $y'(0) = 0$，求方程所确定的函数 y．

解：将等式两端对 x 求导化简可得

$$\begin{cases} (1+x)^2 y'' - (1+x)y' + y = \dfrac{1}{1+x} \\ y(0) = 0, \quad y'(0) = 0 \end{cases}$$

令 $1+x=\mathrm{e}^t$ ，即 $t=\ln(1+x)$ ，则方程可转化为

$$y''-2y'+y=\mathrm{e}^{-t}$$

相应齐次微分方程的通解为 $Y_1=(c_1+c_2t)\mathrm{e}^t$ ，非齐次微分方程的特解为 $y^*=\dfrac{1}{4}\mathrm{e}^{-t}$ ，故原方程的通解为

$$y=[c_1+c_2\ln(1+x)](1+x)+\frac{1}{4(1+x)}$$

由初始条件 $y(0)=y'(0)=0$ ，可得 $c_1=-\dfrac{1}{4}$ ， $c_2=\dfrac{1}{2}$ ，于是原方程所确定的函数为

$$y=\left[-\frac{1}{4}+\frac{1}{2}\ln(1+x)\right](1+x)+\frac{1}{4(1+x)}$$

（2）其他类型方程举例.

例 7-26 求微分方程 $\cos^4 x\dfrac{\mathrm{d}^2y}{\mathrm{d}x^2}+2\cos^2 x(1-\sin x\cos x)\dfrac{\mathrm{d}y}{\mathrm{d}x}+y=\tan x$ 的通解.

解：令 $t=\tan x$ ，有

$$\frac{\mathrm{d}y}{\mathrm{d}x}=\frac{\mathrm{d}y}{\mathrm{d}t}\frac{\mathrm{d}t}{\mathrm{d}x}=\frac{1}{\cos^2 x}\frac{\mathrm{d}y}{\mathrm{d}t}$$

$$\frac{\mathrm{d}^2y}{\mathrm{d}x^2}=\frac{\mathrm{d}}{\mathrm{d}x}\left(\frac{1}{\cos^2 x}\frac{\mathrm{d}y}{\mathrm{d}t}\right)=\frac{2\sin x}{\cos^3 x}\frac{\mathrm{d}y}{\mathrm{d}t}+\frac{1}{\cos^4 x}\frac{\mathrm{d}^2y}{\mathrm{d}t^2}$$

代入原方程得 $y''(t)+2y'(t)+y=t$ ，其特征方程为 $r^2+2r+1=0$ ， $r_1=r_2=-1$.

设特解 $y^*=b_0t+b_1$ ，代入上述微分方程得 $b_0=1$ ， $b_1=-2$ ，故方程的通解为

$$y=(c_1+c_2t)\mathrm{e}^{-t}+t-2$$

原方程通解为

$$y=(c_1+c_2\tan x)\mathrm{e}^{-\tan x}+\tan x-2$$

例 7-27 求 $u=f(r)$ ，使满足条件 $\dfrac{\partial^2 u}{\partial x^2}+\dfrac{\partial^2 u}{\partial y^2}=0$ ，其中 $r=\sqrt{x^2+y^2}$.

解：由于

$$\frac{\partial u}{\partial x}=f'(r)\frac{x}{r}，\quad \frac{\partial^2 u}{\partial x^2}=f''(r)\left(\frac{x}{r}\right)^2+f'(r)\frac{r^2-x^2}{r^3}$$

同理可得

$$\frac{\partial^2 u}{\partial y^2}=f''(r)\frac{y^2}{r^2}+f'(r)\frac{r^2-y^2}{r^3}$$

将二阶偏导数代入原方程可得以 r 为自变量的二阶线性方程

$$f''(r)+\frac{1}{r}f'(r)=0$$

用降阶法解得通解为 $f(r)=c_1\ln r+c_2$ ，将 $r=\sqrt{x^2+y^2}$ 代入即得 $u=c_1\ln\sqrt{x^2+y^2}+c_2$.

例 7-28 设 $\varphi(x) = e^x - \int_0^x (x-u)\varphi(u)du$，$\varphi(x)$ 为连续函数，求 $\varphi(x)$.

解：

$$\varphi(x) = e^x - x\int_0^x \varphi(u)du + \int_0^x u\varphi(u)du$$

两端求导得

$$\varphi'(x) = e^x - \int_0^x \varphi(u)du - x\varphi(x) + x\varphi(x) = e^x - \int_0^x \varphi(u)du$$

再次求导得 $\varphi''(x) = e^x - \varphi(x)$，于是有

$$\begin{cases} \varphi''(x) + \varphi(x) = e^x \\ \varphi(0) = 1, \ \varphi'(0) = 1 \end{cases}$$

解之，特征方程为 $r^2 + 1 = 0$，$r_1, r_2 = \pm i$，设特解 $\varphi^* = Ae^x$，代入上述微分方程可得 $A = \dfrac{1}{2}$，其通解为 $\varphi(x) = (c_1\cos x + c_2\sin x) + \dfrac{1}{2}e^x$，由初始条件得 $c_1 = c_2 = \dfrac{1}{2}$，从而原方程的特解为

$$\varphi(x) = \frac{1}{2}(\cos x + \sin x + e^x).$$

例 7-29 利用置换式 $\begin{cases} x = \tan t \\ y = \dfrac{u(t)}{\cos t} \end{cases}$，$|t| < \dfrac{\pi}{2}$，求微分方程 $(1+x^2)^2 \dfrac{d^2 y}{dx^2} = y$ 且 $y(0) = 0$，$y'(0) = 1$ 的解.

解： 将微分方程通过置换式变为以 t 为自变量的 u 的微分方程，由

$$\frac{dy}{dx} = \frac{y'_t}{x'_t} = u'\cos t + u\sin t, \qquad \frac{d^2 y}{dx^2} = \frac{(y'_x)'_t}{x'_t} = (u'' + u)\cos^3 t$$

于是原方程转化为

$$(1 + \tan)^2 (u'' + u)\cos^3 t = \frac{u(t)}{\cos t}$$

化简后及由初始条件得

$$u''(t) = 0, \quad u(0) = 0, \ u'(0) = 1$$

解得其特解 $u = t$，代入置换式得

$$\begin{cases} x = \tan t \\ y = \dfrac{t}{\cos t}, \end{cases} \quad |t| < \frac{\pi}{2}$$

原方程的特解为 $y = \sqrt{1+x^2}\arctan x$.

例 7-30 设 $f(x)$ 具有二阶连续导数，$f(0) = 0$，$f'(0) = 1$，且 $[xy(x+y) - f(x)y]dx + [f'(x) + x^2 y]dy = 0$ 为全微分方程，求 $f(x)$ 及此全微分方程的通解.

解： $P = x^2 y + xy^2 - f(x)y$，$Q = f'(x) + x^2 y$，由全微分方程可知 $\dfrac{\partial P}{\partial y} = \dfrac{\partial Q}{\partial x}$，得

$$x^2 + 2xy - f(x) = f''(x) + 2xy$$

即得方程

$$\begin{cases} f''(x) + f(x) = x^2 \\ f(0) = 0, f'(0) = 1 \end{cases} \tag{7.1}$$

相应齐次微分方程的特征方程为 $r^2 + 1 = 0$ ， $r_1 = i$, $r_2 = -i$ ，相应齐次微分方程的通解为 $c_1 \cos x + c_2 \sin x$.

设非齐次微分方程的特解 $f^*(x) = b_0 x^2 + b_1 x + b_2$ ，代入式（7.1）得 $b_0 = 1$, $b_1 = 0$, $b_2 = -2$ ，于是 $f^* = x^2 - 2$ ，式（7.1）通解为 $f(x) = c_1 \cos x + c_2 \sin x + x^2 - 2$ ，由初始条件得 $c_1 = 2, c_2 = 1$ ，从而 $f(x) = 2\cos x + \sin x + x^2 - 2$. 原全微分方程为

$$[xy^2 - (2\cos x + \sin x)y + 2y]dx + (-2\sin x + \cos x + 2x + x^2 y)dy = 0$$

其通解为

$$\int_0^x o\,dx + \int_0^y (-2\sin x + \cos x + 2x + x^2 y)dy = c$$

即 $-2y\sin x + y\cos x + 2xy + \dfrac{x^2 y^2}{2} = c$.

4．常系数线性微分方程组

常系数线性微分方程组的有效解法之一是消元法，其步骤为先消去方程组一些未知函数及其各阶导数，得到只含有一个未知函数的高阶常系数线性微分方程；再把已求得的函数代入原方程组，求出其余的未知函数.

例 7-31 求解下列方程组.

$$(1) \begin{cases} \dfrac{dy}{dx} = -2z \\ \dfrac{dz}{dx} = -2y \end{cases}; \qquad (2) \begin{cases} \dfrac{dy}{dx} = -z + \cos x \\ \dfrac{dz}{dx} = y + x^3 \\ y(0) = \dfrac{1}{2}, \ z(0) = 0 \end{cases}.$$

解：（1）对第一个方程微分，再代入第二个方程得 $\dfrac{d^2 y}{dx^2} - 4y = 0$ ，解得 $y = c_1 e^{2x} + c_2 e^{-2x}$ ，于是

$$z = -\frac{1}{2}y_x' = -\frac{1}{2}(2c_1 e^{2x} - 2c_2 e^{-2x}) = -c_1 e^{2x} + c_2 e^{-2x}$$

（2）对第一个方程微分，将第二个方程代入得 $y'' + y = -x^3 - \sin x$ ，由方程组的初始条件可得 $y(0) = \dfrac{1}{2}$, $y'(0) = 1$ ，从而得

$$\begin{cases} y'' + y = -x^3 - \sin x \\ y(0) = \dfrac{1}{2}, y'(0) = 1 \end{cases}$$

解得通解为 $y = c_1 \cos x + c_2 \sin x + 6x - x^3 + \dfrac{1}{2}x\cos x$ ，由初始条件 $c_1 = \dfrac{1}{2}$, $c_2 = -\dfrac{11}{2}$ ，于是

$$y = \frac{1}{2}\cos x - \frac{11}{2}\sin x + 6x - x^3 + \frac{x}{2}\cos x$$

代入方程组可得 $z = \cos x - y'$，于是

$$z = 6\cos x + \frac{1}{2}\sin x - 6 + 3x^2 + \frac{1}{2}x\sin x$$

例 7-32 求方程组

$$\begin{cases} \dfrac{dx}{dt} + y - 2x = 6e^{-t} & (7.2) \\[3mm] \dfrac{d^2x}{dt^2} + \dfrac{d^2y}{dt^2} - 2\dfrac{dx}{dt} = 0 & (7.3) \end{cases}$$

的通解.

解：式（7.2）两端对 t 求二次导数，得

$$\frac{d^3x}{dt^3} + \frac{d^2y}{dt^2} - 2\frac{d^2x}{dt^2} = 6e^{-t} \qquad (7.4)$$

式（7.4）减去式（7.3）得

$$\frac{d^3x}{dt^3} - 3\frac{d^2x}{dt^2} + 2\frac{dx}{dt} = 6e^{-t} \qquad (7.5)$$

式（7.5）的特征方程 $r^3 - 3r^2 + 2r = 0$ 的根为 $r_1 = 0$，$r_2 = 1$，$r_3 = 2$，故式（7.5）对应的齐次微分方程的通解为

$$x = c_1 + c_2 e^t + c_3 e^{2t}$$

设式（7.5）的特解 $x^* = be^{-t}$，将它代入式（7.5）得 $b = -1$，故式（7.5）的通解为 $x = c_1 + c_2 e^t + c_3 e^{2t} - e^{-t}$，代入式（7.2）得 $y = 2c_1 + c_2 e^t + 3e^{-t}$，于是方程组的通解为

$$\begin{cases} x = c_1 + c_2 e^t + c_3 e^{2t} - e^{-t} \\ y = 2c_1 + c_2 e^t + 3e^{-t} \end{cases}$$

5. 常数变易法

对于二阶非齐次线性微分方程 $y'' + p(x)y' + q(x)y = f(x)$，当已知相应齐次线性微分方程 $y'' + p(x)y' + q(x)y = 0$ 的两个线性无关的解 y_1 及 y_2（或者在已知相应齐次线性微分方程通解 $c_1 y_1 + c_2 y_2$）时，该非齐次线性微分方程的通解为

$$y = c_1(x)y_1 + c_2(x)y_2$$

其中，$c_1(x)$ 和 $c_2(x)$ 满足方程组

$$\begin{cases} c_1'(x)y_1 + c_2'(x)y_2 = 0 \\ c_1'(x)y_1' + c_2'(x)y_2' = f(x) \end{cases}$$

解此方程组并积分得

$$c_1(x) = -\int \frac{y_2 f(x)dx}{w(y_1, y_2)}, \quad c_2(x) = \int \frac{y_1 f(x)dx}{w(y_1, y_2)}$$

其中，

$$w(y_1, y_2) = \begin{vmatrix} y_1(x) & y_2(x) \\ y_1'(x) & y_2'(x) \end{vmatrix}$$

于是得通解为

$$y = -y_1 \int \frac{y_2 f(x) \mathrm{d}x}{w(y_1, y_2)} + y_2 \int \frac{y_1 f(x) \mathrm{d}x}{w(y_1, y_2)}$$

例 7-33 求微分方程 $y'' + y = \dfrac{1}{\cos x}$ 的通解.

解：特征方程为 $r^2 + 1 = 0$，r_1，$r_2 = \pm i$，通解为 $c_1 \cos x + c_2 \sin x$，利用常数变易法，设非齐次微分方程的通解为 $y = c_1(x) \cos x + c_2(x) \sin x$，由方程组

$$\begin{cases} c_1'(x) \cos x + c_2'(x) \sin x = 0 \\ -c_1'(x) \sin x + c_2'(x) \cos x = \dfrac{1}{\cos x} \end{cases}$$

得

$$c_1'(x) = -\frac{\sin x}{\cos x}, \quad c_2'(x) = 1$$

故

$$c_1(x) = -\int \frac{\sin x}{\cos x} \mathrm{d}x = \ln|\cos x| + c_1, \quad c_2(x) = \int \mathrm{d}x = x + c_2$$

从而得出原方程通解为 $y = (\ln|\cos x| + c_1) \cos x + (x + c_2) \sin x$.

7.2.4 微分方程的应用

例 7-34 求能够使一切平行光线聚集一点的镜面方程.

解：这个镜面是一个旋转曲面，其转轴与平行光线平行，设转轴为 Ox 轴，坐标原点 O 选在平行光线经镜面反射后的聚集点上，设旋转曲线方程为 $y = f(x)$，$M(x, y)$ 是曲线上任一点，用 KM 表示在点 M 的平行光线，OM 表示在点 M 的反射光线，曲线在点 M 的切线和法线分别是 $T_1 T$ 和 $M N$. 由于 $\triangle OMT$ 是等腰三角形，$|OM| = |OT|$，而 $|OM| = \sqrt{x^2 + y^2}$，过 M 点的切线方程为 $Y - y = y'(X - x)$. 令 $Y = 0$，得 $X = x - \dfrac{y}{y'}$，于是 $|OT| = |X| = -x + \dfrac{y}{y'}$，从而得到微分方程

$$\sqrt{x^2 + y^2} = -x + \frac{y}{y'}$$

作变换 $x = ty$，则 $\mathrm{d}x = t\mathrm{d}y + y\mathrm{d}t$，于是上述方程转化为

$$\sqrt{1 + t^2}\,\mathrm{d}y - y\mathrm{d}t = 0$$

分离变量得

$$\frac{\mathrm{d}y}{y} = \frac{\mathrm{d}t}{\sqrt{1 + t^2}}$$

两端积分得 $\ln y = \ln(t + \sqrt{1+t^2}) + \ln c$，即 $y = c(t + \sqrt{1+t^2})$．

代回原来的变量得 $x + \sqrt{x^2 + y^2} = \dfrac{y^2}{c}$，化简后为 $y^2 = 2c\left(x + \dfrac{c}{2}\right)$，这是抛物线，因此镜面是一个旋转抛物面．

例 7-35 设 $y = f(x)$ $(x \geqslant 0)$ 连续可微，且 $f(0) = 1$．已知曲线 $y = f(x)$ 及 x 轴、过点 $(0, x)$ 与 x 轴垂线所围成图形的面积值与曲线 $y = f(x)$ 在 $[0, x]$ 上的一段弧长值相等，求 $f(x)$．

解： 由题意可知 $\displaystyle\int_0^x f(t)\mathrm{d}t = \int_0^x \sqrt{1 + f'^2(t)}\,\mathrm{d}t$，两端求导得 $f(x) = \sqrt{1 + f'^2(x)}$，由初始条件 $f(0) = 1$，得

$$\begin{cases} y' = \pm\sqrt{y^2 - 1} \\ y(0) = 1 \end{cases}$$

解得通解为 $y + \sqrt{y^2 - 1} = c\mathrm{e}^{\pm x}$，由初始条件得 $c = 1$，故所求函数为 $f(x) = \dfrac{1}{2}(\mathrm{e}^x + \mathrm{e}^{-x})$．

例 7-36 试求一曲线，已知其曲率 $k = \dfrac{1}{2y^2\cos\theta}$，$\theta$ 为切线倾角，且已知曲线在点 $(1,1)$ 处的切线与 Ox 轴平行．

解： 设曲线方程为 $y = f(x)$，因为

$$k = \frac{y''}{(1 + y'^2)^{\frac{3}{2}}} = \frac{1}{2y^2\cos\theta} = \frac{\sqrt{1 + y'^2}}{2y^2}$$

故得微分方程

$$\begin{cases} \dfrac{y''}{(1 + y'^2)^{\frac{3}{2}}} = \dfrac{\sqrt{1 + y'^2}}{2y^2} \\ y(1) = 1, \; y'(1) = 0 \end{cases}$$

令 $y' = p$，则 $y'' = p\dfrac{\mathrm{d}p}{\mathrm{d}y}$，原方程变为

$$\frac{2p\mathrm{d}p}{(1 + p^2)^2} = \frac{\mathrm{d}y}{y^2}$$

积分得 $-\dfrac{1}{1 + p^2} = -\dfrac{1}{y} + c$．由初始条件可知，当 $y = 1$ 时 $p = 0$，从而 $c = 0$，得 $\dfrac{1}{1 + p^2} = \dfrac{1}{y}$ 或 $(y')^2 = y - 1$，分离变量后积分得 $4(y - 1) = (x + c_1)^2$．又因 $y(1) = 1$，得 $c_1 = -1$，故所求曲线方程为 $y = \dfrac{1}{4}(x - 1)^2 + 1$．

例 7-37 长 6m 的链条在桌面上无摩擦地向下滑动，假定在运动起始时，链条在桌面上垂下部分已有一半，试问需要多长时间链条全部滑过桌面．

解： 设时刻 t 链条垂下 Sm，链条线密度为 μ，则

$$6\mu\frac{\mathrm{d}^2 s}{\mathrm{d}t^2} = \mu s g$$

且 $s(0) = 3$，$s'(0) = 0$，解上述方程得

$$S = c_1 e^{\sqrt{\frac{g}{6}}t} + c_2 e^{-\sqrt{\frac{g}{6}}t}$$

由初始条件得 $c_1 = c_2 = \dfrac{3}{2}$，于是 $S = \dfrac{3}{2}(e^{\sqrt{\frac{g}{6}}t} + e^{-\sqrt{\frac{g}{6}}t})$．

当 $S = 6$ 时，有 $\qquad 6 = \dfrac{3}{2}(e^{\sqrt{\frac{g}{6}}t} + e^{-\sqrt{\frac{g}{6}}t})$

解得 $t = \sqrt{\dfrac{6}{g}}\ln(2 + \sqrt{3})$．

例 7-38 在上半平面求一条凹的曲线，其上任一点 $p(x, y)$ 处的曲率等于此曲线在该点的法线段 pQ 长度的倒数（Q 是法线与 x 轴的交点），且曲线在点 $(1,1)$ 处的切线与 x 轴平行．

解： 设曲线方程 $y = y(x)$ 在点 $p(x, y)$ 处的法线方程为 $Y - y = -\dfrac{1}{y'}(X - x),\ y' \neq 0$．它与 x 轴的交点是 $(x + yy', 0)$，从而该点到 x 轴之间的法线段 pQ 的长度为

$$\sqrt{(yy')^2 + y^2} = y(1 + y'^2)^{\frac{1}{2}}$$

（$y' = 0$ 也满足上式），由题意可得微分方程

$$\frac{y''}{(1 + y'^2)^{\frac{3}{2}}} = \frac{1}{y(1 + y'^2)^{\frac{1}{2}}}$$

化简得

$$\begin{cases} yy'' = 1 + y'^2 \\ y|_{x=1} = 1,\ y'|_{x=1} = 0 \end{cases}$$

令 $y' = p$，$y'' = p\dfrac{\mathrm{d}p}{\mathrm{d}y}$，从而方程转化为

$$yp\frac{\mathrm{d}p}{\mathrm{d}y} = 1 + p^2 \quad \text{或} \quad \frac{p}{1 + p^2}\mathrm{d}p = \frac{1}{y}\mathrm{d}y$$

得 $\qquad \dfrac{1}{2}\ln(1 + p^2) = \ln y + \ln c$，$cy = \sqrt{1 + p^2}$

注意当 $y = 1$ 时，$p = 0$，得 $c = 1$，故 $y = \sqrt{1 + p^2}$，代入 $p = \dfrac{\mathrm{d}y}{\mathrm{d}x}$，$\dfrac{\mathrm{d}y}{\sqrt{y^2 - 1}} = \pm\mathrm{d}x$，积分得

$\ln\left(y + \sqrt{y^2 - 1}\right) = \pm(x - 1)$，因此所求曲线方程为 $y + \sqrt{y^2 - 1} = e^{\pm(x-1)}$，即 $y = \dfrac{1}{2}(e^{x-1} + e^{1-x})$．

例 7-39 设曲线 L 位于 xOy 平面的第一象限内，L 上任一点 M 处的切线与 y 轴总相交，交点记为 A，已知 $|MA| = |OA|$ 且 L 过点 $\left(\dfrac{3}{2}, \dfrac{3}{2}\right)$，求 L 的方程．

解： 设 M 的坐标为 (x, y)，则切线 MA 的方程为 $Y - y = y'(X - x)$．令 $X = 0$，则 $Y = y - xy'$，

故点 A 的坐标为 $(0, y - xy')$. 由条件 $|MA| = |OA|$，有

$$|y - xy'| = \sqrt{(x-0)^2 + (y - y + xy')^2}$$

化简得

$$2yy' - \frac{1}{x}y^2 = -x$$

令 $z = y^2$，得

$$z' - \frac{1}{x}z = -x$$

$$z = e^{\int \frac{1}{x}dx}\left[c - \int xe^{-\int \frac{1}{x}dx}dx\right]$$

即 $y^2 = x(c - x)$. 由于曲线在第一象限，故

$$y = \sqrt{x(c-x)}$$

由初始条件 $y\left(\frac{3}{2}\right) = \frac{3}{2}$，代入通解中得 $c = 3$，于是曲线方程为 $y = \sqrt{3x - x^2}$ $(0 < x < 3)$.

例 7-40 一个半球体状的雪堆，其体积融化的速率与半球面积 S 成正比，比例常数 $k > 0$，假设在融化过程中雪堆始终保持半球体状，已知半径为 r_0 的雪堆在开始融化的 3 小时内融化了其体积的 $\frac{7}{8}$，问雪堆全部融化需要多少小时？

解： 设雪堆在时刻 t 的体积 $v = \frac{2}{3}\pi r^3$，侧面积 $S = 2\pi r^2$，由题设知

$$\frac{dv}{dt} = 2\pi r^2 \frac{dr}{dt} = -kS = -2k\pi r^2$$

于是 $\frac{dr}{dt} = -k$，积分得

$$r = -kt + C$$

由 $r|_{t=0} = r_0$，故 $r = r_0 - kt$，又由 $v|_{t=3} = \frac{v}{8}\Big|_{t=0}$，即

$$\frac{2}{3}\pi(r_0 - 3k)^3 = \frac{1}{8}\frac{2}{3}\pi r_0^3$$

于是 $k = \frac{1}{6}r_0$，从而 $r = r_0 - \frac{1}{6}r_0 t$. 因雪堆全部融化时 $r = 0$，故得 $t = 6$，即雪堆全部融化需 6 小时.

例 7-41 设 $y = f(x)$ 是第一象限内连接点 $A(0,1)$，$B(1,0)$ 的一段连续曲线，$M(x, y)$ 为该曲线上任意一点，点 C 为 M 在 x 轴上的投影，O 为坐标原点，若梯形 $OCMA$ 的面积与曲边三角形 CBM 的面积和为 $\frac{x^3}{6} + \frac{1}{3}$，求 $f(x)$ 的表达式.

解： 由题意知

$$\frac{x}{2}[1 + f(x)] + \int_x^1 f(t)dt = \frac{x^3}{6} + \frac{1}{3}$$

两端求导得

$$\frac{1}{2}[1+f(x)]+\frac{1}{2}xf'(x)-f(x)=\frac{x^2}{2}$$

当 $x \neq 0$ 时，

$$f'(x)-\frac{1}{x}f(x)=\frac{x^2-1}{x}$$

故

$$f(x)=\mathrm{e}^{\int\frac{1}{x}\mathrm{d}x}\left(c+\int\frac{x^2-1}{x}\mathrm{e}^{\int-\frac{1}{2}\mathrm{d}x}\mathrm{d}x\right)=x^2+1+cx$$

当 $x=0$ 时，$f(0)=1$；

当 $x=1$ 时，$f(1)=0$，从而 $c=-2$．

所以

$$f(x)=x^2-2x+1=(x-1)^2$$

例 7-42 设幂级数 $\sum\limits_{n=0}^{\infty}a_nx^n$ 在 $(+\infty,-\infty)$ 内收敛，其和函数 $y(x)$ 满足 $y''-2xy'-4y=0$，$y(0)=0$，$y'(0)=1$．

（1）证明 $a_{n+2}=\dfrac{2}{n+1}a_n$，$n=1,2,\cdots$；

（2）求 $y(x)$ 的表达式．

解：（1）对 $y=\sum\limits_{n=0}^{\infty}a_nx^n$ 分别求一、二阶导数，得

$$y'=\sum_{n=1}^{\infty}na_nx^{n-1}\ ,\qquad y''=\sum_{n=2}^{\infty}n(n-1)a_nx^{n-2}$$

代入 $y''-2xy'-4y=0$ 并整理得

$$\sum_{n=0}^{\infty}(n+1)(n+2)a_{n+2}x^n-\sum_{n=1}^{\infty}2na_nx^n-\sum_{n=0}^{\infty}4a_nx^n=0$$

$$\begin{cases}2a_2-4a_0=0\\(n+1)(n+2)a_{n+2}-2(n+2)a_n=0\ ,\quad n=1,2,\cdots\end{cases}$$

从而

$$a_{n+2}=\frac{2}{n+1}a_n\ ,\quad n=1,2,\cdots$$

（2）因为 $y(0)=a_0=0$，$y'(0)=a_1=1$，$a_{2n}=0$，$n=1,2,\cdots$，

$$a_{2n+1}=\frac{2}{2n}a_{2n-1}=\cdots=\frac{2^n}{2n(2n-2)\cdots4\cdot2}=\frac{1}{n!}\ ,\quad n=1,2,\cdots$$

从而

$$y=\sum_{n=0}^{\infty}a_nx^n=\sum_{n=0}^{\infty}a_{2n+1}x^{2n+1}=\sum_{n=0}^{\infty}\frac{x^{2n+1}}{n!}=x\sum_{n=0}^{\infty}\frac{(x^2)^n}{n!}=x\mathrm{e}^{x^2}\ ,\quad x\in(+\infty,-\infty)$$

7.3 习题

1. 选择题.

（1）设 a,b,A,B 为常数，微分方程 $y''+4y=x+\cos 2x$ 的特解可设为（   ）.

  （A）$ax+b+x(A\cos 2x+B\sin 2x)$ （B）$x(ax+b+A\cos 2x+B\sin 2x)$

  （C）$ax+b+xA\cos 2x$ （D）$ax+b+A\sin 2x$

（2）微分方程 $y''-2y'-3y=\mathrm{e}^{3x}(\mathrm{e}^{-4x}+1)$ 有特解形式（A,B 为待定常数）（   ）.

  （A）$y^*=x\mathrm{e}^{-x}(B\mathrm{e}^{4x}+A)$ （B）$y^*=\mathrm{e}^{-x}(B\mathrm{e}^{4x}+Ax)$

  （C）$y^*=\mathrm{e}^{3x}(B\mathrm{e}^{-4x}+A)$ （D）$y^*=\mathrm{e}^{3x}(B\mathrm{e}^{-4x}+Ax)$

（3）设 $y=\mathrm{e}^{-x}(x+1)$ 是线性微分方程 $y''+ay'+by=c(x+1)\mathrm{e}^{x}$ 的解，则（   ）.

  （A）$a=-2,b=1,c=0$ （B）$a=-2,b=1,c=1$

  （C）$a=2,b=1,c=0$ （D）$a=2,b=1,c=-1$

（4）设 $y=y(x)$ 是方程 $y''-y=\mathrm{e}^{x}+4\cos x$ 的解，且其在点 $(0,1)$ 处与抛物线 $y=x^2-x+1$ 相切，则 $y=$（   ）.

  （A）$\dfrac{9}{4}\mathrm{e}^{x}-\dfrac{3}{4}\mathrm{e}^{-x}+\dfrac{1}{2}x^2\mathrm{e}^{x}+2\sin x$ （B）$\dfrac{9}{4}\mathrm{e}^{x}+\dfrac{3}{4}\mathrm{e}^{-x}+\dfrac{1}{2}x\mathrm{e}^{x}-2\cos x$

  （C）$\dfrac{3}{4}\mathrm{e}^{x}-\dfrac{9}{4}\mathrm{e}^{-x}+\dfrac{1}{2}x^2\mathrm{e}^{x}+2\sin x$ （D）$\dfrac{3}{4}\mathrm{e}^{x}+\dfrac{9}{4}\mathrm{e}^{-x}+\dfrac{1}{2}x\mathrm{e}^{x}-2\cos x$

（5）设函数 $p(x),q(x),f(x)$ 均连续，$y_1(x),y_2(x),y_3(x)$ 是线性微分方程 $y''+p(x)y'+q(x)y=f(x)$ 的三个线性无关解，C_1 与 C_2 是两个任意常数，则该方程的通解是（   ）.

  （A）$(C_1+C_2)y_1+(C_1-C_2)y_2-(C_1+C_2)y_3$

  （B）$(C_1-C_2)y_1+(C_2-C_1)y_2+(C_1-C_2)y_3$

  （C）$(C_1+C_2)y_1+(1-C_1)y_2+(1-C_2)y_3$

  （D）$(C_1-C_2)y_1+(1-C_1)y_2+C_2y_3$

（6）设 a,b,A,B 为常数，微分方程 $y''-2y'=x\mathrm{e}^{2x}+3x+1$ 的特解形式为（   ）.

  （A）$(ax+b)\mathrm{e}^{2x}+Ax+B$ （B）$(ax^2+bx)\mathrm{e}^{2x}+Ax+B$

  （C）$(ax+b)\mathrm{e}^{2x}+Ax^2+Bx$ （D）$(ax^2+bx)\mathrm{e}^{2x}+Ax^2+Bx$

（7）设 $y=2\cos x+\mathrm{e}^{x}(x+2)$ 是三阶常系数非齐次线性微分方程 $y'''+py''+qy'+ry=f(x)$ 的特解，则该微分方程（   ）.

  （A）$y'''+y''+y'+y=2\mathrm{e}^{x}$ （B）$y'''-y''+2y'-3y=2\mathrm{e}^{x}$

  （C）$y'''-y''+y'-y=\mathrm{e}^{x}$ （D）$y'''-y''+y'-y=2\mathrm{e}^{x}$

（8）设 $\varphi(x)$ 在 $[0,+\infty)$ 上连续，且 $\lim\limits_{x\to+\infty}\varphi(x)=1$，线性微分方程 $y'+y=\varphi(x)$ 在 $[0,+\infty)$ 上的任一个解为 $y(x)$，则 $\lim\limits_{x\to+\infty}y(x)=$（   ）.

  （A）1   （B）0   （C）e   （D）-1

（9）微分方程 $x\mathrm{d}y=\left(y-\sqrt{x^2+y^2}\right)\mathrm{d}x(x>0)$ 满足 $y(1)=0$ 的特解是（   ）.

  （A）$\sqrt{x^2+y^2}+y=x$ （B）$\sqrt{x^2+y^2}+y=1$

（C）$\sqrt{x^2+y^2}-y=x$ \qquad\qquad （D）$\sqrt{x^2+y^2}-y=1$

（10）设 $f(x), f'(x)$ 为已知的连续函数，则方程 $y'+f'(x)y=f(x)f'(x)$ 的通解为（　　）.

（A）$y=f(x)+Ce^{-f(x)}$ \qquad\qquad （B）$y=f(x)+1+Ce^{-f(x)}$

（C）$y=f(x)-C+Ce^{-f(x)}$ \qquad\qquad （D）$y=f(x)-1+Ce^{-f(x)}$

2．求下列方程的通解.

（1）$ydx+\sqrt{x^2+1}dy=0$ ； \qquad\qquad （2）$(xy^2+x)dx+(y-x^2y)dy=0$.

3．一曲线称为一曲线族的正交曲线，如果该曲线和曲线族每条曲线相交时总是正交的，求下列曲线族的正交曲线族.

（1）$y^2=2cx$ ； \qquad\qquad （2）$x^2+y^2=2cx$.

4．求下列方程的解.

（1）$(4y+3x)\dfrac{dy}{dx}+y-2x=0$ ； \qquad\qquad （2）$\dfrac{dy}{dx}=\dfrac{y-x+1}{y-x+5}$.

5．求下列方程的解.

（1）$x\dfrac{dy}{dx}+y-e^x=0$, $y(1)=e$ ； \qquad\qquad （2）$(x\cos y+\sin 2y)y'=1$, $y(0)=0$.

6．求下列方程的解.

（1）$(3x^2+6xy^2)dx+(6x^2y+4y^2)dy=0$ ；

（2）$[\cos(x+y^2)+3y]dx+[2y\cos(x+y^2)+3x]dy=0$ ；

（3）$(y+x^4)dx-xdy=0$ ；

（4）$2x^2dy-(2xy^2dy-y^3dx)=0$.

7．求微分方程 $x\dfrac{dy}{dx}=x-y$ 满足条件 $y|_{x=\sqrt{2}}=0$ 的解.

8．求微分方程 $y'+\dfrac{1}{x}y=\dfrac{1}{x(x^4+1)}$ 的通解.

9．求微分方程 $xy'+(1-x)y=e^{2x}(0<x<+\infty)$ 满足 $y(1)=0$ 的解.

10．求微分方程 $x\ln xdy+(y-\ln x)dx=0$ 满足条件 $y|_{x=e}=1$ 的特解.

11．求微分方程 $y'+y\cos x=(\ln x)e^{-\sin x}$ 的通解.

12．求微分方程 $xy'+y=xe^x$ 满足 $y(1)=1$ 的特解.

13．求微分方程 $xy\dfrac{dy}{dx}=x^2+y^2$ 满足条件 $y|_{x=e}=2e$ 的特解.

14．求连续函数 $f(x)$ ，使它满足 $f(x)+2\displaystyle\int_0^x f(t)dt=x^2$.

15．求连续函数 $f(x)$ ，使它满足 $\displaystyle\int_0^1 f(tx)dt=f(x)+x\sin x$.

16．求微分方程 $x^2y'+xy=y^2$ 满足初始条件 $y|_{x=1}=1$ 的特解.

17．求微分方程 $(x^2-1)dy+(2xy-\cos x)dx=0$ 满足初始条件 $y|_{x=0}=1$ 的特解.

18．假设：（1）函数 $y=f(x)$ （$0\leqslant x<+\infty$）满足条件 $f(0)=0$ 和 $0\leqslant f(x)\leqslant e^x-1$；

（2）平行于 y 轴的直线 MN 与曲线 $y=f(x)$ 和 $y=e^x-1$ 分别交于点 P_1 和 P_2；

（3）曲线 $y = f(x)$、直线 MN 与 x 轴所围封闭图形的面积 S 恒等于线段 P_1P_2 的长度，求 $y = f(x)$ 的表达式.

19．设函数 $f(x)$ 在 $[0, +\infty)$ 上连续，且满足方程

$$f(t) = \mathrm{e}^{4\pi t^2} + \iint\limits_{x^2 + y^2 \leqslant 4t^2} f\left(\frac{1}{2}\sqrt{x^2 + y^2}\right)\mathrm{d}x\mathrm{d}y$$

求 $f(t)$.

20．求微分方程 $(3x^2 + 2xy - y^2)\mathrm{d}x + (x^2 - 2xy)\mathrm{d}y = 0$ 的通解.

21．设曲线 L 的极坐标方程为 $r = r(\theta)$，$M(r, \theta)$ 为 L 上任一点，$M_0(2, 0)$ 为 L 上一定点，若极径 OM_0，OM 与曲线 L 所围曲边扇形的面积等于 L 上 M_0，M 两点间弧长值的一半，求曲线 L 的方程.

22．求一曲线，使其在任一点处的曲率为常数 $\dfrac{1}{a}$.

23．求下列方程的解.
（1）$2y'' + y' - 6y = 0$；
（2）$\begin{cases} y'' - 4y' + 13y = 0 \\ y(0) = 0, \ y'(0) = 1 \end{cases}$；
（3）$y''' - y'' - y' + y = 0$；
（4）$y''' - 4y'' + y' + 6y = 0$；
（5）$2y'' + y' + (2\sin^2 15° \cos^2 15°)y = 0$；
（6）$y'' - 2y' + (1 - a^2)y = 0$，$a > 0$.

24．求下列方程的通解.
（1）$y'' + y = (x - 2)\mathrm{e}^{3x}$；
（2）$y'' - 3y' + 2y = \sin x + x^3$；
（3）$y'' + 4y = \sin 2x$；
（4）$y'' + y' + y = 3x^2$；
（5）$y'' + \dfrac{1}{4}y = 6\sin\dfrac{x}{2}$，$y(0) = 0, \ y'(0) = 5$；
（6）$y'' - 4y = \mathrm{e}^{2x}\cos x$.

25．求下列微分方程的解.
（1）$y'' + 2y' + y = x\mathrm{e}^x$；
（2）$y'' + 5y' + 6y = 2\mathrm{e}^{-x}$；
（3）$y'' + 4y' + 4y = \mathrm{e}^{-2x}$；
（4）$y'' + 4y' + 4y = \mathrm{e}^{ax}$；
（5）$y'' + y = x + \cos x$；
（6）$y'' + a^2 y = \sin x$，$a > 0$；
（7）$y'' + y = -2x$；
（8）$y''' + 6y'' + (9 + a^2)y' = 1$，$a > 0$.

26．设 $f(x)=\sin x-\int_0^x (x-t)f(t)\mathrm{d}t$，其中 f 为连续函数，求 $f(x)$．

27．已知某商品的需求量 x 对价格 p 的弹性为 $\eta=-3p^3$，而市场对该商品的最大需求量为 1（万件），求需求函数（经济学应用题）．

28．设函数 $y=y(x)$ 满足微分方程 $y''-3y'+2y=2\mathrm{e}^x$，且其图形在点 $(0,1)$ 处的切线与曲线 $y=x^2-x+1$ 在该点的切线重合，求 $y(x)$．

29．设二阶常系数线性微分方程 $y''+\alpha y'+\beta y=r\mathrm{e}^x$ 的一个特解为 $y=\mathrm{e}^{2x}+(1+x)\mathrm{e}^x$，试确定常数 α,β,r，并求该方程的通解．

30．设函数 $f(u)$ 有二阶连续导数，而 $z=f(\mathrm{e}^x\sin y)$ 满足方程 $\dfrac{\partial^2 z}{\partial x^2}+\dfrac{\partial^2 z}{\partial y^2}=\mathrm{e}^{2x}z$，求 $f(u)$．

31．设单位质点在水平面内做直线运动，初始速度为 $v|_{t=0}=v_0$．已知阻力与速度成正比（比例常数为 1），问 t 为多少时质点的速度为 $\dfrac{v_0}{3}$？并求此时刻质点所经过的路程．

32．设函数 $y=y(x)$ 满足条件 $y''+4y'+4y=0,\ y(0)=1,\ y'(0)=-4$，求广义积分 $\int_0^{+\infty}y(x)\mathrm{d}x$．

33．设对任意 $x>0$，曲线 $y=f(x)$ 上点 $(x,f(x))$ 处的切线在 y 轴上的截距等于 $\dfrac{1}{x}\int_0^x f(t)\mathrm{d}t$，求 $f(x)$ 的一般表达式．

34．求方程 $y''+y=\tan x$ 的解．

35．设 $f(x)$ 在 $(0,+\infty)$ 上有二阶导数，$f(1)=0,\ f'(1)=1$．若 $z=f(\sqrt{x^2+y^2})$ 满足方程 $\dfrac{\partial^2 z}{\partial x^2}+\dfrac{\partial^2 z}{\partial y^2}=0$，求 $f(x)$．

36．已知 $|x|<1$ 时，微分方程 $xy''+y'=\dfrac{1}{1-x}$ 有满足 $y(0)=0,\ y'(0)=1$ 的幂级数 $y=\sum_{n=0}^{\infty}a_n x^n$ 形式的解，求 y．

37．（1）验证函数 $y(x)=1+\dfrac{x^3}{3!}+\dfrac{x^6}{6!}+\dfrac{x^9}{9!}+\cdots+\dfrac{x^{3n}}{(3n)!}+\cdots$（$-\infty<x<+\infty$），满足微分方程 $y''+y'+y=\mathrm{e}^x$；（2）利用（1）的结果求幂级数 $\sum_{n=0}^{\infty}\dfrac{x^{3n}}{(3n)!}$ 的和函数．

38．设对半空间 $x>0$ 内任意光滑有向封闭曲面 S，都有 $\oiint\limits_{S} xf(x)\mathrm{d}y\mathrm{d}z-xyf(x)\mathrm{d}z\mathrm{d}x-\mathrm{e}^{2x}z\mathrm{d}x\mathrm{d}y=0$，其中，函数 $f(x)$ 在 $(0,+\infty)$ 上有连续的一阶导数，且 $\lim\limits_{x\to0^+}f(x)=1$，求 $f(x)$．

39．求全微分方程 $\dfrac{-y\mathrm{d}x+x\mathrm{d}y}{x^2+y^2}+x\mathrm{d}x+y\mathrm{d}y=0$ 在半平面 $x>y$ 上的通解．

40．求全微分方程 $\left(\dfrac{\mathrm{d}x+\mathrm{d}y}{(x+y+1)\sqrt{x+y}}\right)+2xy\mathrm{d}x+x^2\mathrm{d}y=0$ 的通解．

41．一质量为 m 的物体，在黏性液体中由静止自由下落，假设液体阻力与运动速度成正比，试求物体运动的规律．

42. 一质点的加速度为 $a = 5\cos 2t - 9S$．

（1）若该质点在原点处由静止出发，求其运动方程及此质点离原点所达到的最大距离；

（2）若该质点由原点出发，其速度为 $v = 6$，求其运动方程．

43. 求曲线族，使它在 Ox 轴上点 $(a,0)$，$(x,0)$ 与曲线上的点 $A(a, f(a))$，$B(x, f(x))$ 之间的曲边梯形的面积和弧长呈比例．

44. 设 L 是一个平面曲线，其上任意一点 $P(x,y)$（$x > 0$）到坐标原点的距离恒等于该点处的切线在 y 轴上的截距，且 L 经过点 $\left(\dfrac{1}{2}, 0\right)$，试求曲线 L 的方程．

45. 设函数 $f(x), g(x)$ 满足 $f'(x) = g(x)$，$g'(x) = 2e^x - f(x)$，且 $f(0) = 0$，$g(0) = 2$，求 $\displaystyle\int_0^\pi \left[\dfrac{g(x)}{1+x} - \dfrac{f(x)}{(1+x)^2}\right] \mathrm{d}x$．

46. 求下列微分方程组的通解．

（1） $\begin{cases} \dfrac{\mathrm{d}x}{\mathrm{d}t} = -2y \\ \dfrac{\mathrm{d}y}{\mathrm{d}t} = -2x \end{cases}$；　　　　（2） $\begin{cases} \dfrac{\mathrm{d}x}{\mathrm{d}t} = x + y \\ \dfrac{\mathrm{d}y}{\mathrm{d}t} = x - y \end{cases}$．

习 题 解 析

1. 选择题.

（1）答案（C）．（2）答案（D）．（3）答案（C）．（4）答案（D）.（5）答案（C）.
（6）答案（D）.（7）答案（A）.（8）答案（D）.（9）答案（D）.（10）答案（D）.
（11）答案（B）.（12）答案（C）.（13）答案（B）.（14）答案（B）.

2. 设 $\Phi(x) = \begin{cases} 0, x \leqslant 0 \\ x, x > 0 \end{cases}$，$\psi(x) = \begin{cases} 0, & x \leqslant 0 \\ -x^2, & x > 0 \end{cases}$，求 $\Phi(\Phi(x)), \Phi(\psi(x)), \psi(\psi(x)), \psi(\Phi(x))$.

解：$\Phi(\Phi(x)) = \begin{cases} 0, & \Phi(x) \leqslant 0 \\ \Phi(x), & \Phi(x) > 0 \end{cases} = \begin{cases} 0, x \leqslant 0 \bigcap x \leqslant 0 \\ x, x > 0 \bigcap x > 0 \end{cases} = \begin{cases} 0, & x \leqslant 0 \\ x, & x > 0 \end{cases} = \Phi(x)$

$$\Phi(\psi(x)) = \begin{cases} 0, & \psi(x) \leqslant 0 \\ \psi(x), & \psi(x) > 0 \end{cases} = \begin{cases} 0, & \psi(x) \leqslant 0 \bigcap x \leqslant 0 \\ 0, & \psi(x) \leqslant 0 \bigcap x > 0 \\ \psi(x), & \psi(x) > 0 \bigcap x \leqslant 0 \\ \psi(x), & \psi(x) > 0 \bigcap x > 0 \end{cases} = 0, \quad \forall x$$

$$\psi(\psi(x)) = \begin{cases} 0, & \psi(x) \leqslant 0 \\ -\psi^2(x), & \psi(x) > 0 \end{cases} = \begin{cases} 0, & x \leqslant 0 \\ 0, & x > 0 \end{cases} = 0$$

$$\psi(\Phi(x)) = \begin{cases} 0, & \Phi(x) \leqslant 0 \\ -\Phi^2(x), & \Phi(x) > 0 \end{cases} = \begin{cases} 0, & x \leqslant 0 \\ -x^2, & x > 0 \end{cases} = \psi(x)$$

3. 设 $f(x) = \dfrac{x}{x-1}$，求 $f(f(f(x)))$ 和 $f\left(\dfrac{1}{f(x)}\right)$，$x \neq 0, x \neq 1$.

解：$f(f(x)) = \dfrac{f(x)}{f(x) - 1} = \dfrac{\dfrac{x}{x-1}}{\dfrac{x}{x-1} - 1} = x$

所以

$$f(f(f(x))) = \frac{x}{x-1} = f(x)$$

$$f\left(\frac{1}{f(x)}\right) = \frac{\dfrac{1}{f(x)}}{\dfrac{1}{f(x)} - 1} = \frac{1}{1 - f(x)} = \frac{1}{1 - \dfrac{x}{x-1}} = 1 - x$$

4. 设 $f(x)$ 的定义域和值域均为 $[0, +\infty)$，令 $f_0(x) = f(x)$，$f_n(x) = f(f_{n-1}(x))$，$n = 1, 2, \cdots$，若 $f_{n+1} = f_n^2$，求 $f_n(x)$.

解：由 $f_0(x) = f(x), f_n(x) = f(f_{n-1}(x))$ 及 $f_{n+1} = f_n^2 \Rightarrow f(f(x)) = f^2(x) \Rightarrow f(u) = u^2$.

令 $f(x)=u$ ，则 $f(u)=u^2 \Rightarrow f(x)=x^2 \Rightarrow f_1(x)=x^{2^2} \Rightarrow f_2(x)=f_1^2(x)=x^{2^3} \Rightarrow \cdots \Rightarrow f_n(x)=x^{2^{n+1}}$ ，然后可用数字归纳法证之（略）．

5. 若 $f(\sqrt[3]{x}-1)=x-1$ ，求 $f(x)$ ．

解：设 $t=\sqrt[3]{x}-1 \Rightarrow x=(t+1)^3$ ，则

$$f(\sqrt[3]{x}-1)=f(t)=(t+1)^3-1=t^3+3t^2+3t$$

所以 $f(x)=x^3+3x^2+3x$ ．

6. 设 $af(x)+bf\left(\dfrac{1}{x}\right)=\dfrac{c}{x}$ ， $a^2 \neq b^2$ ，求 $f(x)$ ．

解：将 $af(x)+bf\left(\dfrac{1}{x}\right)=\dfrac{c}{x}$ 中的 x 换成 $\dfrac{1}{x}$ 得

$$af\left(\frac{1}{x}\right)+bf(x)=cx, \quad af(x)+bf\left(\frac{1}{x}\right)=\frac{c}{x}$$

联立解得 $f(x)=\dfrac{c(a-bx^2)}{(a^2-b^2)x}$ ．

7. 若 $f(x)=\dfrac{1}{1+x}$ ，且 $f(x_0)=17$ ，求 $f(f'(x_0))$ ．

解： $f(x_0)=17 \Rightarrow \dfrac{1}{1+x_0}=17 \Rightarrow x_0=-\dfrac{16}{17}$

$$f'(x)=\frac{-1}{(1+x)^2} \Rightarrow f'(x_0)=-289, \quad f(f'(x_0))=f(-289)=-\frac{1}{288}$$

8. 已知 $f(x)=\dfrac{1}{2}(x+|x|)$ ， $g(x)=\begin{cases} x, & x<0 \\ x^2, & x>0 \end{cases}$ ，求 $f(g(x))$ 及 $g(f(x))$ ．

解： $f(g(x))=\dfrac{1}{2}[g(x)+|g(x)|]=\begin{cases} 0, & x<0 \\ x^2, & x>0 \end{cases}$

$$g(f(x))=\begin{cases} f(x), & f(x)<0 \\ f^2(x), & f(x)>0 \end{cases}=x^2, \quad x>0$$

9. 设 $f(x^2-1)=\ln\dfrac{x^2}{x^2-2}$ ，且 $f(g(x))=\ln x$ ，求 $\int g(x)\mathrm{d}x$ ．

解：令 $u=x^2-1$ ，则

$$f(u)=\ln\frac{u+1}{u-1} \Rightarrow f(g(x))=\ln\frac{g(x)+1}{g(x)-1}=\ln x$$

所以 $\dfrac{g(x)+1}{g(x)-1}=x$ ，即 $g(x)=\dfrac{x+1}{x-1}$ ． 于是

$$\int g(x)\mathrm{d}x=\int\frac{x+1}{x-1}\mathrm{d}x=\int\left(1+\frac{2}{x-1}\right)\mathrm{d}x=x+2\ln|x-1|+c$$

10. 设 $f(x) = \begin{cases} 1, & |x| \leqslant 1 \\ 0, & |x| > 1 \end{cases}$，求 $f(f(x))$.

解：$f(f(x)) = \begin{cases} 1, & f(x) \leqslant 1 \\ 0, & |f(x)| > 1 \end{cases} = 1$.

11. 已知 $f(x) = \sin x$，$f(\varphi(x)) = 1 - x^2$，求 $\varphi(x)$ 及其定义域.

解：由 $f(x) = \sin x \Rightarrow f(\varphi(x)) = \sin \varphi(x) = 1 - x^2 \Rightarrow \varphi(x) = \arcsin(1 - x^2)$，则 $-\sqrt{2} \leqslant x \leqslant \sqrt{2}$.

12. 设 $f(x) = x^2 - \int_0^a f(x)\mathrm{d}x$，且 a 为不等于 -1 的常数，求 $f(x)$.

解：令 $\int_0^a f(x)\mathrm{d}x = c$，则 $f(x) = x^2 - c \Rightarrow$

$$c = \int_0^a (x^2 - c)\mathrm{d}x \Rightarrow c = \left(\frac{x^3}{3} - cx \right)\Big|_0^a = \frac{a^3}{3} - ca \Rightarrow c = \frac{\dfrac{a^3}{3}}{1+a} = \frac{a^3}{3(1+a)}$$

所以 $f(x) = x^2 - \dfrac{a^3}{3(1+a)}$.

13. 设 $f(x)$ 连续，且满足 $f(x) = 3x - \sqrt{1-x^2} \int_0^1 f^2(x)\mathrm{d}x$，求 $f(x)$.

解：令 $\int_0^1 f^2(x)\mathrm{d}x = c$，则

$$f(x) = 3x - c\sqrt{1-x^2} \Rightarrow$$

$$c = \int_0^1 (3x - c\sqrt{1-x^2})^2 \mathrm{d}x = \int_0^1 [9x^2 - 6cx\sqrt{1-x^2} + c^2(1-x^2)]\mathrm{d}x$$

$$= \left(3x^3 + 2c(1-x^2)^{\frac{3}{2}} + c^2 x - \frac{c^2}{3}x^3 \right)\Big|_0^1 = 3 + \frac{2}{3}c^2 - 2c \Rightarrow$$

$$2c^2 - 9c + 9 = 0 \Rightarrow c = 3 \text{ 和 } c = \frac{3}{2}$$

所以 $f(x) = 3x - 3\sqrt{1-x^2}$ 和 $f(x) = 3x - \dfrac{3}{2}\sqrt{1-x^2}$.

14. 设 $x_n = \left(\dfrac{n+1}{n+3} \right)^{n\left[1 + \ln\left(\lim\limits_{n\to\infty} x_n\right)\right]}$，求 $\lim\limits_{n\to\infty} x_n$.

解：令 $\lim\limits_{n\to\infty} x_n = A$，则 $x_n = \left(\dfrac{n+1}{n+3} \right)^{n(1+\ln A)} \Rightarrow$

$$A = \lim_{n\to\infty} \left(\frac{n+1}{n+3} \right)^{n(1+\ln A)} = \lim_{n\to\infty} \left[\left(1 - \frac{2}{n+3}\right)^{-\frac{n+3}{2}} \right]^{\frac{-2n(1+\ln A)}{n+3}} = \mathrm{e}^{-2(1+\ln A)}$$

即

$$A = \mathrm{e}^{-2} \cdot \mathrm{e}^{\ln A^{-2}} = \mathrm{e}^{-2} A^{-2} \Rightarrow A^3 = \mathrm{e}^{-2} \Rightarrow A = \mathrm{e}^{-\frac{2}{3}}$$

所以 $\lim\limits_{n\to\infty} x_n = e^{-\frac{2}{3}}$. 再用定义验证 $\lim\limits_{n\to\infty} x_n = e^{-\frac{2}{3}}$ 即可.

15. 设 $f(x) = x\sin\dfrac{1}{x} + x^2\left(1-\cos\dfrac{1}{x}\right)\lim\limits_{x\to\infty} f(x)$，求 $f(x)$.

解：令 $\lim\limits_{x\to\infty} f(x) = c$，则

$$f(x) = x\sin\frac{1}{x} + cx^2\left(1-\cos\frac{1}{x}\right) \Rightarrow$$

$$c = \lim_{x\to\infty}\left[x\sin\frac{1}{x} + cx^2\left(1-\cos\frac{1}{x}\right)\right] = \lim_{x\to\infty}\left[\frac{\sin\frac{1}{x}}{\frac{1}{x}} + \frac{c\left(1-\cos\frac{1}{x}\right)}{\frac{1}{x^2}}\right] = 1+\frac{c}{2}$$

所以 $c = 2$，故

$$f(x) = x\sin\frac{1}{x} + 2x^2\left(1-\cos\frac{1}{x}\right)$$

第 2 章　极限与连续习题解析

1. 选择题.

（1）答案（B）.（2）答案（C）.（3）答案（B）.（4）答案（C）.（5）答案（A）.
（6）答案（B）.（7）答案（D）.（8）答案（B）.（9）答案（B）.（10）答案（D）.
（11）答案（B）.（12）答案（A）.（13）答案（C）.（14）答案（B）.（15）答案（B）.
（16）答案（B）.

2. 求下列极限.

（1）$\lim\limits_{n\to\infty}\left(\dfrac{n-2}{n+1}\right)^n = \lim\limits_{n\to\infty}\left[\left(1+\dfrac{-3}{n+1}\right)^{\frac{n+1}{-3}}\right]^{\frac{-3n}{n+1}} = e^{-3}$

（2）$\lim\limits_{x\to0}\left(\dfrac{1}{x} - \dfrac{1}{e^x-1}\right) = \lim\limits_{x\to0}\dfrac{[e^x-1-x]'}{[x(e^x-1)]'} = \lim\limits_{x\to0}\dfrac{(e^x-1)'}{[e^x-1+xe^x]'}$

$$= \lim_{x\to0}\frac{e^x}{e^x+e^x+xe^x} = \frac{1}{2}$$

（3）$\lim\limits_{x\to0}\dfrac{\sqrt[3]{1-4x^2\sin x}-1}{x\ln(1+2x^2)}$

解：当 $x\to0$ 时，$\sqrt[3]{1-4x^2\sin x}-1 \sim \dfrac{1}{3}(-4x^2\sin x)$，$\ln(1+2x^2)\sim2x^2$，故

$$\lim_{x\to0}\frac{\sqrt[3]{1-4x^2\sin x}-1}{x\ln(1+2x^2)} = -\frac{2}{3}\lim_{x\to0}\frac{\sin x}{x} = -\frac{2}{3}$$

（4）$\lim\limits_{x\to0^+}\left(\dfrac{1}{\sqrt{x}}\right)^{\tan x} = \lim\limits_{x\to0^+}e^{\tan x\ln\frac{1}{\sqrt{x}}} = \lim\limits_{x\to0^+}e^{\frac{\left(\ln\frac{1}{\sqrt{x}}\right)'}{(\cot x)'}} = \lim\limits_{x\to0^+}e^{\frac{-\frac{1}{2x}}{\frac{-1}{\sin^2 x}}} = 1$

（5）$\lim\limits_{x\to 1}\dfrac{x^x-1}{x\ln x}=\lim\limits_{x\to 1}\dfrac{(e^{x\ln x}-1)'}{(x\ln x)'}=\lim\limits_{x\to 1}\dfrac{e^{x\ln x}(x\ln x)'}{(x\ln x)'}=1$

（6）$\lim\limits_{x\to 1}(1-x^2)\tan\dfrac{\pi x}{2}=\lim\limits_{x\to 1}\dfrac{(1-x^2)'}{\left(\cot\dfrac{\pi x}{2}\right)'}=\lim\limits_{x\to 1}\dfrac{-2x}{-\dfrac{\pi}{2}\cdot\dfrac{1}{\sin^2\dfrac{\pi x}{2}}}=\dfrac{4}{\pi}$

（7）$\lim\limits_{x\to\infty}\left(\dfrac{x+a}{x-a}\right)^x=\lim\limits_{x\to\infty}\left[\left(1+\dfrac{2a}{x-a}\right)^{\frac{x-a}{2a}}\right]^{\frac{2ax}{x-a}}=e^{2a},\quad a\neq 0$

解：当 $a=0$ 时，原式=1.

（8）$\lim\limits_{n\to\infty}\left(\sqrt{n+2\sqrt{n}}-\sqrt{n-\sqrt{n}}\right)=\lim\limits_{n\to\infty}\dfrac{3\sqrt{n}}{\sqrt{n+2\sqrt{n}}+\sqrt{n-\sqrt{n}}}=\dfrac{3}{2}$

（9）$\lim\limits_{x\to 0^+}(\cos\sqrt{x})^{\frac{\pi}{x}}=\lim\limits_{x\to 0^+}e^{\frac{\pi(\ln\cos\sqrt{x})'}{(x)'}}=\lim\limits_{x\to 0^+}e^{\frac{-\pi\sin\sqrt{x}}{2\sqrt{x}\cos\sqrt{x}}}=e^{-\frac{\pi}{2}}$

（10）$\lim\limits_{x\to 0^+}\dfrac{1-e^{\frac{1}{x}}}{x+e^{\frac{1}{x}}}=\lim\limits_{x\to 0^+}\dfrac{\left(1-e^{\frac{1}{x}}\right)'}{\left(x+e^{\frac{1}{x}}\right)'}=\lim\limits_{x\to 0^+}\dfrac{\dfrac{1}{x^2}e^{\frac{1}{x}}}{1-\dfrac{1}{x^2}e^{\frac{1}{x}}}=\lim\limits_{x\to 0^+}\dfrac{e^{\frac{1}{x}}}{x^2-e^{\frac{1}{x}}}=-1$

（11）$\lim\limits_{x\to 0}\dfrac{x-\sin x}{x^2(e^x-1)}$ （因 $e^x-1\sim x$）

$=\lim\limits_{x\to 0}\dfrac{(x-\sin x)'}{(x^3)'}=\lim\limits_{x\to 0}\dfrac{(1-\cos x)'}{(3x^2)'}=\lim\limits_{x\to 0}\dfrac{\sin x}{6x}=\dfrac{1}{6}$

（12）$\lim\limits_{x\to 0}\left(\dfrac{e^x+e^{2x}+\cdots+e^{nx}}{n}\right)^{\frac{1}{x}}=\lim\limits_{x\to 0}e^{\frac{\left[\ln\left(\frac{e^x+e^{2x}+\cdots+e^{nx}}{n}\right)\right]'}{(x)'}}$

$=\lim\limits_{x\to 0}e^{\frac{e^x+2e^{2x}+\cdots+ne^{nx}}{e^x+e^{2x}+\cdots+e^{nx}}}=e^{\frac{1+2+\cdots+n}{n}}=e^{\frac{n+1}{2}}$

（13）$\lim\limits_{x\to\infty}\left(x+\sqrt{1+x^2}\right)^{\frac{1}{x}}=\lim\limits_{x\to\infty}e^{\frac{\left[\ln(x+\sqrt{1+x^2})\right]'}{(x)'}}=\lim\limits_{x\to\infty}e^{\frac{1}{\sqrt{1+x^2}}}=1$

（14）$\lim\limits_{x\to 1}\left(\dfrac{x^2-1}{x-1}e^{\frac{1}{x-1}}\right)=\lim\limits_{x\to 1}\left[(x+1)e^{\frac{1}{x-1}}\right]=2\lim\limits_{x\to 1}e^{\frac{1}{x-1}}=\begin{cases}2\lim\limits_{x\to 1^-}e^{\frac{1}{x-1}}=0\\[2mm]2\lim\limits_{x\to 1^+}e^{\frac{1}{x-1}}=\infty\end{cases}$，极限不存在

（15）$\lim\limits_{x\to 0}\dfrac{e^x-\sin x-1}{1-\sqrt{1-x^2}}=\lim\limits_{x\to 0}\dfrac{(e^x-\sin x-1)'}{\left(1-\sqrt{1-x^2}\right)'}=\lim\limits_{x\to 0}\dfrac{e^x-\cos x}{\dfrac{x}{\sqrt{1-x^2}}}$

$=\lim\limits_{x\to 0}\dfrac{(e^x-\cos x)'}{(x)'}=\lim\limits_{x\to 0}(e^x+\sin x)=1$

（16）$\lim\limits_{x\to\infty}\left(\sin\dfrac{2}{x}+\cos\dfrac{1}{x}\right)^{x}$

$$=\lim_{x\to\infty}\left[\left(1+\sin\frac{2}{x}+\cos\frac{1}{x}-1\right)^{\frac{1}{\sin\frac{2}{x}+\cos\frac{1}{x}-1}}\right]^{x\left(\sin\frac{2}{x}+\cos\frac{1}{x}-1\right)}$$

$$=\lim_{x\to\infty}\left[\left(1+\sin\frac{2}{x}+\cos\frac{1}{x}-1\right)^{\frac{1}{\sin\frac{2}{x}+\cos\frac{1}{x}-1}}\right]^{\frac{2\sin\frac{2}{x}}{\frac{2}{x}}+\left(\cos\frac{1}{x}-1\right)x}=e^{2}$$

（17）$\lim\limits_{n\to\infty}\left(\dfrac{2n^{2}+4}{3n-1}\cdot\sin\dfrac{5}{n}\right)$

解： 因 $\sin\dfrac{5}{n}\sim\dfrac{5}{n}$，原式 $=\lim\limits_{n\to\infty}\left(\dfrac{2n^{2}+4}{3n-1}\cdot\dfrac{5}{n}\right)=\dfrac{10}{3}$.

（18）$\lim\limits_{x\to+\infty}\left(x\sqrt{1-\cos\dfrac{1}{x}\cos\dfrac{2}{x}}\right)$

$$=\lim_{x\to+\infty}\sqrt{x^{2}\left(1-\frac{1}{2}\cos\frac{3}{x}-\frac{1}{2}\cos\frac{1}{x}\right)}$$

$$=\lim_{x\to+\infty}\sqrt{x^{2}\left[\left(\frac{1}{2}-\frac{1}{2}\cos\frac{3}{x}\right)+\left(\frac{1}{2}-\frac{1}{2}\cos\frac{1}{x}\right)\right]}$$

$$=\lim_{x\to+\infty}\sqrt{x^{2}\left[\left(\sin^{2}\frac{3}{2x}+\sin^{2}\frac{1}{2x}\right)\right]}$$

$$=\lim_{x\to+\infty}\sqrt{\frac{\sin^{2}\dfrac{3}{2x}}{\dfrac{1}{x^{2}}}+\frac{\sin^{2}\dfrac{1}{2x}}{\dfrac{1}{x^{2}}}}$$

$$=\sqrt{\left(\frac{3}{2}\right)^{2}+\left(\frac{1}{2}\right)^{2}}=\frac{\sqrt{10}}{2}$$

（19）$\lim\limits_{x\to0}\dfrac{\tan(\tan x)-\sin(\sin x)}{\tan x-\sin x}$

解： 将 $\tan x,\tan(\tan x),\sin x,\sin(\sin x)$ 展成麦克劳林公式得

$$\sin x=x-\frac{x^{3}}{6}+o(x^{3}),\quad \sin(\sin x)=x-\frac{1}{3}x^{3}+o(x^{3})$$

$$\tan x=x+\frac{x^{3}}{3}+o(x^{3}),\quad \tan(\tan x)=x+\frac{2}{3}x^{3}+o(x^{3})$$

$$原式=\lim_{x\to0}\frac{\left[x+\dfrac{2}{3}x^{3}+o(x^{3})\right]-\left[x-\dfrac{x^{3}}{3}+o(x^{3})\right]}{\left[x+\dfrac{x^{3}}{3}+o(x^{3})\right]-\left[x-\dfrac{x^{3}}{6}+o(x^{3})\right]}=2$$

（20）$\lim\limits_{x\to0}\dfrac{3\sin x+x^{2}\cos\dfrac{1}{x}}{(1+\cos x)(e^{x}-1)}$（因 $e^{x}-1\sim x$）

$$= \lim_{x \to 0} \frac{3\sin x + x^2 \cos \dfrac{1}{x}}{2x} = \lim_{x \to 0} \left[\frac{3\sin x}{2x} + \frac{x}{2} \cos \frac{1}{x} \right] = \frac{3}{2}$$

（21）$\displaystyle \lim_{x \to \infty} x \left[\sin\ln\left(1 + \frac{3}{x}\right) - \sin\ln\left(1 + \frac{1}{x}\right) \right]$

$$= \lim_{x \to \infty} \left[2x \cos \frac{\ln\left(1 + \dfrac{3}{x}\right)\left(1 + \dfrac{1}{x}\right)}{2} \cdot \sin \frac{\ln \dfrac{x+3}{x+1}}{2} \right]$$

$$= \lim_{x \to \infty} 2x \sin \frac{\ln\left(1 + \dfrac{2}{x+1}\right)}{2} \left(因 \sin \frac{\ln\left(1 + \dfrac{2}{x+1}\right)}{2} \sim \frac{\ln\left(1 + \dfrac{2}{x+1}\right)}{2} \right)$$

$$= \lim_{x \to \infty} 2x \frac{\ln\left(1 + \dfrac{2}{x+1}\right)}{2} \left(因 \ln\left(1 + \frac{2}{x+1}\right) \sim \frac{2}{x+1} \right)$$

$$= \lim_{x \to \infty} \frac{2x}{x+1} = 2$$

（22）$\displaystyle \lim_{n \to \infty} \left(\frac{1}{n^2 + n + 1} + \frac{2}{n^2 + n + 2} + \cdots + \frac{n}{n^2 + n + n} \right)$

解： 因

$$\frac{1 + 2 + \cdots + n}{n^2 + n + n} \leqslant \frac{1}{n^2 + n + 1} + \frac{2}{n^2 + n + 2} + \cdots + \frac{n}{n^2 + n + n} \leqslant \frac{1 + 2 + \cdots + n}{n^2 + n + 1}$$

$$\frac{\dfrac{1}{2}n(n+1)}{n^2 + n + n} \leqslant \frac{1}{n^2 + n + 1} + \frac{2}{n^2 + n + 2} + \cdots + \frac{n}{n^2 + n + n} \leqslant \frac{\dfrac{1}{2}n(n+1)}{n^2 + n + 1}$$

而

$$\lim_{n \to \infty} \frac{\dfrac{1}{2}n(n+1)}{n^2 + n + n} = \lim_{n \to \infty} \frac{\dfrac{1}{2}n(n+1)}{n^2 + n + 1} = \frac{1}{2}$$

所以原式 $= \dfrac{1}{2}$.

（23）$\displaystyle \lim_{x \to 0^+} \frac{1 - \sqrt{\cos x}}{x(1 - \cos\sqrt{x})} = \lim_{x \to 0^+} \frac{(1 - \sqrt{\cos x})(1 + \sqrt{\cos x})}{x(1 - \cos\sqrt{x})(1 + \sqrt{\cos x})}$

$$= \lim_{x \to 0^+} \frac{1 - \cos x}{4x \sin^2 \dfrac{\sqrt{x}}{2}} = \lim_{x \to 0^+} \frac{2\sin^2 \dfrac{x}{2}}{4x \sin^2 \dfrac{\sqrt{x}}{2}}$$

$$= \lim_{x \to 0^+} \frac{\left(\dfrac{x}{2}\right)^2}{2x \left(\dfrac{\sqrt{x}}{2}\right)^2} = \frac{1}{2}$$

（24）$\lim\limits_{x \to -\infty} \dfrac{\sqrt{4x^2+x-1}+x+1}{\sqrt{x^2+\sin x}} = \lim\limits_{x \to -\infty} \dfrac{\dfrac{\sqrt{4x^2+x-1}+x+1}{-x}}{\dfrac{\sqrt{x^2+\sin x}}{-x}}$

$= \lim\limits_{x \to -\infty} \dfrac{\sqrt{4+\dfrac{x}{x^2}-\dfrac{1}{x^2}}-1-\dfrac{1}{x}}{\sqrt{1+\dfrac{\sin x}{x^2}}} = 1$

（25）$\lim\limits_{n \to \infty} \dfrac{1-\mathrm{e}^{-nx}}{1+\mathrm{e}^{-nx}}$

解：当 $x < 0$ 时，原式 $= \lim\limits_{n \to \infty} \dfrac{\mathrm{e}^{nx}-1}{\mathrm{e}^{nx}+1} = -1$；

当 $x = 0$ 时，原式 $=0$；

当 $x > 0$ 时，原式 $=1$．

（26）$\lim\limits_{x \to 0} \dfrac{4}{\pi^2 x^2}\left(\cos\dfrac{\pi}{2}x - \cos\pi x\right)$

$= \dfrac{4}{\pi^2} \lim\limits_{x \to 0} \dfrac{\left(\cos\dfrac{\pi}{2}x - \cos\pi x\right)'}{(x^2)'}$

$= \dfrac{4}{\pi^2} \lim\limits_{x \to 0} \dfrac{-\dfrac{\pi}{2}\sin\dfrac{\pi}{2}x + \pi\sin\pi x}{2x}$

$= \dfrac{2}{\pi^2} \lim\limits_{x \to 0} \dfrac{\left(-\dfrac{\pi}{2}\sin\dfrac{\pi}{2}x + \pi\sin\pi x\right)'}{(x)'}$

$= \dfrac{2}{\pi^2} \lim\limits_{x \to 0}\left[-\dfrac{\pi^2}{4}\cos\dfrac{\pi}{2}x + \pi^2\cos\pi x\right] = \dfrac{3}{2}$

（27）$\lim\limits_{x \to 0} \dfrac{(\mathrm{e}^{\sin 3x}-1)\ln(1+2x)}{(1-\mathrm{e}^{4x})\tan\dfrac{x}{2}}$

解：当 $x \to 0$ 时，$\mathrm{e}^{\sin 3x}-1 \sim \sin 3x \sim 3x$，$\ln(1+2x) \sim 2x$，$\tan\dfrac{x}{2} \sim \dfrac{x}{2}$，$\mathrm{e}^{4x}-1 \sim 4x$．

原式 $= \lim\limits_{x \to 0} \dfrac{3x \cdot 2x}{-4x \cdot \dfrac{x}{2}} = -3$

（28）$\lim\limits_{n \to \infty}\left(1+\dfrac{1}{n}+\dfrac{1}{n^2}\right)^n = \lim\limits_{n \to \infty}\left[\left(1+\dfrac{n+1}{n^2}\right)^{\frac{n^2}{n+1}}\right]^{\frac{n+1}{n}} = \mathrm{e}$

（29）$\lim\limits_{x \to 0^+}\left(\ln\dfrac{1}{x}\right)^x = \lim\limits_{x \to 0^+} \mathrm{e}^{x\ln\ln\frac{1}{x}} = \lim\limits_{x \to 0^+} \mathrm{e}^{\frac{\left(\ln\ln\frac{1}{x}\right)'}{\left(\frac{1}{x}\right)'}} = \lim\limits_{x \to 0^+} \mathrm{e}^{\frac{x}{\ln\frac{1}{x}}} = \mathrm{e}^0 = 1$

（30） $\lim\limits_{x\to+\infty}\left(\dfrac{\pi}{2}-\arctan x\right)^{\frac{1}{\ln x}}=\lim\limits_{x\to+\infty}e^{\frac{\left[\ln\left(\frac{\pi}{2}-\arctan x\right)\right]'}{[\ln x]'}}=\lim\limits_{x\to+\infty}e^{\frac{\frac{1}{\frac{\pi}{2}-\arctan x}\cdot\frac{-1}{1+x^2}}{\frac{1}{x}}}$

$=\lim\limits_{x\to+\infty}e^{\frac{\left(\frac{x}{1+x^2}\right)'}{\left(\arctan x-\frac{\pi}{2}\right)'}}=\lim\limits_{x\to+\infty}e^{\frac{\frac{1+x^2-2x^2}{(1+x^2)^2}}{\frac{1}{1+x^2}}}=\lim\limits_{x\to+\infty}e^{\frac{1-x^2}{1+x^2}}=e^{-1}$

（31） $\lim\limits_{x\to0}\dfrac{x^2\sin\dfrac{1}{x}}{\sin x}$ （因 $\sin x\sim x$ ）

$=\lim\limits_{x\to0}\dfrac{x^2\sin\dfrac{1}{x}}{x}=\lim\limits_{x\to0}x\sin\dfrac{1}{x}=0$

（32） $\lim\limits_{x\to\frac{\pi}{2}}\dfrac{1-\sin^{\alpha+\beta}x}{\sqrt{1-\sin^{\alpha}x}\cdot\sqrt{1-\sin^{\beta}x}}$ ， $\alpha,\beta>0$

解：设 $u=\sin x$ ，当 $x\to\dfrac{\pi}{2}$ 时， $u\to1$ ，则

原式 $=\sqrt{\lim\limits_{x\to\frac{\pi}{2}}\dfrac{[1-(\sin x)^{\alpha+\beta}]^2}{(1-\sin^{\alpha}x)(1-\sin^{\beta}x)}}=\sqrt{\lim\limits_{u\to1}\dfrac{(1-u^{\alpha+\beta})^2}{(1-u^{\alpha})(1-u^{\beta})}}$

$=\sqrt{\lim\limits_{u\to1}\dfrac{[1-2u^{\alpha+\beta}+u^{2(\alpha+\beta)}]'}{[1-u^{\alpha}-u^{\beta}+u^{\alpha+\beta}]'}}=\sqrt{\lim\limits_{u\to1}\dfrac{[2(\alpha+\beta)u^{2(\alpha+\beta)-1}-2(\alpha+\beta)u^{\alpha+\beta-1}]'}{[(\alpha+\beta)u^{\alpha+\beta}-\alpha u^{\alpha-1}-\beta u^{\beta-1}]'}}$

$=\sqrt{\lim\limits_{u\to1}\dfrac{2(\alpha+\beta)[2(\alpha+\beta)u^{2(\alpha+\beta)-2}-2(\alpha+\beta)[(\alpha+\beta)-1]u^{\alpha+\beta-2}}{(\alpha+\beta)[(\alpha+\beta)-1]u^{\alpha+\beta-2}-\alpha(\alpha-1)u^{\alpha-2}-\beta(\beta-1)u^{\beta-2}}}$

$=\dfrac{\alpha+\beta}{\sqrt{\alpha\beta}}$

（33） $\lim\limits_{x\to0}\dfrac{e^2-(1+x)^{\frac{2}{x}}}{x}=\lim\limits_{x\to0}\dfrac{\left[e^2-(1+x)^{\frac{2}{x}}\right]'}{(x)'}$

$=\lim\limits_{x\to0}\left\{-(1+x)^{\frac{2}{x}}\left[\dfrac{-2}{x^2}\ln(1+x)+\dfrac{2}{x(x+1)}\right]\right\}$

$=-2e^2\lim\limits_{x\to0}\dfrac{[x-(x+1)\ln(1+x)]'}{[x^2(x+1)]'}=-2e^2\lim\limits_{x\to0}\dfrac{1-1-\ln(1+x)}{3x^2+2x}$

$=-2e^2\lim\limits_{x\to0}\dfrac{[-\ln(1+x)]'}{[3x^2+2x]'}=2e^2\lim\limits_{x\to0}\dfrac{\dfrac{1}{1+x}}{6x+2}=e^2$

（34） $\lim\limits_{x\to0}\dfrac{x-\displaystyle\int_0^x\dfrac{\sin t}{t}dt}{x-\sin x}=\lim\limits_{x\to0}\dfrac{\left(x-\displaystyle\int_0^x\dfrac{\sin t}{t}dt\right)'}{(x-\sin x)'}$

$$= \lim_{x \to 0} \frac{\left[1 - \dfrac{\sin x}{x}\right]'}{(1 - \cos x)'} = \lim_{x \to 0} \frac{-\dfrac{x\cos x - \sin x}{x^2}}{\sin x} = \lim_{x \to 0} \frac{(\sin x - x\cos x)'}{(x^2 \sin x)'}$$

$$= \lim_{x \to 0} \frac{\cos x - \cos x + x\sin x}{2x\sin x + x^2 \cos x} = \lim_{x \to 0} \frac{1}{2 + \dfrac{x}{\sin x}\cos x} = \frac{1}{3}$$

（35）$\displaystyle \lim_{x \to 0^+} \left(\frac{\sin x}{x}\right)^{\frac{1}{1-\cos x}} = \lim_{x \to 0^+} e^{\frac{\left(\ln \frac{\sin x}{x}\right)'}{[1-\cos x]'}} = \lim_{x \to 0^+} e^{\frac{x\cos x - \sin x}{x\sin x} \cdot \frac{1}{\sin x}}$

$$= \lim_{x \to 0^+} e^{\frac{(x\cos x - \sin x)'}{(x\sin^2 x)'}} = \lim_{x \to 0^+} e^{\frac{\cos x - x\sin x - \cos x}{\sin^2 x + 2x\sin x\cos x}} = \lim_{x \to 0^+} e^{\frac{-x\sin x}{\sin^2 x + 2x\sin x\cos x}} = e^{-\frac{1}{3}}$$

（36）$\displaystyle \lim_{n \to \infty} \left[n^2 \left(\frac{1}{n^2 + 1^2} + \frac{1}{n^2 + 2^2} + \cdots + \frac{1}{n^2 + n^2} \right)^2 \right]$

$$= \lim_{n \to \infty} \left[n \left(\frac{1}{n^2 + 1^2} + \frac{1}{n^2 + 2^2} + \cdots + \frac{1}{n^2 + n^2} \right) \right]^2$$

$$= \lim_{n \to \infty} \left[\left(\frac{1}{1 + \left(\frac{1}{n}\right)^2} + \frac{1}{1 + \left(\frac{2}{n}\right)^2} + \cdots + \frac{1}{1 + \left(\frac{n}{2}\right)^2} \right) \frac{1}{n} \right]^2$$

$$= \left[\int_0^1 \frac{1}{1 + x^2} \, dx \right]^2 = \left[\arctan x \big|_0^1 \right]^2 = \left(\frac{\pi}{4} \right)^2 = \frac{\pi^2}{16}$$

（37）$\displaystyle \lim_{n \to \infty} \left[\frac{1}{\sqrt{n^2}} + \frac{1}{\sqrt{n(n+1)}} + \cdots + \frac{1}{\sqrt{n(2n-1)}} \right]$

$$= \lim_{n \to \infty} \left[\frac{1}{n} \left(1 + \frac{1}{\sqrt{1 + \frac{1}{n}}} + \cdots + \frac{1}{\sqrt{1 + \frac{n-1}{n}}} \right) \right]$$

$$= \int_0^1 \frac{1}{\sqrt{1+x}} \, dx = 2\sqrt{1+x} \big|_0^1 = 2\sqrt{2} - 2$$

（38）$\displaystyle \lim_{n \to \infty} \left(\frac{2^{\frac{1}{n}}}{n+1} + \frac{2^{\frac{2}{n}}}{n+\frac{1}{2}} + \cdots + \frac{2^{\frac{n}{n}}}{n+\frac{1}{n}} \right)$

解： $\displaystyle \frac{1}{n+1}\left(2^{\frac{1}{n}} + 2^{\frac{2}{n}} + \cdots + 2^{\frac{n}{n}} \right) \leqslant \left(\frac{2^{\frac{1}{n}}}{n+1} + \frac{2^{\frac{2}{n}}}{n+\frac{1}{2}} + \cdots + \frac{2^{\frac{n}{n}}}{n+\frac{1}{n}} \right)$

$$\leqslant \frac{1}{n}\left(2^{\frac{1}{n}} + 2^{\frac{2}{n}} + \cdots + 2^{\frac{n}{n}} \right)$$

而

$$\lim_{n \to \infty} \frac{1}{n+1}\left[2^{\frac{1}{n}} + 2^{\frac{2}{n}} + \cdots + 2^{\frac{n}{n}} \right] = \lim_{n \to \infty} \left\{ \frac{n}{n+1}\left[\frac{1}{n}\left(2^{\frac{1}{n}} + 2^{\frac{2}{n}} + \cdots + 2^{\frac{n}{n}} \right) \right] \right\}$$

$$= \lim_{n \to \infty} \left[\frac{1}{n} \left(2^{\frac{1}{n}} + 2^{\frac{2}{n}} + \cdots + 2^{\frac{n}{n}} \right) \right] = \int_0^1 2^x \mathrm{d}x = \frac{2^x}{\ln 2} \bigg|_0^1 = \frac{1}{\ln 2}$$

所以原式 $= \dfrac{1}{\ln 2}$.

（39）$\displaystyle\lim_{n \to \infty} \frac{(\sqrt{1} + \sqrt{2} + \cdots + \sqrt{n}) \left(1 + \frac{1}{\sqrt{2}} + \cdots + \frac{1}{\sqrt{n}} \right)}{(n+1)(n+2)}$

解：由定积分定义，

$$原式 = \lim_{n \to \infty} \frac{n^2}{(n+1)(n+2)} \cdot \lim_{n \to \infty} \frac{1}{n} \sum_{k=1}^n \sqrt{\frac{k}{n}} \cdot \lim_{n \to \infty} \frac{1}{n} \sum_{k=1}^n \frac{1}{\sqrt{\frac{k}{n}}} = \int_0^1 \sqrt{x} \mathrm{d}x \cdot \int_0^1 \frac{1}{\sqrt{x}} \mathrm{d}x = \frac{4}{3}$$

（40）$\displaystyle\lim_{x \to +\infty} \left[\sqrt[n]{(x+a_1)(x+a_2)\cdots(x+a_n)} - x \right]$

$$= \lim_{x \to +\infty} \frac{\left[\sqrt[n]{(x+a_1)(x+a_2)\cdots(x+a_n)} - x \right] \left[\left(\sqrt[n]{(x+a_1)\cdots(x+a_n)} \right)^{n-1} + \left(\sqrt[n]{(x+a_1)\cdots(x+a_2)} \right)^{n-2} x + \cdots + x^{n-1} \right]}{\left[\sqrt[n]{(x+a_1)(x+a_n)} \right]^{n-1} + \left[\sqrt[n]{(x+a_1)\cdots(x+a_n)} \right]^{n-2} x + \cdots + x^{n-1}}$$

$$= \lim_{x \to +\infty} \frac{(x+a_1)(x+a_2)\cdots(x+a_n) - x^n}{\left[(x+a_1)\cdots(x+a_n)\right]^{\frac{n-1}{n}} + \left[(x+a_1)\cdots(x+a_n)\right]^{\frac{n-2}{n}} x + \cdots + x^{n-1}}$$

$$= \lim_{x \to +\infty} \frac{(a_1 + a_2 + \cdots + a_n) x^{n-1} + \cdots + a_1 a_2 \cdots a_n}{x^{n-1} \left[\left(1 + \frac{a_1}{x} \right) \cdots \left(1 + \frac{a_n}{x} \right) \right]^{\frac{n-1}{n}} + \cdots + x^{n-1}}$$

$$= \frac{a_1 + a_2 + \cdots + a_n}{n}$$

（41）$\displaystyle\lim_{x \to 0} \left[\frac{2 + \mathrm{e}^{\frac{1}{x}}}{1 + \mathrm{e}^{\frac{4}{x}}} + \frac{\sin x}{|x|} \right]$

解：$\displaystyle\lim_{x \to 0^+} \left[\frac{2 + \mathrm{e}^{\frac{1}{x}}}{1 + \mathrm{e}^{\frac{4}{x}}} + \frac{\sin x}{|x|} \right] = 1$，$\displaystyle\lim_{x \to 0^-} \left[\frac{2 + \mathrm{e}^{\frac{1}{x}}}{1 + \mathrm{e}^{\frac{4}{x}}} + \frac{\sin x}{|x|} \right] = 1$，所以 $\displaystyle\lim_{x \to 0} \left[\frac{2 + \mathrm{e}^{\frac{1}{x}}}{1 + \mathrm{e}^{\frac{4}{x}}} + \frac{\sin x}{|x|} \right] = 1$.

（42）$\displaystyle\lim_{x \to 0} \frac{\left[\sin x - \sin(\sin x) \right] \sin x}{x^4}$

$$= \lim_{x \to 0} \frac{\sin x - \sin(\sin x)}{x^3} = \lim_{x \to 0} \frac{\cos x - \cos(\sin x) \cos x}{3x^2}$$

$$= \lim_{x \to 0} \frac{1 - \cos(\sin x)}{3x^2} = \lim_{x \to 0} \frac{\frac{1}{2} \sin^2 x}{3x^2} = \frac{1}{6}$$

（43）$\displaystyle\lim_{x \to 0} \left\{ \frac{1}{x^3} \left[\left(\frac{2 + \cos x}{3} \right)^x - 1 \right] \right\} = \lim_{x \to 0} \frac{\mathrm{e}^{x \ln \frac{2 + \cos x}{3}} - 1}{x^3} = \lim_{x \to 0} \frac{x \ln \frac{2 + \cos x}{3}}{x^3}$

$$= \lim_{x \to 0} \frac{\ln\left(1 + \dfrac{\cos x - 1}{3}\right)}{x^2} = \lim_{x \to 0} \frac{\dfrac{\cos x - 1}{3}}{x^2} = \lim_{x \to 0} \frac{-\dfrac{x^2}{2}}{3x^2} = -\frac{1}{6}$$

3. 设 $f(x)$ 连续，且 $f(0) \neq 0$，求 $\lim\limits_{x \to 0} \dfrac{\displaystyle\int_0^x (x-t)f(t)\mathrm{d}t}{x\displaystyle\int_0^x f(x-t)\mathrm{d}t}$.

解：设 $u = x - t$，则

$$\int_0^x f(x-t)\mathrm{d}t = \int_x^0 f(u)(-\mathrm{d}u) = \int_0^x f(t)\mathrm{d}t$$

$$\text{原式} = \lim_{x \to 0} \frac{x\displaystyle\int_0^x f(t)\mathrm{d}t - \int_0^x tf(t)\mathrm{d}t}{x\displaystyle\int_0^x f(t)\mathrm{d}t} = \lim_{x \to 0} \frac{\displaystyle\int_0^x f(t)\mathrm{d}t + xf(x) - xf(x)}{\displaystyle\int_0^x f(t)\mathrm{d}t + xf(x)}$$

$$= \lim_{x \to 0} \frac{\displaystyle\int_0^x f(t)\mathrm{d}t}{\displaystyle\int_0^x f(t)\mathrm{d}t + xf(x)} = \lim_{x \to 0} \frac{f(\xi)}{f(\xi) + f(x)} \quad （\xi\text{ 界于 }0\text{ 与 }x\text{ 之间}）$$

$$= \frac{f(0)}{f(0) + f(0)} = \frac{1}{2}$$

4. 设 $f(x,y) = \dfrac{y}{1+xy} - \dfrac{1 - y\sin\dfrac{\pi x}{y}}{\arctan x}$，$x > 0, y > 0$，求

(1) $g(x) = \lim\limits_{y \to +\infty} f(x,y)$；(2) $\lim\limits_{x \to 0^+} g(x)$.

解：(1) $g(x) = \lim\limits_{y \to +\infty} f(x,y) = \dfrac{1}{x} - \dfrac{1 - \pi x}{\arctan x}$

(2) $\lim\limits_{x \to 0^+} g(x) = \lim\limits_{x \to 0^+}\left(\dfrac{1}{x} - \dfrac{1 - \pi x}{\arctan x}\right) = \lim\limits_{x \to 0^+} \dfrac{\arctan x - x + \pi x^2}{x^2}$

$$= \lim_{x \to 0} \frac{\dfrac{1}{1+x^2} - 1 + 2\pi x}{2x} = \lim_{x \to 0} \frac{2\pi - x + 2\pi x^2}{2(1 + x^2)} = \pi$$

5. 设 $x_1 = \sqrt[3]{6}$，$x_{n+1} = \sqrt[3]{6 + x_n}$，求 $\lim\limits_{n \to \infty} x_n$.

解：由 $x_{n+1} = \sqrt[3]{6 + x_n}$，且 $x_1 = \sqrt[3]{6}$ 可知 $x_n > 0$，而

$$x_{n+1} - x_n = \sqrt[3]{6 + x_n} - \sqrt[3]{x_{n-1} + 6} = \frac{x_n - x_{n-1}}{(\sqrt[3]{6 + x_n})^2 + \sqrt[3]{6 + x_n} \cdot \sqrt[3]{6 + x_{n-1}} + (\sqrt[3]{x_{n-1} + 6})^2}$$

可知 $x_{n+1} - x_n$ 的符号与 $x_n - x_{n-1}$ 的符号相同，从而与 $x_2 - x_1$ 的符号相同，而

$$x_2 - x_1 = \sqrt[3]{6 + \sqrt[3]{6}} - \sqrt[3]{6} > 0 \Rightarrow x_{n+1} - x_n > 0 \Rightarrow x_n \uparrow$$

即数列 $\{x_n\}$ 是单调递增的.

当 $n = 1$ 时，$x_1 = \sqrt[3]{6}$，易见 $0 < x_1 \leqslant 2$. 假设当 $n = k$ 时，有 $0 < x_k \leqslant 2$，对 $n = k+1$ 时，有 $x_{k+1} = \sqrt[3]{x_k + 6} \Rightarrow 0 < \sqrt[3]{x_k + 6} \leqslant \sqrt[3]{2 + 6} = 2$，从而得 $0 < x_n \leqslant 2 \Rightarrow$ 数列 $\{x_n\}$ 有界，所以 $\lim\limits_{n \to \infty} x_n$ 存在，

设 $\lim\limits_{n\to\infty}x_n=A$ ，对 $x_{n+1}=\sqrt[3]{x_n+6}$ 两端同取极限，有 $A=\sqrt[3]{A+6}\Rightarrow A=2$ ，所以 $\lim\limits_{n\to\infty}x_n=2$.

6. 设 $x_1=\sqrt{a}$ ， $a>0$ ， $x_{n+1}=\sqrt{a+x_n}$ ，求 $\lim\limits_{n\to\infty}x_n$.

解：易见 $x_n>0$ ，又

$$x_{n+1}-x_n=\sqrt{a+x_n}-\sqrt{a+x_{n-1}}=\frac{x_n-x_{n-1}}{\sqrt{a+x_n}+\sqrt{a+x_{n-1}}}$$

则 $x_{n+1}-x_n$ 与 x_n-x_{n-1} 同号 $\Rightarrow x_{n+1}-x_n$ 与 x_2-x_1 同号.

又 $x_2-x_1=\sqrt{a+\sqrt{a}}-\sqrt{a}>0\Rightarrow x_{n+1}-x_n>0\Rightarrow x_n\uparrow$.

下面用数学归纳法证明 $0<x_n\leqslant\dfrac{1+\sqrt{1+4a}}{2}$.

当 $n=1$ 时， $x_1=\sqrt{a}\Rightarrow$ 易见 $0<x_1\leqslant\dfrac{1+\sqrt{1+4a}}{2}$.

假设 $n=k$ 时，有 $0<x_k\leqslant\dfrac{1+\sqrt{1+4a}}{2}$ ，当 $n=k+1$ ，则

$$x_{k+1}=\sqrt{a+x_k}\Rightarrow 0<x_{k+1}=\sqrt{a+x_k}\leqslant\sqrt{a+\frac{1+\sqrt{1+4a}}{2}}\Rightarrow$$

$$0<x_{k+1}\leqslant\sqrt{\frac{4a+2+2\sqrt{1+4a}}{4}}=\frac{1+\sqrt{1+4a}}{2}$$

从而有 $0<x_n\leqslant\dfrac{1+\sqrt{1+4a}}{2}$ ，即 x_n 有界，所以 $\lim\limits_{n\to\infty}x_n$ 存在.

设 $\lim\limits_{n\to\infty}x_n=A$ ，对 $x_{n+1}=\sqrt{a+x_n}$ 两端同取极限，得

$$A=\sqrt{A+a}\Rightarrow A=\frac{1\pm\sqrt{1+4a}}{2}\text{（舍去负值）}$$

所以 $\lim\limits_{n\to\infty}x_n=\dfrac{1+\sqrt{1+4a}}{2}$.

7. 设 $0<x_0<1$ ， $x_{n+1}=x_n(2-x_n)$ ，求 $\lim\limits_{n\to\infty}x_n$.

解：首先用数学归纳法证明 $0<x_n<1$.

已知 $0<x_0<1$ ，假设 $0<x_k<1$ ，对 $n=k+1$ 有 $x_{k+1}=x_k(2-x_k)=1-(1-x_k)^2\Rightarrow 0<1-(1-x_k)^2<1\Rightarrow 0<x_{k+1}<1\Rightarrow 0<x_n<1$ ，即 x_n 有界.

而 $\dfrac{x_{n+1}}{x_n}=\dfrac{x_n(2-x_n)}{x_n}=2-x_n>1\Rightarrow x_n\uparrow\Rightarrow\lim\limits_{n\to\infty}x_n$ 存在.

设 $\lim\limits_{n\to\infty}x_n=A$ ，对 $x_{n+1}=x_n(2-x_n)$ 两端取极限，得

$$A=A(2-A)\Rightarrow A=1\text{ 和 }A=0\text{（舍去）}$$

所以 $\lim\limits_{n\to\infty}x_n=1$.

8. 设 $x_1>0$ ， $x_{n+1}=\dfrac{3(1+x_n)}{3+x_n}$ ，求 $\lim\limits_{n\to\infty}x_n$.

解：分以下三种情况.

（1）若 $x_1 = \sqrt{3}$，用数学归纳法可证 $x_n = \sqrt{3}$，实际上，$x_1 = \sqrt{3}$. 假设 $x_k = \sqrt{3}$，则

$x_{k+1} = \dfrac{3(1+x_k)}{3+x_k} = \dfrac{3(1+\sqrt{3})}{3+\sqrt{3}} = \sqrt{3}$，从而有 $\lim\limits_{n\to\infty} x_n = \sqrt{3}$.

（2）若 $x_1 > \sqrt{3}$，用数学归纳法可证 $x_n > \sqrt{3}$，实际上，$x_1 > \sqrt{3}$. 假设 $n = k$ 时，有

$x_k > \sqrt{3} \Rightarrow (3-\sqrt{3})x_k > (3-\sqrt{3})\sqrt{3}$ （易见 $x_n > 0$）$\Rightarrow 3x_k - \sqrt{3}x_k > 3\sqrt{3} - 3 \Rightarrow 3 + 3x_k > 3\sqrt{3} + \sqrt{3}x_k \Rightarrow 3(1+x_k) > \sqrt{3}(3+x_k) \Rightarrow \dfrac{3(1+x_k)}{3+x_k} > \sqrt{3} \Rightarrow x_{k+1} = \dfrac{3(1+x_k)}{3+x_k} > \sqrt{3}$，从而有 $x_n > \sqrt{3}$.

又 $\dfrac{x_{n+1}}{x_n} = \dfrac{3(1+x_n)}{x_n(3+x_n)}$，由 $x_n > \sqrt{3} \Rightarrow x_n^2 > 3 \Rightarrow x_n^2 + 3x_n > 3 + 3x_n \Rightarrow \dfrac{3(1+x_n)}{x_n(x_n+3)} < 1 \Rightarrow \dfrac{x_{n+1}}{x_n} < 1$

$\Rightarrow x_n \downarrow$，且 $\sqrt{3} < x_n \leqslant x_1$，$x_n$ 有界，所以 $\lim\limits_{n\to\infty} x_n$ 存在，记为 $\lim\limits_{n\to\infty} x_n = A$，对 $x_{n+1} = \dfrac{3(1+x_n)}{3+x_n}$ 两端

取极限，得 $A = \dfrac{3(1+A)}{3+A} \Rightarrow A = \pm\sqrt{3}$（舍去负值），则 $\lim\limits_{n\to\infty} x_n = \sqrt{3}$.

（3）同理可证，当 $0 < x_1 < \sqrt{3}$ 时，$0 < x_n < \sqrt{3}$，且 $x_n \uparrow$，从而 $\lim\limits_{n\to\infty} x_n$ 存在，对 $x_{n+1} = \dfrac{3(1+x_n)}{3+x_n}$

两端取极限，得 $\lim\limits_{n\to\infty} x_n = \sqrt{3}$.

9．设 $a_1 = 1 + \sin(-1)$，$a_{n+1} = 1 + \sin(a_n - 1)$，求 $\lim\limits_{n\to\infty} a_n$.

解：易见 $0 \leqslant a_n \leqslant 2$，且 $a_{n+1} = 1 + \sin(a_n - 1) \leqslant 1 + (a_n - 1) = a_n \Rightarrow a_n \downarrow$，从而 $\lim\limits_{n\to\infty} a_n$ 存在令

$\lim\limits_{n\to\infty} a_n = A$，对 $a_{n+1} = a + \sin(a_n - 1)$ 两端取极限，得 $A = 1 + \sin(A-1) \Rightarrow A = 1$，所以 $\lim\limits_{n\to\infty} a_n = 1$.

10．设 $a_1 = \dfrac{1}{2}$，$a_{n+1} = \dfrac{1+a_n^2}{2}$，求 $\lim\limits_{n\to\infty} a_n$.

解：易见 $x_n > 0$，而 $a_{n+1} - a_n = \dfrac{1+a_n^2}{2} - \dfrac{1+a_{n-1}^2}{2} = \dfrac{a_n + a_{n-1}}{2} \cdot (a_n - a_{n-1})$，可知 $a_{n+1} - a_n$ 与 $a_n - a_{n-1}$

的符号相同. 又 $a_2 - a_1 = \dfrac{1+\left(\dfrac{1}{2}\right)^2}{2} - \dfrac{1}{2} = \dfrac{1}{8} > 0$，所以 $a_{n+1} - a_n > 0 \Rightarrow a_n \uparrow$.

再用数学归纳法证明 $0 < a_n < 1$，

当 $n = 1$ 时，由已知有 $0 < a_1 = \dfrac{1}{2} < 1$，假设当 $n = k$ 时，有 $0 < a_k < 1$；则当 $n = k+1$ 时，

$a_{k+1} = \dfrac{1+a_k^2}{2}$，有 $0 < \dfrac{1+a_k^2}{2} < \dfrac{1+1^2}{2} = 1 \Rightarrow 0 < a_{k+1} < 1$，从而 a_n 有界，所以 $\lim\limits_{n\to\infty} a_n$ 存在，记 $\lim\limits_{n\to\infty} a_n = A$，

对 $a_{n+1} = \dfrac{1+a_n^2}{2}$ 两端取极限，得 $A = \dfrac{1+A^2}{2} \Rightarrow A = 1$，所以 $\lim\limits_{n\to\infty} a_n = 1$.

11．设 $a_1 = 1$，$a_{n+1} = \sqrt{2a_n + 3}$，求 $\lim\limits_{n\to\infty} a_n$.

解：易见 $a_n > 0$，而

$$a_{n+1} - a_n = \sqrt{2a_n + 3} - \sqrt{2a_{n-1} + 3} = \dfrac{2(a_n - a_{n-1})}{\sqrt{2a_n + 3} + \sqrt{2a_{n-1} + 3}}$$

则 $a_{n+1}-a_n$ 与 a_n-a_{n-1} 的符号相同，而 $a_2-a_1=\sqrt{2+3}-1>0$，所以 $a_{n+1}-a_n>0\Rightarrow a_n\uparrow$. 再用数学归纳法证明 $a_n<3$，当 $n=1$ 时， $a_1=1<3$. 假设当 $n=k$ 时，有 $a_k<3$；当 $n=k+1$ 时，$a_{k+1}=\sqrt{2a_k+3}<\sqrt{2\times3+3}=3$，所以 $0<a_n<3$，即 a_n 有界，$\lim\limits_{n\to\infty}a_n=A$. 对 $a_{n+1}=\sqrt{2a_n+3}$ 两端取极限，得 $A=\sqrt{2A+3}\Rightarrow A=3$，所以 $\lim\limits_{n\to\infty}a_n=3$.

12. 已知数列 $\{x_n\}$ 满足 $0<x_1<\dfrac{\pi}{4}$， $x_{n+1}+\tan x_n=2x_n$， $n=1,2,\cdots$，求 $\lim\limits_{n\to\infty}x_n$.

解： 已知 $0<x_1<\dfrac{\pi}{4}$，设 $0<x_n<\dfrac{\pi}{4}$，则 $x_{n+1}=2x_n-\tan x_n$. 令 $f(x)=2x-\tan x$，$0<x<\dfrac{\pi}{4}$，有 $f'(x)=2-\dfrac{1}{\cos^2 x}$. 令 $f'(x)=0$，得 $x=\dfrac{\pi}{4}$，当 $x\in\left(0,\dfrac{\pi}{4}\right)$ 时， $f'(x)>0$， $f(x)$ 单调递增. 又 $f(0)=0$，$f\left(\dfrac{\pi}{4}\right)=\dfrac{\pi}{2}-1<\dfrac{\pi}{4}$. 于是当 $x\in\left(0,\dfrac{\pi}{4}\right)$ 时，$0<f(x)<\dfrac{\pi}{4}$，即 $0<x_{n+1}=f(x_n)<\dfrac{\pi}{4}$，故 $\{x_n\}$ 有界. 又 $x_{n+1}-x_n=x_n-\tan x_n<0$， $0<x_n<\dfrac{\pi}{4}$，知 $\{x_n\}$ 单调递减，由单调有界准则，$\lim\limits_{n\to\infty}x_n$ 存在. 不妨设 $\lim\limits_{n\to\infty}x_n=A$，故有 $A+\tan A=2A$，得 $A=0$，即 $\lim\limits_{n\to\infty}x_n=0$.

13. 设 $f(x)$ 满足 $a\leqslant f(x)\leqslant b$， $x\in[a,b]$， $\forall x,y\in[a,b]$， $|f(x)-f(y)|\leqslant\dfrac{1}{2}|x-y|$，证明 c 是 $f(x)=x$ 在 $[a,b]$ 上的唯一解.

证明： 先证连续性. $\forall x,x_0\in[a,b]$， $0\leqslant|f(x)-f(x_0)|\leqslant\dfrac{1}{2}|x-x_0|$，故

$$0\leqslant\lim_{x\to x_0}|f(x)-f(x_0)|\leqslant\lim_{x\to x_0}\dfrac{1}{2}|x-x_0|=0$$

于是 $\lim\limits_{x\to x_0}f(x)=f(x_0)$，即 $f(x)$ 在 $[a,b]$ 上连续. 令 $F(x)=f(x)-x$，则 $F(a)=f(a)-a\geqslant0$，$F(b)=f(b)-b\leqslant0$，

当 $F(a)=0$ 时，可取 $c=a$；当 $F(b)=0$ 时，可取 $c=b$；当 $F(a)F(b)\neq0$ 时，即 $F(a)F(b)<0$，由零点定理，存在 $c\in(a,b)$，使 $F(c)=0$.

若 c 不唯一，设 $d\in[a,b]$， $d\neq c$，使 $F(d)=0$，故由题设有 $|f(c)-f(d)|\leqslant\dfrac{1}{2}|c-d|$，但 $f(c)=c$， $f(d)=d$，即 $|f(c)-f(d)|=|c-d|$，矛盾，于是 c 唯一.

14. 讨论函数 $f(x)=\lim\limits_{n\to\infty}\dfrac{x^{n+2}-x^{-n}}{x^n+x^{-n}}$ 连续性.

解： 先求极限得到 $f(x)$ 表达式，再讨论 $f(x)$ 连续性.

当 $x\neq0$ 时，有

$$f(x)=\lim_{n\to\infty}\dfrac{x^{2n+2}-1}{x^{2n}+1}=\begin{cases}-1, & 0<|x|<1\\ 0, & |x|=1\\ x^2, & |x|>1\end{cases}$$

故 在 $(-\infty,-1),(-1,0),(0,1)$， $(1,+\infty)$ 内 $f(x)$ 连续. 又 $\lim\limits_{x\to-1^-}f(x)=1,\lim\limits_{x\to-1^+}f(x)=-1$，$\lim\limits_{x\to0}f(x)=-1,\lim\limits_{x\to1^-}f(x)=-1$， $\lim\limits_{x\to1^+}f(x)=1$，所以 $f(x)$ 在 $x=0,\pm1$ 处间断，这些点均为第一类间

断点，其中，$x=0$ 是可去间断点，$x=\pm1$ 是跳跃间断点.

15. 设数列 $\{x_n\}$ 满足 $0<x_1<\pi$，$x_{n+1}=\sin x_n$，$n=1,2,\cdots$.

（1）证明 $\lim\limits_{n\to\infty}x_n$ 存在，并求该极限；

（2）求 $\lim\limits_{n\to\infty}\left(\dfrac{x_{n+1}}{x_n}\right)^{\frac{1}{x_n^2}}$.

（1）证明：$x_{n+1}-x_n=\sin x_n-x_n<0$，所以 x_n 单调递减，且当 $0<x_1<\pi$ 时，$0<x_{n+1}<\pi$，x_n 单调递减且有下界，故 $\{x_n\}$ 收敛.

设 $\lim\limits_{n\to\infty}x_n=A$，则 $\lim\limits_{n\to\infty}x_{n+1}=\lim\limits_{n\to\infty}\sin x_n$，所以 $A=\sin A\Rightarrow A=0$.

（2）解：$\lim\limits_{n\to\infty}\left(\dfrac{x_{n+1}}{x_n}\right)^{\frac{1}{x_n^2}}=\lim\limits_{n\to\infty}\left(1+\dfrac{x_{n+1}-x_n}{x_n}\right)^{\frac{x_n}{x_{n+1}-x_n}\cdot\frac{x_{n+1}-x_n}{x_n}\cdot\frac{1}{x_n^2}}$

$$=e^{\lim\limits_{n\to\infty}\left(\frac{\sin x_n-x_n}{x_n^3}\right)}=e^{-\frac{1}{6}}$$

16. 已知曲线 $f(x)=x^n$ 在点 $(1,1)$ 处的切线与 x 轴的交点为 $(\xi_n,0)$，求 $\lim\limits_{n\to\infty}\ln f(\xi_n)$.

解：由于 $f'(x)=nx^{n-1}$，$f'(1)=n$，故切线方程为 $y-1=n(x-1)$. 令 $y=0$，得 $x=\xi_n=1-\dfrac{1}{n}$，故

$$\lim_{n\to\infty}\ln f(\xi_n)=\lim_{n\to\infty}\ln\left(1-\frac{1}{n}\right)^n=-1$$

17. 已知 $\lim\limits_{x\to\infty}\left(\dfrac{x+1}{x-1}\right)^{\frac{a}{4}(x+1)}=\int_{-\infty}^{\frac{a}{2}}te^t\mathrm{d}t$，求常数 a.

解：$\lim\limits_{x\to\infty}\left(\dfrac{x+1}{x-1}\right)^{\frac{a}{4}(x+1)}=\lim\limits_{x\to\infty}\left[\left(1+\dfrac{2}{x-1}\right)^{\frac{x-1}{2}}\right]^{\frac{2}{x-1}\cdot\frac{a}{4}(x+1)}=e^{\frac{a}{2}}$

$\int_{-\infty}^{\frac{a}{2}}te^t\mathrm{d}t=(te^t-e^t)\Big|_{-\infty}^{\frac{a}{2}}=\dfrac{a}{2}e^{\frac{a}{2}}-e^{\frac{a}{2}}$，故 $\dfrac{a}{2}e^{\frac{a}{2}}-e^{\frac{a}{2}}=e^{\frac{a}{2}}$，解得 $a=4$.

18. 已知 $\lim\limits_{x\to1}\dfrac{\sqrt{x^4+1}-[A+B(x-1)+C(x-1)^2]}{(x-1)^2}=0$，求 A,B,C.

解：由已知 $\Rightarrow A=\sqrt{2}$，从而有

$$\lim_{x\to1}\frac{\sqrt{x^4+1}-\sqrt{2}-B(x-1)-C(x-1)^2}{(x-1)^2}$$

$$=\lim_{x\to1}\frac{\left[\sqrt{x^4+1}-\sqrt{2}-B(x-1)-C(x-1)^2\right]'}{[(x-1)^2]'}$$

$$=\lim_{x\to1}\frac{\dfrac{2x^3}{\sqrt{x^4+1}}-B-2C(x-1)}{2(x-1)}=0\Rightarrow B=\sqrt{2}$$

则 $\lim\limits_{x\to 1}\dfrac{\dfrac{2x^3}{\sqrt{x^4+1}}-B-2C(x-1)}{2(x-1)}=\lim\limits_{x\to 1}\dfrac{\left[\dfrac{2x^3}{\sqrt{x^4+1}}-\sqrt{2}-2C(x-1)\right]'}{[2(x-1)]'}$

$$=\lim\limits_{x\to 1}\dfrac{\dfrac{2x^6+6x^2}{(x^4+1)\sqrt{x^4+1}}-2C}{2}=0\Rightarrow C=\sqrt{2}$$

此题也可用泰勒公式.

19. 已知 $\lim\limits_{x\to 12}f(x)=0$，$\lim\limits_{x\to 12}f'(x)=1000$，求 $\lim\limits_{x\to 12}\dfrac{\displaystyle\int_{12}^{x}\left[t\int_{t}^{12}f(\theta)\mathrm{d}\theta\right]\mathrm{d}t}{(12-x)^3}$.

解：原式 $=\lim\limits_{x\to 12}\dfrac{\left(\displaystyle\int_{12}^{x}\left[t\int_{t}^{12}f(\theta)\mathrm{d}\theta\right]'\mathrm{d}t\right)'}{[(12-x)^3]'}=\lim\limits_{x\to 12}\dfrac{\left[x\displaystyle\int_{x}^{12}f(\theta)\mathrm{d}\theta\right]'}{[-3(12-x)^2]'}$

$$=\lim\limits_{x\to 12}\dfrac{\left[\displaystyle\int_{x}^{12}f(\theta)\mathrm{d}x-xf(x)\right]'}{[6(12-x)]'}=\lim\limits_{x\to 12}\dfrac{-f(x)-f(x)-xf'(x)}{-6}$$

$$=\dfrac{12\times 1000}{6}=2000$$

第3章 导数与微分习题解析

1. 选择题

（1）答案（B）.（2）答案（B）.（3）答案（B）.（4）答案（A）.（5）答案（D）.
（6）答案（D）.（7）答案（C）.（8）答案（C）.（9）答案（B）.（10）答案（A）.
（11）答案（D）.（12）答案（A）.（13）答案（C）.（14）答案（D）.（15）答案（A）.
（16）答案（D）.（17）答案（D）.（18）答案（D）.（19）答案（D）.（20）答案（C）.
（21）答案（A）.（22）答案（D）.

2. 设 $y=\ln(1+ax),a\neq 0$，求 y''.

解：$y'=\dfrac{a}{1+ax}$，$y''=\dfrac{-a^2}{(1+ax)^2}$.

3. 求曲线 $y=\arctan x$ 在横坐标为 1 点处的切线方程和法线方程.

解：$y'=\dfrac{1}{1+x^2}$，$y'|_{x=1}=\dfrac{1}{2}$，所以切线方程为 $y-\dfrac{\pi}{4}=\dfrac{1}{2}(x-1)$，法线方程为 $y-\dfrac{\pi}{4}=2(1-x)$.

4. 设 $\begin{cases}x=5(t-\sin t)\\ y=5(1-\cos t)\end{cases}$，求 $\dfrac{\mathrm{d}^2 y}{\mathrm{d}x^2}$.

解：$\dfrac{\mathrm{d}y}{\mathrm{d}x}=\dfrac{5\sin t}{5(1-\cos t)}=\dfrac{2\sin\dfrac{t}{2}\cos\dfrac{t}{2}}{2\sin^2\dfrac{t}{2}}=\cot\dfrac{t}{2}$

$$\dfrac{\mathrm{d}^2 y}{\mathrm{d}x^2}=\dfrac{\left(\cot\dfrac{t}{2}\right)'}{5(1-\cos t)}=\dfrac{\dfrac{-1}{2\sin^2\dfrac{t}{2}}}{10\sin^2\dfrac{t}{2}}=-\dfrac{1}{20\sin^4\dfrac{t}{2}}$$

5. 设 $\begin{cases} x = \ln(1+t^2) \\ y = \arctan t \end{cases}$，求 $\dfrac{dy}{dx}$ 及 $\dfrac{d^2 y}{dx^2}$．

解： $\dfrac{dy}{dx} = \dfrac{\dfrac{1}{1+t^2}}{\dfrac{2t}{1+t^2}} = \dfrac{1}{2t}$

$\dfrac{d^2 y}{dx^2} = \dfrac{\left(\dfrac{1}{2t}\right)'}{(\ln(1+t^2))'} = \dfrac{-\dfrac{1}{2t^2}}{\dfrac{2t}{1+t^2}} = -\dfrac{1+t^2}{4t^3}$

6. 若 $y = \arcsin\sqrt{1-x^2}$，求 y'．

解： $y' = \dfrac{-x}{\sqrt{1-(1-x^2)}\sqrt{1-x^2}} = \dfrac{-x}{|x|\sqrt{1-x^2}}$

7. 设 $y = \ln\dfrac{\sqrt{1+x^2}-1}{\sqrt{1+x^2}+1}$，求 y'．

解： $y' = \dfrac{\dfrac{x}{\sqrt{1+x^2}}}{\sqrt{1+x^2}-1} - \dfrac{\dfrac{x}{\sqrt{1+x^2}}}{\sqrt{1+x^2}+1} = \dfrac{2}{x\sqrt{1+x^2}}$

8. 已知 $y = x\ln\left(x+\sqrt{x^2+a^2}\right) - \sqrt{x^2+a^2}$，求 y''．

解： $y' = \ln\left(x+\sqrt{x^2+a^2}\right) + \dfrac{x}{\sqrt{x^2+a^2}} - \dfrac{x}{\sqrt{x^2+a^2}} = \ln\left(x+\sqrt{x^2+a^2}\right)$

$y'' = \dfrac{1}{\sqrt{x^2+a^2}}$

9. 若 $f(x) = \begin{cases} e^x(\sin x + \cos x), & x > 0 \\ bx + a, & x \leqslant 0 \end{cases}$ 可导，求 a, b．

解： $f(x)$ 可导 $\Rightarrow f(x)$ 连续，则

$$\lim_{x\to 0^-}(bx+a) = \lim_{x\to 0^+} e^x(\sin x + \cos x) \Rightarrow a = 1$$

当 $x < 0$ 时，$f'(x) = b$；

当 $x > 0$ 时，$f'(x) = e^x(\sin x + \cos x) + e^x(\cos x - \sin x) = 2e^x\cos x \Rightarrow b = \lim_{x\to 0^+} f'(x) = \lim_{x\to 0^+} 2e^x\cos x$

$= 2 \Rightarrow b = 2$．

10. 设 $f(x) = x(x+1)(x+2)\cdots(x+n)$，求 $f'(0)$．

解： $f'(0) = \lim_{x\to 0}\dfrac{f(x)-f(0)}{x-0} = \lim_{x\to 0}\dfrac{x(x+1)(x+2)\cdots(x+n)}{x} = n!$

11. 设 $\tan y = x + y$，求 dy．

解： $(\tan y)'_x = (x+y)'_x \Rightarrow \dfrac{y'}{\cos^2 y} = (1+y') \Rightarrow y' = \dfrac{\cos^2 y}{1-\cos^2 y} = \cot^2 y$

所以 $dy = \cot^2 y\, dx$．

12．求曲线 $y = x + \sin^2 x$ 在点 $\left(\dfrac{\pi}{2}, 1 + \dfrac{\pi}{2}\right)$ 处的切线方程.

解： $y' = 1 + 2\sin x \cos x = 1 + \sin 2x$ ， $y'\big|_{x=\frac{\pi}{2}} = 1$

所以切线方程为 $y - 1 - \dfrac{\pi}{2} = x - \dfrac{\pi}{2} \Rightarrow y = x + 1$.

13．求曲线 $\begin{cases} x = \cos^3 t \\ y = \sin^3 t \end{cases}$ 上对应于 $t = \dfrac{\pi}{6}$ 点处的法线方程.

解： $\dfrac{\mathrm{d}y}{\mathrm{d}x} = \dfrac{3\sin^2 t \cos t}{-3\cos^2 t \sin t} = -\tan t$ ， $\dfrac{\mathrm{d}y}{\mathrm{d}x}\bigg|_{t=\frac{\pi}{6}} = -\tan\dfrac{\pi}{6} = -\dfrac{\sqrt{3}}{3}$

所以法线方程为

$$y - \sin^3 \frac{\pi}{6} = \sqrt{3}\left(x - \cos^3 \frac{\pi}{6}\right) \Rightarrow y = \sqrt{3}x - 1$$

14．问曲线 $\begin{cases} x = \ln(1 + t^2) \\ y = \dfrac{\pi}{2} - \arctan t \end{cases}$ 上哪一点处的切线平行于直线 $x + 2y = 0$.

解： 易知该切线斜率为 $-\dfrac{1}{2}$ ，而从曲线的参数方程看，其斜率为

$$\frac{\mathrm{d}y}{\mathrm{d}x} = \frac{y_t'}{x_t'} = \frac{-\dfrac{1}{1+t^2}}{\dfrac{2t}{1+t^2}} = -\frac{1}{2t}$$

因此有等式 $-\dfrac{1}{2} = -\dfrac{1}{2t}$ ，得 $t = 1$ ，此时有

$$x_0 = \ln(1+t^2)\big|_{t=1} = \ln 2 ， \quad y_0\big|_{t=1} = \frac{\pi}{2} - \frac{\pi}{4} = \frac{\pi}{4}$$

即应位于点 $\left(\ln 2, \dfrac{\pi}{4}\right)$ 处.

15．求曲线 $\begin{cases} x = 2e^t + 1 \\ y = e^{-t} - 1 \end{cases}$ 在 $t = 0$ 点处的切线方程.

解： $\dfrac{\mathrm{d}y}{\mathrm{d}x} = \dfrac{y_t'}{x_t'} = \dfrac{-e^{-t}}{2e^t} = -\dfrac{1}{2}e^{-2t}$ ，在 $t = 0$ 点处切线的斜率为 $\dfrac{\mathrm{d}y}{\mathrm{d}x}\bigg|_{t=0} = -\dfrac{1}{2}$ ，故所求切线方程为

$y = -\dfrac{1}{2}(x - 3)$ ，即 $x + 2y = 3$.

16．设 $f(x) = \dfrac{1-x}{1+x}$ ，求 $f^{(n)}(x)$.

解： $f(x) = \dfrac{-1 - x + 2}{1 + x} = \dfrac{2}{1 + x} - 1 \Rightarrow f^{(n)}(x) = \left(\dfrac{2}{x+1}\right)^{(n)} = \dfrac{2(-1)^n n!}{(x+1)^{n+1}}$

17. 设 $y=y(x)$ 由 $\begin{cases} x=\arctan t \\ 2y-ty^2+e^t=5 \end{cases}$ 所确定，求 $\dfrac{dy}{dx}$.

解： $(2y+ty^2+e^t)'_t=0$ ， $2y'_t-2tyy'_t-y^2+e^t=0 \Rightarrow \dfrac{dy}{dt}=\dfrac{(y^2-e^t)}{2(1-ty)}$

$$\dfrac{dx}{dt}=(\arctan t)'=\dfrac{1}{1+t^2} \Rightarrow \dfrac{dy}{dx}=\dfrac{(y^2-e^t)(1+t^2)}{2(1-ty)}$$

18. 设 $r=f(\theta)$ 为曲线的极坐标方程，曲线上点 $M(\theta,f(\theta))$ 处切线与矢径 **OM** 的交角为 β，证明 $\tan\beta=\dfrac{f(\theta)}{f'(\theta)}$.

证明： 设 $M(\theta,f(\theta))$ 处的切线与极轴（ x 轴）的夹角为 α，则 $\beta=\alpha-\theta$，而曲线的参数方程为

$$\begin{cases} x=f(\theta)\cos\theta \\ y=f(\theta)\sin\theta \end{cases}$$

而

$$\tan\alpha=\dfrac{dy}{dx}=\dfrac{f'(\theta)\sin\theta+f(\theta)\cos\theta}{f'(\theta)\cos\theta-f(\theta)\sin\theta}=\dfrac{f'(\theta)\tan\theta+f(\theta)}{f'(\theta)-f(\theta)\tan\theta}$$

$$\tan\beta=\tan(\alpha-\theta)=\dfrac{\tan\alpha-\tan\theta}{1+\tan\alpha\tan\theta}=\dfrac{\dfrac{f'(\theta)\tan\theta+f(\theta)}{f'(\theta)-f(\theta)\tan\theta}-\tan\theta}{1+\dfrac{f'(\theta)\tan\theta+f(\theta)}{f'(\theta)-f(\theta)\tan\theta}\tan\theta}=\dfrac{f(\theta)}{f'(\theta)}$$

19. 设函数 $y=y(x)$ 由方程 $y-xe^x=1$ 所确定，求 $\dfrac{d^2y}{dx^2}\Big|_{x=0}$ 的值.

解： $(y-xe^y)'_x=0 \Rightarrow y'-e^y-xe^yy'=0 \Rightarrow y'=\dfrac{e^y}{1-xe^y}$.

而 $y|_{x=0}=1 \Rightarrow y'|_{y=0}=e$，又

$$y''=\dfrac{(1-xe^y)e^yy'+(xe^yy'+e^y)e^y}{(1-xe^y)^2} \Rightarrow y''|_{x=0}=e^2+e^2=2e^2$$

20. 设 $y=\sin[f(x^2)]$，其中 f 具有二阶导数，求 $\dfrac{d^2y}{dx^2}$.

解： $\dfrac{dy}{dx}=2xf'(x^2)\cos[f(x^2)]$

$$\dfrac{d^2y}{dx^2}=2f'(x^2)\cos[f(x^2)]+4x^2\{f''(x^2)\cos[f(x^2)]\}-4x^2[f'(x^2)]^2\sin[f(x^2)]$$

21. 已知函数 $f(x)$ 连续，且 $\lim\limits_{x\to 0}\dfrac{f(x)}{x}=2$，设 $\phi(x)=\int_0^1 f(xt)dt$，求 $\phi'(x)$，并讨论 $\phi'(x)$ 的连续性.

解： 对 $\phi(x)=\int_0^1 f(xt)dt$，设 $xt=u \Rightarrow t=\dfrac{1}{x}u$， $x\neq 0$，

$$\phi(x)=\frac{1}{x}\int_0^x f(u)\mathrm{d}u$$

由于 $f(x)$ 连续且 $\lim\limits_{x\to 0}\dfrac{f(x)}{x}=2\Rightarrow f(x)=0\Rightarrow \phi(0)=\int_0^1 f(0)\mathrm{d}t=0\Rightarrow$

$$\phi'(0)=\lim_{x\to 0}\frac{\phi(x)-\phi(0)}{x}=\lim_{x\to 0}\frac{\frac{1}{x}\int_0^x f(u)\mathrm{d}u}{x}$$

$$=\lim_{x\to 0}\frac{\left[\int_0^x f(u)\mathrm{d}u\right]'}{(x^2)'}=\lim_{x\to 0}\frac{f(x)}{2x}=1$$

当 $x\neq 0$ 时，$\phi'(x)=\dfrac{f'(x)}{x}-\dfrac{1}{x^2}\int_0^x f(u)\mathrm{d}u$. 易见此时 $\phi'(x)$ 连续.

而 $\lim\limits_{x\to 0}\phi'(x)=\lim\limits_{x\to 0}\left[\dfrac{f(x)}{x}-\dfrac{1}{x^2}\int_0^x f(u)\mathrm{d}u\right]=2-\lim\limits_{x\to 0}\dfrac{[\int_0^x f(u)\mathrm{d}u]'}{(x^2)'}$

$$=2-\lim_{x\to 0}\frac{f(x)}{2x}=1=\phi'(0)\Rightarrow \phi'(x)\text{在}\,x=0\,\text{处连续}$$

22. 设 $f(x)$ 对任何实数 x_1,x_2 满足 $f(x_1+x_2)=f(x_1)+f(x_2)$，且 $f'(0)=a$（常数），求 $f'(x)$.

解：由 $f'(0)=a=\lim\limits_{\Delta x\to 0}\dfrac{f(\Delta x)-f(0)}{\Delta x}$ ，对 $f(x_1+x_2)=f(x_1)+f(x_2)$ ，取 $x_1=x_2=0$ ，得

$f(0)=0\Rightarrow a=\lim\limits_{\Delta x\to 0}\dfrac{f(\Delta x)}{\Delta x}$. 对任意 $x\in(-\infty,+\infty)$ ，

$$f'(x)=\lim_{\Delta x\to 0}\frac{f(\Delta x+x)-f(x)}{\Delta x}=\lim_{\Delta x\to 0}\frac{f(x)+f(\Delta x)-f(x)}{\Delta x}=\lim_{\Delta x\to 0}\frac{f(\Delta x)}{\Delta x}=a$$

所以 $f'(x)=a$.

23. 设 $f(x)$ 和 $g(x)$ 都在 $(-\infty,+\infty)$ 上有定义，且具有下列性质：（1）$f(x+y)=f(x)g(y)+f(y)g(x)$；（2）$f(x)$ 和 $g(x)$ 在点 $x=0$ 处可导，证明 $f(x)$ 在 $(-\infty,+\infty)$ 内可微.

证明：由于 $f(x),g(x)$ 在 $x=0$ 处可导 $\Rightarrow$

$$f'(0)=\lim_{\Delta x\to 0}\frac{f(\Delta x)-f(0)}{\Delta x}\ ,\quad g'(0)=\lim_{\Delta x\to 0}\frac{g(\Delta x)-g(0)}{\Delta x}$$

对任意的 $x\in(-\infty,+\infty)$ ，则

$$\lim_{\Delta x\to 0}\frac{f(x+\Delta x)-f(x)}{\Delta x}=\lim_{\Delta x\to 0}\frac{f(x)g(\Delta x)+f(\Delta x)g(x)-f(x)}{\Delta x}$$

$$=\lim_{\Delta x\to 0}\frac{[f(x)g(\Delta x)-f(x)g(0)]+[f(\Delta x)g(x)-f(0)g(x)]+[f(x)g(0)+f(0)g(x)]-f(x)}{\Delta x}$$

$$=\lim_{\Delta x\to 0}\left[f(x)\frac{g(\Delta x)-g(0)}{\Delta x}+g(x)\frac{f(\Delta x)-f(0)}{\Delta x}\right]$$

$$=f(x)g'(0)+g(x)f'(0)$$

故 $f(x)$ 在 $(-\infty,+\infty)$ 内可微.

24. 设 $f(x)$ 在 $(-\infty,+\infty)$ 上有定义，且 $f'(0)=a(a\neq 0)$ ，又对 $\forall x,y\in(-\infty,+\infty)$ ，有

$$f(x+y) = \frac{f(x)+f(y)}{1-f(x)f(y)}，\text{求 } f(x).$$

解：在 $f(x+y) = \dfrac{f(x)+f(y)}{1-f(x)f(y)}$ 中令 $y=0$，得

$$f(x) = \frac{f(x)+f(0)}{1-f(0)f(x)} \Rightarrow f(x)-f(0)f^2(x) = f(x)+f(0) \Rightarrow f(0)[1+f^2(x)] = 0 \Rightarrow f(0)=0$$

$$f'(x) = \lim_{\Delta x \to 0} \frac{f(x+\Delta x)-f(x)}{\Delta x} = \lim_{\Delta x \to 0} \frac{\dfrac{f(x)+f(\Delta x)}{1-f(x)f(\Delta x)}-f(x)}{\Delta x}$$

$$= \lim_{\Delta x \to 0} \frac{f(\Delta x)[1+f^2(x)]}{\Delta x[1-f(x)f(\Delta x)]} = \lim_{\Delta x \to 0} \frac{f(0+\Delta x)-f(0)}{\Delta x} \lim_{\Delta x \to 0} \frac{1+f^2(x)}{1-f(x)f(\Delta x)}$$

$$= f'(0)[1+f^2(x)]$$

因为 $f'(0)$ 存在，所以 $f(x)$ 在 $x=0$ 处连续，于是

$$\lim_{\Delta x \to 0} f(\Delta x) = f(0) = 0 \Rightarrow \frac{\mathrm{d}f(x)}{1+f^2(x)} = f'(0)\mathrm{d}x \Rightarrow \arctan f(x) = f'(0)x+c$$

令 $x=0$，得 $\arctan f(0) = c \Rightarrow c = 0$，故 $\arctan f(x) = f'(0)x = ax$（因 $f'(0)=a$），即 $f(x) = \tan ax$.

25. 求 $y = \sqrt[4]{x\sqrt[3]{\mathrm{e}^x \sqrt{\sin\dfrac{1}{x}}}}$ 的导数.

解：$y = x^{\frac{1}{4}}(\mathrm{e}^x)^{\frac{1}{12}}\left(\sin\dfrac{1}{x}\right)^{\frac{1}{24}}$，$\ln y = \dfrac{1}{4}\ln x + \dfrac{1}{12}x + \dfrac{1}{24}\ln\sin\dfrac{1}{x}$

$$y' = y\left(\frac{1}{4x}+\frac{1}{12}-\frac{1}{24x^2}\cot\frac{1}{x}\right) = \sqrt[4]{x\sqrt[3]{\mathrm{e}^x \sqrt{\sin\frac{1}{x}}}} \cdot \left(\frac{1}{4x}+\frac{1}{12}-\frac{1}{24x^2}\cot\frac{1}{x}\right)$$

26. 求下列函数的导数.

（1）$F(x) = \sin x^2 \displaystyle\int_0^1 f(t\sin x^2)\mathrm{d}t$

解：

$$\int_0^1 f(t\sin x^2)\mathrm{d}x \xlongequal[\mathrm{d}u=\sin x^2 \mathrm{d}t]{\diamondsuit u=t\sin x^2} \int_0^{\sin x^2} f(u)\cdot\frac{1}{\sin x^2}\mathrm{d}u = \frac{1}{\sin x^2}\int_0^{\sin x^2} f(u)\mathrm{d}u$$

$$F(x) = \sin x^2 \cdot \frac{1}{\sin x^2}\int_0^{\sin x^2} f(u)\mathrm{d}u$$

$$\frac{\mathrm{d}F}{\mathrm{d}x} = f(\sin x^2)\cos x^2 \cdot 2x = 2x\cos x^2 f(\sin x^2)$$

（2）$F(x) = \displaystyle\int_0^{x^2} xf(x-t)\mathrm{d}t$

解：$F(x) = x\displaystyle\int_0^{x^2} f(x-t)\mathrm{d}t$.

因

$$\int_0^{x^2} f(x-t)\mathrm{d}t \xlongequal{u=x-t} \int_x^{x-x^2} f(u)(-\mathrm{d}u) = \int_{x-x^2}^x f(u)\mathrm{d}u$$

所以

$$F(x) = x\int_{x-x^2}^x f(u)\mathrm{d}u$$

故 $$\frac{\mathrm{d}F}{\mathrm{d}x}=\int_{x-x^2}^{x}f(u)\mathrm{d}u+x[f(x)-f(x-x^2)\cdot(1-2x)]$$

27. 已知函数 $f(u)$ 具有二阶导数，且 $f'(0)=1$，函数 $y=y(x)$ 由方程 $y-x\mathrm{e}^{y-1}=1$ 所确定，设 $z=f(\ln y-\sin x)$，求 $\left.\dfrac{\mathrm{d}z}{\mathrm{d}x}\right|_{x=0}$，$\left.\dfrac{\mathrm{d}^2z}{\mathrm{d}x^2}\right|_{x=0}$.

解：在方程中令 $x=0$，得 $y=1$，对方程两端关于 x 求导得

$$y'-\mathrm{e}^{y-1}-xy'\mathrm{e}^{y-1}=0$$

即

$$(2-y)y'-\mathrm{e}^{y-1}=0$$

由 $x=0$，$y=1$，得 $y'\big|_{x=0}=1$，对 $(2-y)y'-\mathrm{e}^{y-1}=0$ 两端关于 x 求导得

$$(2-y)y''-y'^2-\mathrm{e}^{y-1}y'=0$$

由 $x=0$，$y=1$，$y'=1$，得 $y''\big|_{x=0}=2$，因为 $\dfrac{\mathrm{d}z}{\mathrm{d}x}=f'(\ln y-\sin x)\left(\dfrac{y'}{y}-\cos x\right)$，故 $\left.\dfrac{\mathrm{d}z}{\mathrm{d}x}\right|_{x=0}=0$.

又

$$\left.\frac{\mathrm{d}^2z}{\mathrm{d}x^2}\right|_{x=0}=f''(\ln y-\sin x)\left(\frac{y'}{y}-\cos x\right)^2+f'(\ln y-\sin x)\left(\frac{y''}{y}-\frac{(y')^2}{y^2}+\sin x\right)$$

所以 $\left.\dfrac{\mathrm{d}^2z}{\mathrm{d}x^2}\right|_{x=0}=f'(0)(2-1)=1$.

第4章　中值定理及导数应用习题解析

1. 选择题.
（1）答案（B）．（2）答案（C）．（3）答案（C）．（4）答案（A）．（5）答案（A）．
（6）答案（B）．（7）答案（D）．（8）答案（D）．（9）答案（B）．（10）答案（B）．
（11）答案（C）．（12）答案（B）．（13）答案（C）．（14）答案（B）．（15）答案（A）．
（16）答案（B）．（17）答案（C）．（18）答案（C）．（19）答案（B）．（20）答案（C）．

2. 填空题.
（1）$y=x+2$．（2）$\dfrac{1}{2}$．（3）0．（4）$(-1,0)$．（5）$y=4x-3$．（6）$\dfrac{2}{3}$．（7）2．（8）4．

3. 画出函数 $y=\dfrac{6}{x^2-2x+4}$ 的图像.

解：函数的定义域为 $(-\infty,+\infty)$，

$$y'=\frac{-6(2x-2)}{(x^2-2x+4)^2}=0\Rightarrow x_1=1$$

$$y''=\frac{-12[(x^2-2x+4)^2-2(x^2-2x+4)(2x-2)(x-1)]}{(x^2-2x+4)^4}=\frac{36(x^2-2x)}{(x^2-2x+4)^3}=0$$

得 $x_2 = 0, x_3 = 2$ ，而

$$\lim_{x \to \pm\infty} \frac{6}{x(x^2 - 2x + 4)} = 0 , \quad \lim_{x \to \pm\infty} \frac{6}{x^2 - 2x + 4} = 0$$

所以 $y = 0$ （ x 轴）为 $y = \dfrac{6}{x^2 - 2x + 4}$ 的一条水平渐近线.

列表如下：

x	$(-\infty, 0)$	0	$(0,1)$	1	$(1,2)$	2	$(2,+\infty)$
y'	+	+	+	0	-	-	-
y''	+	0	-		-	0	+
y	↑	$\dfrac{3}{2}$	↑	2	↓	$\dfrac{3}{2}$	↓
	凹	拐点	凸	极大	凸	拐点	凹

图像如下图所示.

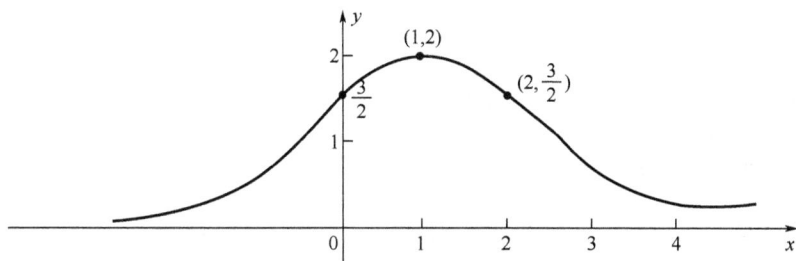

4. 设函数 $f(x)$ 在 $[0,1]$ 上可导，对 $[0,1]$ 上的每一个 x ，函数 $f(x)$ 的值在开区间 $(0,1)$ 内，且 $f'(x) \neq 1$ ，证明在 $(0,1)$ 内有且仅有一个 x ，使 $f(x) = x$.

证明：设 $F(x) = f(x) - x$ ，易见 $F(x)$ 在 $[0,1]$ 上连续，且 $F(0) = f(0) > 0$ ，$F(1) = f(1) - 1 < 0$. 由根的存在原理，方程 $F(x) = 0$ 即 $f(x) = x$ 在 $(0,1)$ 内必有实根，又 $F'(x) = f'(x) - 1 \neq 0$ ，假设 $F(x) = 0$ 在 $(0,1)$ 内有两根 $x_1, x_2 \in (0,1)$ ，由罗尔中值定理，$F(x)$ 在 x_1, x_2 之间存在一点 c ，使 $F'(c) = 0$ ，这与 $F'(x) \neq 0$ 矛盾，所以 $F(x) = 0$ 在 $(0,1)$ 内有且仅有一个根，即存在唯一的 $x \in (0,1)$ 使 $f(x) = x$.

5. 证明：若 $g(x)$ 在 $x = c$ 处二阶导数存在，且 $g'(c) = 0$ ，$g''(c) < 0$ ，则 $g(c)$ 是 $g(x)$ 的一个极值.

证明：$g''(c) = \lim\limits_{x \to c} \dfrac{g'(x) - g'(c)}{x - c} < 0 \Rightarrow$ 存在 $x = c$ 的一个邻域，使 $\dfrac{g'(x) - g'(c)}{x - c} < 0$ ，即 $\dfrac{g'(x)}{x - c} < 0$ ，从而

（1）当 $x < c$ 时，有 $g'(x) > 0 \Rightarrow g(x) \uparrow \Rightarrow g(x) < g(c)$ ；

（2）当 $x > c$ 时，有 $g'(x) < 0 \Rightarrow g(x) \downarrow \Rightarrow g(x) < g(c)$ ，

则 $g(c)$ 是 $g(x)$ 的极大值.

6. 将长为 a 的铁丝截成两段，一段围成正方形，另一段围成圆形，问这两段铁丝各长多少时，正方形与圆的面积之和最小？

解：设围成圆的一段铁丝长为 x ，则围成正方形的一段铁丝长为 $a-x$ ，而它们的总面

积为 y，则

$$y = \pi \left(\frac{x}{2\pi}\right)^2 + \left(\frac{a-x}{4}\right)^2 = \frac{x^2}{4\pi} + \frac{(a-x)^2}{16}, \quad 0 < x < a$$

$$y' = \frac{x}{2\pi} - \frac{1}{8}(a-x) = 0 \Rightarrow x = \frac{\pi a}{4+\pi}$$

$$y''\big|_{x=\frac{\pi a}{4+\pi}} = \frac{1}{2\pi} + \frac{1}{8} > 0$$

所以当 $x = \dfrac{\pi a}{4+\pi}$ 时，面积之和最小.

7. 设不恒为常数的函数 $f(x)$ 在 $[a,b]$ 上连续，在 (a,b) 内可导，且 $f(a) = f(b)$，证明在 (a,b) 内至少存在一点 ξ，使 $f'(\xi) < 0$.

证明： 由于 $f(x)$ 在 $[a,b]$ 上不恒为常数，则至少存在一点 $c \in (a,b)$，使 $f(c) \neq f(a) = f(b)$. 不妨设 $f(c) < f(a)$，易见 $f(x)$ 在 $[a,c]$ 上满足拉格朗日中值定理，从而至少存在一点 $\xi \in (a,c) \subset (a,b)$，使 $f'(\xi) = \dfrac{f(c)-f(a)}{c-a}$. 由于 $f(c) < f(a)$，$a < c \Rightarrow \dfrac{f(c)-f(a)}{c-a} < 0$ $\Rightarrow f'(\xi) < 0$.

8. 在椭圆 $\dfrac{x^2}{a^2} + \dfrac{y^2}{b^2} = 1$ 的第一象限部分上求一点 P，使该点处的切线、椭圆及两坐标轴所围图形的面积最小. 注：$a > 0, b > 0$.

解： 设 P 点坐标为 (x,y)，则 $\dfrac{x^2}{a^2} + \dfrac{y^2}{b^2} = 1$ 上点 P 切线方程为

$$Y - y = -\frac{b^2 x}{a^2 y}(X - x), \quad 0 < x < a$$

切线与 x 轴交点为 $A\left(\dfrac{a^2}{x}, 0\right)$，与 y 轴交点为 $B\left(0, \dfrac{b^2}{y}\right)$.

设 P 点切线、椭圆及两坐标轴所围成图形的面积为 S，则

$$S = \frac{1}{2} \times \frac{a^2}{x} \times \frac{b^2}{y} - \frac{\pi}{4}ab = \frac{1}{2} \frac{a^2 b^2}{xb\sqrt{1-\frac{x^2}{a^2}}} - \frac{\pi}{4}ab = \frac{a^3 b}{2x\sqrt{a^2-x^2}} - \frac{\pi}{4}ab$$

$$S' = -\frac{1}{4}a^3 b(a^2 x^2 - x^4)^{-\frac{3}{2}}(2a^2 x - 4x^3) = 0 \Rightarrow x = \frac{a}{\sqrt{2}} \Rightarrow y = \frac{b}{\sqrt{2}}$$

而当 $0 < x < \dfrac{a}{\sqrt{2}}$ 时，$S' < 0 \Rightarrow S\downarrow$；当 $\dfrac{a}{\sqrt{2}} < x < a$ 时，$S' > 0 \Rightarrow S\uparrow$. 所以，当 $x = \dfrac{a}{\sqrt{2}}$ 时，S 最小，从而得 P 点坐标为 $\left(\dfrac{a}{\sqrt{2}}, \dfrac{b}{\sqrt{2}}\right)$.

9. 证明：当 $x > 0$ 时，有不等式 $\arctan x + \dfrac{1}{x} > \dfrac{\pi}{2}$.

证明： 设 $f(x) = \arctan x + \dfrac{1}{x}$，$x > 0$.

$$f'(x) = \frac{1}{1+x^2} - \frac{1}{x^2} < 0 \Rightarrow f(x) \downarrow (0, +\infty)$$

又 $\lim\limits_{x \to +\infty} f(x) = \lim\limits_{x \to +\infty} (\arctan x + \frac{1}{x}) = \frac{\pi}{2}$，所以 $f(x) > \frac{\pi}{2}$，即

$$\arctan x + \frac{1}{x} > \frac{\pi}{2}$$

10．设 $f(x)$ 在闭区间 $[0,c]$ 上连续，其导数 $f'(x)$ 在开区间 $(0,c)$ 内存在且单调递减，$f(0) = 0$，试应用拉格朗日中值定理证明不等式

$$f(a+b) \leqslant f(a) + f(b)$$

其中，常数 a,b 满足 $0 \leqslant a \leqslant b \leqslant a+b \leqslant c$.

证明：由已知易见 $f(x)$ 在 $[0,a]$ 和 $[b, a+b]$ 上都满足拉格朗日中值定理条件，故存在 $\xi_1 \in (0,a)$ 和 $\xi_2 \in (b, a+b)$，使

$$f'(\xi_1) = \frac{f(a) - f(0)}{a - 0}, \quad f'(\xi_2) = \frac{f(b+a) - f(b)}{(b+a) - b}$$

即

$$f'(\xi_1) = \frac{1}{a} f(a), \quad f'(\xi_2) = \frac{1}{a}[f(a+b) - f(b)]$$

由于 $f'(x) \downarrow \Rightarrow f'(\xi_1) \geqslant f'(\xi_2) \Rightarrow \frac{1}{a} f(a) \geqslant \frac{1}{a}[f(a+b) - f(b)]$，即 $f(a+b) \leqslant f(a) + f(b)$.

11．证明不等式 $1 + x\ln(x + \sqrt{1+x^2}) \geqslant \sqrt{1+x^2}$.

证明：设 $f(x) = 1 + x\ln(x + \sqrt{1+x^2}) - \sqrt{1+x^2}$，则

$$f'(x) = \ln(x + \sqrt{1+x^2}) + \frac{x}{\sqrt{1+x^2}} - \frac{x}{\sqrt{1+x^2}} = \ln(x + \sqrt{1+x^2}) = 0 \Rightarrow x = 0$$

$$f''(x) = \frac{1}{\sqrt{1+x^2}} \Rightarrow f''(0) = 1 > 0$$

所以 $f(0)$ 是 $f(x)$ 的最小值. 从而有 $f(x) \geqslant f(0)$，而 $f(0) = 0$，所以 $f(x) \geqslant 0$，即

$$1 + x\ln(x + \sqrt{1+x^2}) \geqslant \sqrt{1+x^2}$$

12．设 A, D 分别是曲线 $y = e^x$ 和 $y = e^{-2x}$ 上的点，且 A 点横坐标小于零，AB 和 CD 垂直于 x 轴，C, B 两点在 x 轴上，且 $|AB|:|CD| = 2:1$，$|AB| < 1$，求点 B 和 C 的横坐标，使梯形 $ABCD$ 的面积最大.

解：如右图所示，设 C 点坐标为 $(x,0)$，则 D 点坐标为 (x, e^{-2x}).

由已知条件可知 B 点坐标为 $(\ln 2 - 2x, 0)$，令梯形 $ABCD$ 的面积为 S，则

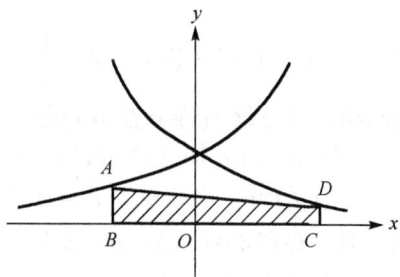

$$S = \frac{1}{2}[e^{-2x} + 2e^{-2x}](x - \ln 2 + 2x)$$

即 $S = \frac{3}{2}e^{-2x}(3x - \ln 2)$，$x > 0$，

$$S' = \frac{9}{2}e^{-2x} - 3e^{-2x}(3x - \ln 2) = e^{-2x}\left(\frac{9}{2} - 9x + 3\ln x\right) = 0 \Rightarrow x = \frac{1}{2} + \frac{1}{3}\ln 2$$

$$S'' = e^{-2x}(18x - 18 - 6\ln 2), \quad S''\big|_{x=\frac{1}{2}+\frac{1}{3}\ln 2} = -9 < 0$$

所以，当 $x = \frac{1}{2} + \frac{1}{3}\ln 2$ 时，S 最大，此时 B 点的横坐标为 $\frac{1}{3}\ln 2 - 1$，C 点横坐标为 $\frac{1}{2} + \frac{1}{3}\ln 2$.

13．设 $f''(x) < 0$，$f(0) = 0$，证明：对任何 $x_1 > 0, x_2 > 0$，有

$$f(x_1 + x_2) < f(x_1) + f(x_2)$$

证明：因为 $f(x), f'(x)$ 满足拉朗日格中值定理条件，不妨设 $0 < x_1 < x_2$，则

$$[f(x_1 + x_2) - f(x_2)] - [f(x_1) - f(0)] = f'(c_1)x_1 - f'(c_2)x_1$$

其中，$0 < c_2 < x_1 < x_2 < c_1 < x_1 + x_2$.

$$[f(x_1 + x_2) - f(x_2)] - [f(x_1) - f(0)] = x_1[f'(c_1) - f'(c_2)] = x_1(c_1 - c_2)f''(\xi) < 0 \Rightarrow$$

$$f(x_1 + x_2) < f(x_1) + f(x_2)$$

14．求函数 $u = x + 2\cos x$ 在 $\left[0, \frac{\pi}{2}\right]$ 上的最大值.

解：$u' = 1 - 2\sin x = 0 \Rightarrow x = \frac{\pi}{6}$.

$u\big|_{x=\frac{\pi}{6}} = \frac{\pi}{6} + \sqrt{3}$，$u\big|_{x=0} = 2$，$u\big|_{x=\frac{\pi}{2}} = \frac{\pi}{2} \Rightarrow u$ 的最大值为 $u\big|_{x=\frac{\pi}{6}} = \frac{\pi}{6} + \sqrt{3}$.

15．设 $f(x)$ 在 $[0,1]$ 上有二阶导数，且 $f(1) > 0$，$\lim\limits_{x\to 0^+}\frac{f(x)}{x} < 0$，证明：

（1）方程 $f(x) = 0$ 在 $(0,1)$ 内至少有一个实根；

（2）方程 $f(x)f''(x) + [f'(x)]^2 = 0$ 在 $(0,1)$ 内至少存在两个不同实根.

证明：（1）由题设知 $f(x)$ 连续且 $\lim\limits_{x\to 0^+}\frac{f(x)}{x}$ 存在，所以 $f(0) = 0$. 由 $\lim\limits_{x\to 0^+}\frac{f(x)}{x} < 0$ 与极限的保号性可知，存在 $a \in (0,1)$，使 $\frac{f(a)}{a} < 0$，即 $f(a) < 0$. 又 $f(1) > 0$，所以存在 $b \in (a,1) \subset (0,1)$，使得 $f(b) = 0$，即方程 $f(x) = 0$ 在 $(0,1)$ 内至少存在一个实根.

（2）由（1）知 $f(0) = f(b) = 0$，根据罗尔中值定理，存在 $c \in (0,b) \subset (0,1)$，使 $f'(c) = 0$. 令 $F(x) = f(x)f'(x)$，由题设知 $F(x)$ 在 $[0,b]$ 上可导，且 $F(0) = 0$，$F(c) = 0$，$F(b) = 0$. 根据罗尔中值定理，存在 $\xi \in (0,c)$，$\eta \in (c,b)$，使 $F'(\xi) = F'(\eta) = 0$，即 ξ, η 是方程 $f(x)f''(x) + [f'(x)]^2 = 0$ 在 $(0,1)$ 内的两个不同实根.

16. 证明方程 $x + p + q \cos x = 0$ 恰有一个实根，其中 $0 < q < 1$.

证明：设 $f(x) = x + p + q \cos x$，

$$\lim_{x \to -\infty} f(x) = \lim_{x \to -\infty}(x + p + q \cos x) = -\infty, \quad \lim_{x \to +\infty} f(x) = \lim_{x \to +\infty}(x + p + q \cos x) = +\infty$$

所以方程 $f(x) = 0$ 有根. 又 $f'(x) = 1 - q \sin x > 0 \Rightarrow f(x)\uparrow$，所以方程 $x + p + q \cos x = 0$ 只有唯一根.

17. 求曲线 $y = \dfrac{1}{x}$ 的切线被两坐标轴所截线段的最短长度.

解：设 (x, y) 为曲线 $y = \dfrac{1}{x}$ 上的任意一点，则此点处切线方程为

$$Y - y = \frac{-1}{x^2}(X - x)$$

或

$$Y = \frac{1}{x} - \frac{1}{x^2}(X - x) = \frac{2}{x} - \frac{X}{x^2}$$

切线与 x 轴交点为 $A(2x, 0)$，与 y 轴交点为 $B\left(0, \dfrac{2}{x}\right)$，如下图所示，则切线被两坐标轴所截线段的长为 $|AB| = S = \sqrt{4x^2 + \dfrac{4}{x^2}}$，$x \neq 0$.

$$S' = \frac{1}{\sqrt{x^2 + \dfrac{1}{x^2}}}\left(2x - \frac{2}{3}\right) = 0 \Rightarrow x = \pm 1$$

而

$$S'' = \frac{-1}{2\left(x^2 + \dfrac{1}{x^2}\right)^{\frac{3}{2}}}\left(2x - \frac{2}{x^3}\right)^2 + \frac{1}{\sqrt{x^2 + \dfrac{1}{x^2}}}\left(2 + \frac{6}{x^4}\right)$$

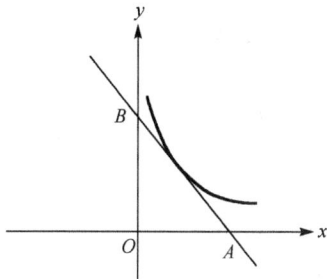

$S''|_{x=1} = \dfrac{8}{\sqrt{2}} > 0$，$S''|_{x=-1} = \dfrac{8}{\sqrt{2}} > 0 \Rightarrow S|_{x=-1} = 2\sqrt{2}$ 为 S 在 $(-\infty, 0)$ 上的最小值. 同样 $S|_{x=1} = 2\sqrt{2}$ 为 S 在 $(0, +\infty)$ 上最小值，故所求线段最短长度为 $2\sqrt{2}$.

18. 设 $b > a > 0$，证明 $\ln \dfrac{b}{a} > \dfrac{2(b-a)}{a+b}$.

证明：原式等价于证明 $(a+b)(\ln b - \ln a) > 2(b-a)$.

设 $f(x) = (a+x)(\ln x - \ln a) - 2(x-a)$，$x \geqslant a$，则 $f(a) = 0$. 而 $f'(x) = \ln x - \ln a + \dfrac{a}{x} - 1$，$f'(a) = 0$. $f''(x) = \dfrac{1}{x} - \dfrac{a}{x^2} = \dfrac{x-a}{x^2}$. 当 $x > a$ 时，$f''(x) > 0$，$f'(x)$ 单调递增，故 $f'(x) > f'(a) = 0$. 所以当 $x > a$ 时，$f(x)$ 单调递增，$f(x) > f(a) = 0$，故 $f(b) > 0$，即 $(a+b)(\ln b - \ln a) - 2(b-a) > 0$，$\ln \dfrac{b}{a} > \dfrac{2(b-a)}{a+b}$.

19. 作半径为 r 的球的外切正圆锥，问此圆锥的高 h 为何值时，其体积 V 最小？求出该最小值.

解：如右图所示，设圆锥底圆半径为 R，则

$$\frac{r}{R} = \frac{\sqrt{(h-r)^2 - r^2}}{h} \Rightarrow$$

$$R = \frac{rh}{\sqrt{(h-r)^2 - r^2}} = \frac{rh}{\sqrt{h^2 - 2rh}} \Rightarrow$$

$$V = \frac{\pi r^2 h^2}{3(h-2r)} \Rightarrow \frac{dV}{dh} = \frac{\pi r^2 h(h-4r)}{3(h-2r)^2} = 0 \Rightarrow h = 4r$$

$$\frac{d^2 V}{dh^2} = \frac{8\pi r^4}{3(h-2r)^3} \Rightarrow \frac{d^2 V}{dh^2}\bigg|_{h=4r} = \frac{r}{3} > 0 \Rightarrow V\big|_{h=4r} = \frac{8}{3}\pi r^3 \text{ 为最小}$$

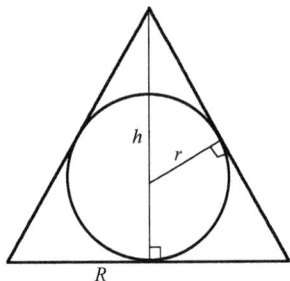

20. 设 $f(x)$ 在 $[0,1]$ 上连续，在 $(0,1)$ 内二阶可导，过点 $A(0,f(0))$，$B(1,f(1))$ 的直线与曲线 $y = f(x)$ 相交于点 $C(c,f(c))$，其中 $0 < c < 1$，证明：在 $(0,1)$ 内至少存在一点 ξ，使 $f''(\xi) = 0$．

证明：由已知条件得 $\dfrac{f(1)-f(c)}{1-c} = \dfrac{f(c)-f(0)}{c-0}$，易见 $f(x)$ 分别在 $[0,c]$ 和 $[c,1]$ 上满足拉格朗日中值定理条件，故存在 $\xi_1 \in (0,c)$ 和 $\xi_2 \in (c,1)$，使 $f'(\xi_1) = \dfrac{f(c)-f(0)}{c-0}$，

$f'(\xi_2) = \dfrac{f(1)-f(c)}{1-c} \Rightarrow f'(\xi_1) = f'(\xi_2)$，而 $f'(x)$ 在 $[\xi_1, \xi_2]$ 上满足罗尔中值定理条件，故存在 $\xi \in (\xi_1, \xi_2) \subset (0,1)$，使 $f''(\xi) = 0$．

21. 设当 $x > 0$ 时，方程 $kx + \dfrac{1}{x^2} = 1$ 有且仅有一个解，求 k 的取值范围．

解：设 $f(x) = kx + \dfrac{1}{x^2} - 1$，$x > 0$，易见 $f(x)$ 连续且当 $k \leq 0$ 时，

$$f'(x) = k - \frac{2}{x^3} < 0 \Rightarrow f(x) \downarrow (0, +\infty)$$

而

$$\lim_{x \to 0^+} f(x) = \lim_{x \to 0^+}\left[kx + \frac{1}{x^2} - 1\right] = +\infty, \quad \lim_{x \to +\infty} f(x) = \lim_{x \to +\infty}\left[kx + \frac{1}{x^2} - 1\right] = -\infty$$

所以方程 $f(x) = 0$，即 $kx + \dfrac{1}{x^2} = 1$ 有且只有一个解．

当 $k > 0$ 时，$f'(x) = k - \dfrac{2}{x^3} = 0 \Rightarrow x = \left(\dfrac{2}{k}\right)^{\frac{1}{3}}$，又

$$f''(x) = \frac{6}{x^4} \Rightarrow f''\left(\left(\frac{2}{k}\right)^{\frac{1}{3}}\right) = \frac{6}{\left(\frac{2}{k}\right)^{\frac{4}{3}}} > 0 \Rightarrow f\left[\left(\frac{2}{k}\right)^{\frac{1}{3}}\right] = \frac{3}{2^{\frac{2}{3}}} k^{\frac{2}{3}} - 1 \text{ 为最小值}$$

又 $\lim\limits_{x \to 0^+} f(x) = \lim\limits_{x \to 0^+}\left(kx + \dfrac{1}{x^2} - 1\right) = +\infty$，$\lim\limits_{x \to +\infty} f(x) = \lim\limits_{x \to +\infty}\left(kx + \dfrac{1}{x^2} - 1\right) = +\infty$，所以，当

$f\left[\left(\dfrac{2}{k}\right)^{\frac{1}{3}}\right] = \dfrac{3}{2^{\frac{2}{3}}} k^{\frac{2}{3}} - 1 = 0$，即 $k = \dfrac{2}{3\sqrt{3}}$ 时，方程 $f(x) = 0$，故 $kx + \dfrac{1}{x^2} = 1$ 在 $(0, +\infty)$ 内有且仅有唯一解．

22. 设 $y = \dfrac{x^3+4}{x^2}$，求函数的单调区间和极值、凸凹区间和拐点、渐近线，并画出其草图.

解：函数的定义域是 $(-\infty,0)$ 和 $(0,+\infty)$. $y' = 1 - \dfrac{8}{x^3} = 0 \Rightarrow x_1 = 2$ ，$y'' = \dfrac{24}{x^4} > 0$. 又

$\lim\limits_{x\to 0}\dfrac{x^3+4}{x^2} = +\infty$ ，所以直线 $x = 0$ 是曲线的垂直渐近线，而 $\lim\limits_{x\to\pm\infty}\dfrac{x^3+4}{x^3} = 1$ ，$\lim\limits_{x\to\pm\infty}\left[\dfrac{x^3+4}{x^2} - x\right] = 0$ ，

所以直线 $y = x$ 是曲线的斜渐近线.

列表如下：

x	$(-\infty,0)$	$(0,2)$	2	$(2,+\infty)$
y'	+	−	0	+
y''	+	+	+	+
y	↑凹	↓凹	3 极小	↑凹

草图如下图所示.

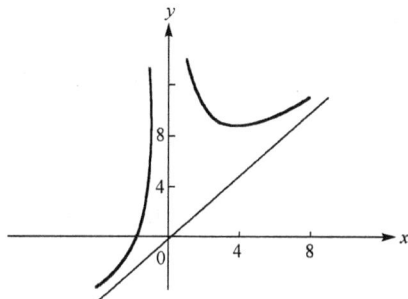

23. 设 $f(x)$ 在 $[a,+\infty)$ 上连续，$f''(x) > 0$ ，记 $F(x) = \dfrac{f(x)-f(a)}{x-a}$ ，$x > a$ ，证明 $F(x)$ 在 $(a,+\infty)$ 内单调递增.

证明：$F'(x) = \dfrac{f'(x)(x-a) - f(x) + f(a)}{(x-a)^2}$.

设

$$g(x) = f'(x)(x-a) - f(x) + f(a)$$
$$g'(x) = f''(x)(x-a) + f'(x) - f'(x) = f''(x)(x-a) > 0, \quad x > a \Rightarrow$$
$$g(x)\uparrow \Rightarrow g(x) > g(a) = 0 \Rightarrow f'(x)(x-a) - f(x) + f(a) > 0 \Rightarrow F'(x) > 0, \quad x > a$$

所以 $F(x)\uparrow$ ，$x > a$.

24. 证明：（1） $(1+x)^a \geq 1 + \alpha x$ ，$x > -1, \alpha \leq 0$ 或 $\alpha \geq 1$；

　　　　　（2） $(1+x)^a \leq 1 + \alpha x$ ，$x > -1, 0 \leq \alpha \leq 1$.

证明：设 $f(x) = (1+x)^a - 1 - \alpha x$.

（1）当 $x > -1$ ，$\alpha \leq 0$ 或 $\alpha \geq 1$ 时，有

$$f'(x) = \alpha(1+x)^{a-1} - \alpha = 0 \Rightarrow x = 0$$

$f''(x) = \alpha(\alpha-1)(1+x) \Rightarrow f''(0) = \alpha(\alpha-1) \geq 0 \Rightarrow f(0)$ 是最小值.

而 $f(0) = 0 \Rightarrow f(x) \geq 0 \Rightarrow (1+x)^\alpha \geq 1 + \alpha x$.

（2）当 $x > -1$ ，$0 \leq \alpha \leq 1$ 时，有

$$f'(x) = \alpha(x+1)^{\alpha-1} - \alpha = 0 \Rightarrow x = 0$$

$f''(0) = \alpha(\alpha-1) \leq 0 \Rightarrow f(0)$ 是最大值 $\Rightarrow f(x) \leq f(0) = 0$，即 $(1+x)^\alpha \leq 1+\alpha x$.

25. 设函数 $f(x)$ 在 $(-\infty, +\infty)$ 内连续，且 $F(x) = \int_0^x (x-2t)f(t)\mathrm{d}t$. 证明：

（1）若 $f(x)$ 为偶函数，则 $F(x)$ 也为偶函数；

（2）若 $f(x)$ 单调不增，则 $F(x)$ 单调不减.

证明：（1）若 $f(x)$ 为偶函数，即 $f(x) = f(-x)$，

$$F(-x) = \int_0^{-x} (-x-2t)f(t)\mathrm{d}t，设 u = -t$$

$$F(-x) = \int_0^x (-x+2u)f(-u)\mathrm{d}(-u) = \int_0^x (x-2u)f(u)\mathrm{d}u = F(x)$$

即 $F(x)$ 为偶函数.

（2）$F(x) = x\int_0^x f(t)\mathrm{d}t - 2\int_0^x tf(t)\mathrm{d}t$

$$F'(x) = \int_0^x f(t)\mathrm{d}t + xf(x) - 2xf(x) = \int_0^x f(t)\mathrm{d}t - xf(x)$$

$$= \int_0^x [f(t) - f(x)]\mathrm{d}t$$

如果 $x > 0$，则 $f(t) - f(x) \geq 0$（因 $f(x)$ 单调不增）$\Rightarrow F'(x) = \int_0^x [f(t)-f(x)]\mathrm{d}t \geq 0 \Rightarrow F(x)$ 单调不减.

如果 $x < 0$，则 $f(t) - f(x) \leq 0 \Rightarrow F'(x) = \int_0^x [f(t)-f(x)]\mathrm{d}t \geq 0 \Rightarrow F(x)$ 单调不减，由于 $F(x)$ 连续，所以 $F(x)$ 在 $(-\infty, +\infty)$ 上单调不减.

26. 就 k 的不同取值情况，确定 $x - \dfrac{\pi}{2}\sin x = k$ 在开区间 $\left(0, \dfrac{\pi}{2}\right)$ 内根的个数，并证明你的结论.

解：设 $f(x) = x - \dfrac{\pi}{2}\sin x - k$，易见 $f(x)$ 在 $\left(0, \dfrac{\pi}{2}\right)$ 内连续，且

$$f'(x) = 1 - \frac{\pi}{2}\cos x = 0 \Rightarrow x_0 = \arccos\frac{2}{\pi} \in \left(0, \frac{\pi}{2}\right)$$

又 $f''(x) = \dfrac{\pi}{2}\sin x > 0 \Rightarrow f''(x_0) > 0 \Rightarrow f(x_0)$ 是最小值.

因为 $f(0) = f\left(\dfrac{\pi}{2}\right) = -k$，令 $x_0 - \dfrac{\pi}{2}\sin x_0 = y_0$，则 $f(x_0) = y_0 - k$.

（1）当 $y_0 - k = 0$，即 $k = y_0$ 时，方程在 $\left(0, \dfrac{\pi}{2}\right)$ 内只有一个根 x_0；

（2）当 $(y_0-k)(-k) > 0 \Rightarrow k > y_0$ 或 $k > 0$ 时，方程在 $\left(0, \dfrac{\pi}{2}\right)$ 内无根；

（3）当 $(y_0-k)(-k) < 0 \Rightarrow y_0 < k < 0$ 时，方程在 $\left(0, \dfrac{\pi}{2}\right)$ 内恰有两个根，分布在 $(0, x_0)$ 和

$\left(x_0,\dfrac{\pi}{2}\right)$ 之间；

（4）当 $k=0$ 时，方程的根为 $x=0$ 和 $x=\dfrac{\pi}{2}$，但在 $\left(x_0,\dfrac{\pi}{2}\right)$ 内无根.

27．求所有实数 α 的集合，使得对任何正数 x 和 y，不等式 $x\leqslant\dfrac{\alpha-1}{\alpha}y+\dfrac{1}{\alpha}\dfrac{x^{\alpha}}{y^{\alpha-1}}$ 成立.

解：易见，当 $\alpha=1$ 时，$\dfrac{\alpha-1}{\alpha}y+\dfrac{1}{\alpha}\dfrac{x^{\alpha}}{y^{\alpha-1}}=x\Rightarrow$ 不等式成立.

对 $\alpha\neq1$，设 $f(y)=\dfrac{\alpha-1}{\alpha}y+\dfrac{1}{\alpha}\dfrac{x^{\alpha}}{y^{\alpha-1}}$，$y>0$，则

$$f'(y)=\frac{\alpha-1}{\alpha}-\frac{\alpha-1}{\alpha}\frac{x^{\alpha}}{y^{\alpha}}=0\Rightarrow y=x$$

而 $f(x)=x$，$f''(y)=(\alpha-1)\dfrac{x^{\alpha}}{y^{\alpha+1}}\Rightarrow f''(x)=\dfrac{\alpha-1}{x}$，可知：

（1）当 $\alpha-1>0$，即 $\alpha>1$ 时，$f''(x)>0\Rightarrow f(x)=x$ 是 $f(y)$ 最小值，所以 $f(y)\geqslant x$，不等式成立；

（2）当 $\alpha-1<0$，即 $\alpha<1$ 时，$f''(x)<0\Rightarrow f(x)=x$ 是 $f(y)$ 最大值，所以 $f(y)\leqslant x$，不等式不成立.

综上所述，当 $\alpha\geqslant1$ 时，不等式成立.

28．证明：当 $0\leqslant x\leqslant1,\ p>1$ 时，$\dfrac{1}{2^{p-1}}\leqslant x^p+(1-x)^p\leqslant1$.

证明：设 $f(x)=x^p+(1-x)^p$，$0\leqslant x\leqslant1$，有

$$f'(x)=px^{p-1}-p(1-x)^{p-1}=0\Rightarrow x=\frac{1}{2}$$

$f\left(\dfrac{1}{2}\right)=2^{1-p}$，$f(0)=1,\ f(1)=1\Rightarrow f\left(\dfrac{1}{2}\right)$ 为 $f(x)$ 在 $[0,1]$ 上的最小值，$f(0)=f(1)$ 是 $f(x)$ 在 $[0,1]$ 上的最大值. 所以 $f\left(\dfrac{1}{2}\right)\leqslant f(x)\leqslant f(0)=f(1)$，即 $\dfrac{1}{2^{p-1}}\leqslant x^p+(1-x)^p\leqslant1$.

29．求满足条件"当 $x=1$ 时，取极大值为 6；当 $x=3$ 时，取极小值为 2"的次数最小的多项式.

解：设所求多项式为 $P(x)$，则

$$P'(x)=a(x-1)(x-3)=a(x^2-4x+3)，\quad P''(x)=a(2x-4)$$

$$P''(1)=-2a<0，\quad P''(3)=2a>0\Rightarrow a>0$$

$$P'(x)=a(x^2-4x+3)\Rightarrow P(x)=a\left(\frac{x^3}{3}-2x^2+3x\right)+c$$

$$P(1)=a(\frac{1}{3}-2+3)+c=6\Rightarrow\frac{4}{3}a+c=6$$

$$P(3) = a(9 - 18 + 9) + c = 2 \Rightarrow c = 2, a = 3$$

所以 $P(x) = x^3 - 6x^2 + 9x + 2$.

30. 求函数 $F(x) = \int_x^{x+1} |t(t^2 - 1)| \, dt$ 的最小值.

解： $F'(x) = |(x+1)[(x+1)^2 - 1]| - |x(x^2 - 1)|$
$$= |x(x^2 + 3x + 2)| - |x(x^2 - 1)|$$

令 $F'(x) = 0 \Rightarrow x_1 = 0, \ x_2 = -1, \ x_3 = -\dfrac{1}{2}$,

$$F(0) = \int_0^1 |t(t^2 - 1)| \, dt = \int_0^1 (t - t^3) \, dt = \frac{1}{4}$$

$$F(-1) = \int_{-1}^0 |t(t^2 - 1)| \, dt = \int_{-1}^0 (t^3 - t) \, dt = \frac{1}{4}$$

$$F\left(-\frac{1}{2}\right) = \int_{-\frac{1}{2}}^{\frac{1}{2}} |t(t^2 - 1)| \, dt = \frac{7}{32}$$

所以 $F\left(-\dfrac{1}{2}\right) = \dfrac{7}{32}$ 是最小值.

31. 设 $a > 0$ ，求使 $f(a) = \int_0^1 |x^2 - a^2| \, dx$ 最小的 a .

解： $f(a) = \begin{cases} \displaystyle\int_0^1 (a^2 - x^2) \, dx & , \ a \geqslant 1 \\ \displaystyle\int_0^a (a^2 - x^2) \, dx + \int_a^1 (x^2 - a^2) \, dx, \ 0 < a < 1 \end{cases}$

$$= \begin{cases} a^2 - \dfrac{1}{3} & , \ a \geqslant 1 \\ \dfrac{4}{3} a^3 - a^2 + \dfrac{1}{3}, \ 0 < a < 1 \end{cases}$$

因为 $f(a)$ 在 $(0, +\infty)$ 上连续，且

$$f'(a) = \begin{cases} 2a & , \ a \geqslant 1 \\ 4a^2 - a^2 + \dfrac{1}{3}, \ 0 < a < 1 \end{cases} = 0 \Rightarrow a = \frac{1}{2}$$

而 $f''(a) = \begin{cases} 2 & , \ a > 1 \\ 8a - 2, \ a < 1 \end{cases}, \ f''\left(\dfrac{1}{2}\right) = 2 > 0$

所以 $f\left(\dfrac{1}{2}\right)$ 为最小值，最小值点为 $a = \dfrac{1}{2}$.

32. 求数列 $\left\{\dfrac{n^{10}}{2^n}\right\}$ 的最大项.

解：设 $f(x) = \dfrac{x^{10}}{2^x}, \ x > 0$.

$$f'(x) = -2^{-x}(\ln 2) x^{10} + 2^{-x} 10 x^9 = 2^{-x} x^9 (10 - x \ln 2) = 0 \Rightarrow x = \frac{10}{\ln 2}$$

易见当 $0<x<\dfrac{10}{\ln 2}$ 时，$f'(x)>0\Rightarrow f(x)\uparrow$；当 $x>\dfrac{10}{\ln 2}$ 时，$f'(x)<0\Rightarrow f'(x)\downarrow$．所以 $f\left(\dfrac{10}{\ln 2}\right)$ 为 $f(x)$ 的最大值，又 $14<\dfrac{10}{\ln 2}<15$（$\ln 2\approx 0.7$），而 $f(14)>f(15)$，所以数列的最大项是 $\dfrac{14^{10}}{2^{14}}$．

33．证明：方程 $a^x=bx$，$a>1$，（1）当 $b>e\ln a$ 时，有两个实根；（2）当 $0\le b<e\ln a$ 时，没有实根；（3）当 $b<0$ 时，有唯一实根．

证明： 设 $f(x)=a^x-bx$，则 $f'(x)=a^x\ln a-b$．

（1）当 $b>e\ln a$ 时，由 $f'(x)=0\Rightarrow x=\dfrac{\ln\dfrac{b}{\ln a}}{\ln a}$．

$$\lim_{x\to-\infty}f(x)=\lim_{x\to-\infty}(a^x-bx)=+\infty,\quad \lim_{x\to+\infty}f(x)=\lim_{x\to+\infty}(a^x-bx)=+\infty$$

$$f\left[\dfrac{\ln\dfrac{b}{\ln a}}{\ln a}\right]=\dfrac{b}{\ln a}-b\left[\dfrac{\ln\dfrac{b}{\ln a}}{\ln a}\right]=\dfrac{b}{\ln a}\left[1-\ln\dfrac{b}{\ln a}\right]$$

$$b>e\ln a\Rightarrow\dfrac{b}{\ln a}>e\Rightarrow\ln\dfrac{b}{\ln a}>1\Rightarrow f\left[\dfrac{\ln\dfrac{b}{\ln a}}{\ln a}\right]<0$$

又当 $x<\dfrac{\ln\dfrac{b}{\ln a}}{\ln a}$ 时，$f'(x)<0\Rightarrow f(x)\downarrow$；当 $x>\dfrac{\ln\dfrac{b}{\ln a}}{\ln a}$ 时，$f'(x)>0\Rightarrow f(x)\uparrow$，所以 $f\left[\dfrac{\ln\dfrac{b}{\ln a}}{\ln a}\right]$ 是最小值．所以方程 $a^x=bx$ 有两个不同的实根．

（2）当 $0<b<e\ln a$ 时，$f\left[\dfrac{\ln\dfrac{b}{\ln a}}{\ln a}\right]>0$，所以方程无根．

而当 $b=0$ 时，易见方程也无根．

（3）当 $b<0$ 时，$f'(x)=a^x\ln a-b>0\Rightarrow f(x)\uparrow$．

而 $\lim\limits_{x\to-\infty}f(x)=\lim\limits_{x\to-\infty}[a^x-bx]=-\infty$，$\lim\limits_{x\to+\infty}[a^x+bx]=+\infty$，所以方程只有一个根．

34．若 $f(x)$ 在 $[a,b]$ 上连续，且 $f(a)=f(b)=0$，如果 $f'(a)f'(b)>0$，则 $f(x)$ 在 (a,b) 内至少有一个零点．

证明： 由 $f'(a)f'(b)>0$，不妨设 $f'(a)>0,f'(b)>0$，则 $f'(a)=\lim\limits_{x\to a^+}\dfrac{f(x)-f(a)}{x-a}=$ $\lim\limits_{x\to a^+}\dfrac{f(x)}{x-a}>0\Rightarrow$ 存在 $x_1\in\left(a,\dfrac{a+b}{2}\right)$，使 $\dfrac{f(x_1)}{x_1-a}>0\Rightarrow f(x_1)>0$．再由 $f'(b)=\lim\limits_{x\to b^-}\dfrac{f(x)-f(b)}{x-b}=$ $\lim\limits_{x\to b^-}\dfrac{f(x)}{x-b}>0\Rightarrow$ 存在 $x_2\in\left(\dfrac{a+b}{2},b\right)$，使 $\dfrac{f(x_2)}{x_2-b}>0\Rightarrow f(x_2)<0$．易见 $f(x)$ 在 $[x_1,x_2]$ 上连续，且

$f(x_1)f(x_2)<0$，由根的存在原理可知，$f(x)$ 在 $(x_1,x_2)\subset(a,b)$ 内至少有一个零点.

35．确定方程 $\ln x=ax(a>0)$ 实根的个数.

解：设 $f(x)=\ln x-ax$，$x>0$.

$$f'(x)=\frac{1}{x}-a=0\Rightarrow x=\frac{1}{a},\quad f''(x)=\frac{-1}{x^2}\Rightarrow f''\left(\frac{1}{a}\right)=-a^2<0\Rightarrow f\left(\frac{1}{a}\right)\text{为最大值. 而}\lim_{x\to 0^+}f(x)=$$

$-\infty$，$\lim\limits_{x\to+\infty}f(x)=-\infty$.

又 $f\left(\dfrac{1}{a}\right)=\ln\dfrac{1}{a}-1$，所以

（1）当 $\ln\dfrac{1}{a}-1<0$，即 $a>\dfrac{1}{e}$ 时，方程没有实根；

（2）当 $\ln\dfrac{1}{a}-1>0$，即 $0<a<\dfrac{1}{e}$ 时，方程有两个实根；

（3）当 $\ln\dfrac{1}{a}-1=0$，即 $a=\dfrac{1}{e}$ 时，方程只有一个实根.

36．设 $f(x)$ 在 $[a,b]$ 上连续，在 (a,b) 内可导，又 $ab>0$，证明：存在 $\xi\in(a,b)$，使 $\dfrac{af(b)-bf(a)}{b-a}=\xi f'(\xi)-f(\xi)$ 成立.

证明：设 $F(x)=\dfrac{bf(a)-af(b)}{x(b-a)}-\dfrac{f(x)}{x}$，因为 $ab>0$，易见 $F(x)$ 在 $[a,b]$ 上连续，在 (a,b) 内可导，且

$$F(a)=\frac{bf(a)-af(b)}{a(b-a)}-\frac{f(a)}{a}=\frac{f(a)-f(b)}{b-a}$$

$$F(b)=\frac{bf(a)-af(b)}{b(b-a)}-\frac{f(a)}{b}=\frac{f(a)-f(b)}{b-a}$$

即 $F(a)=F(b)$.

由罗尔中值定理，存在 $\xi\in(a,b)$，使 $F'(\xi)=0$，即

$$\frac{af(b)-bf(a)}{\xi^2(b-a)}-\frac{\xi f'(\xi)-f(\xi)}{\xi^2}=0\Rightarrow\frac{af(b)-bf(a)}{b-a}=\xi f'(\xi)-f(\xi)$$

37．若 $f(x),g(x),f'(x),g'(x)$ 都在 $(-\infty,+\infty)$ 内连续，$f(x)g'(x)-f'(x)g(x)$ 在 $(-\infty,+\infty)$ 上无零点，证明：$f(x)$（或 $g(x)$）的任何两个相邻的零点之间必有 $g(x)$（或 $f(x)$）的一个零点.

证明：由 $f(x)g'(x)-f'(x)g(x)$ 无零点 $\Rightarrow f(x),g(x)$ 的零点不相同. 若不然，$f(a)=g(a)=0\Rightarrow f(a)g'(a)-f'(a)g(a)=0$，这与 $f(x)g'(x)-f'(x)g(x)$ 无零点矛盾.

再用反证法证明 $g(x)$ 的两个相邻的零点之间必有 $f(x)$ 的零点.

假设在 $g(x)$ 的两个相邻的零点 x_1,x_2（$x_1<x_2$）之间没有 $f(x)$ 的零点，则 $F(x)=\dfrac{g(x)}{f(x)}$ 在 $[x_1,x_2]$ 上满足罗尔中值定理条件，从而存在 $\xi\in(x_1,x_2)$ 使 $F'(\xi)=0$，即 $\dfrac{f(\xi)g'(\xi)-f'(\xi)g(\xi)}{f^2(\xi)}$ $=0\Rightarrow f(\xi)g'(\xi)-f'(\xi)g(\xi)=0$，这与 $f(x)g'(x)-f'(x)g(x)$ 无零点矛盾，所以在 $g(x)$ 的两个相邻的零点之间一定有 $f(x)$ 的零点.

38. 设 $f(x)$ 在 $[a,b]$ 上连续，在 (a,b) 内可导，如果 $f(x)$ 不是线性函数，则在 (a,b) 中至少有一点 ξ，使 $f'(\xi) > \dfrac{f(b)-f(a)}{b-a}$.

证明：过点 $(a,f(a)),(b,f(b))$ 的直线为

$$y - f(a) = \frac{f(b)-f(a)}{b-a}(x-a)$$

即

$$y = f(a) + \frac{f(b)-f(a)}{b-a}(x-a)$$

因为 $f(x)$ 不是线性函数，所以至少存在一点 $c \in (a,b)$，使

$$f(c) \neq f(a) + \frac{f(b)-f(a)}{b-a}(c-a)$$

不妨设 $f(c) > f(a) + \dfrac{f(b)-f(a)}{b-a}(c-a) \Rightarrow \dfrac{f(c)-f(a)}{c-a} > \dfrac{f(b)-f(a)}{b-a}$.

易见 $f(x)$ 在 $[a,c]$ 上满足拉格朗日中值定理，存在 $\xi \in (a,c) \subset (a,b)$，使

$$f'(\xi) = \frac{f(c)-f(a)}{c-a} > \frac{f(b)-f(a)}{b-a} \Rightarrow f'(\xi) > \frac{f(b)-f(a)}{b-a}$$

成立.

39. 设 $f(x)$ 在 $[a,b]$ 上有连续二阶导数，且 $f''(x) < 0$，$f(a) = f(b) = 0$，证明：$\displaystyle\int_a^b \left|\frac{f''(x)}{f(x)}\right| \mathrm{d}x > \frac{4}{b-a}$.

证明：由 $f''(x) < 0 \Rightarrow f(x)$ 不恒为零，由 $f(x)$ 在 $[a,b]$ 上连续 $\Rightarrow |f(x)|$ 在 $[a,b]$ 上连续 $\Rightarrow$ $|f(x)|$ 有最大值 $|f(c)| = M$，$c \in (a,b)$. 又 $f(x)$ 在 $[a,c]$ 和 $[c,b]$ 上满足拉格日中值定理条件，存在 $\xi_1 \in (a,c), \xi_2 \in (c,b)$，使

$$f'(\xi_1) = \frac{f(c)-f(a)}{c-a} = \frac{f(c)}{c-a}, \quad f(\xi_2) = \frac{f(b)-f(c)}{b-c} = \frac{-f(c)}{b-c}$$

而

$$\int_a^b \left|\frac{f''(x)}{f(x)}\right| \mathrm{d}x \geqslant \int_a^b \frac{|f''(x)|}{M} \mathrm{d}x > \frac{1}{M} \int_{\xi_2}^{\xi_2} |f''(x)| \mathrm{d}x > \frac{1}{M} \left|\int_{\xi_1}^{\xi_2} f''(x) \mathrm{d}x\right|$$

$$= \frac{1}{M} |f'(\xi_2) - f'(\xi_1)| = \frac{1}{M} \left|\frac{-f(c)}{b-c} - \frac{f(c)}{c-a}\right| = \frac{b-a}{(b-c)(c-a)}$$

又

$$(b-c)(c-a) \leqslant \left(b - \frac{a+b}{2}\right)\left(\frac{a+b}{2} - a\right) = \frac{(b-a)^2}{4}$$

所以

$$\frac{b-a}{(b-c)(c-a)} > \frac{b-a}{\frac{(b-a)^2}{4}} = \frac{4}{b-a}$$

从而 $\int_a^b \left| \frac{f''(x)}{f(x)} \right| dx > \frac{4}{b-a}$.

40．已知 $f(x)$ 在 $[0,1]$ 上连续，在 $(0,1)$ 内可导，且 $f(0)=1$，$f(1)=0$，证明：在 $(0,1)$ 内至少存在一点 c，使 $f'(c)=-\dfrac{f(c)}{c}$.

证明：设 $F(x)=xf(x)$，且 $F(0)=0$，$F(1)=f(1)=0$．易见 $F(x)$ 在 $[0,1]$ 上满足罗尔中值定理条件，所以至少存在 $c \in (0,1)$，使 $F'(c)=0$，即 $cf'(c)+f(c)=0$ 或 $f'(c)=-\dfrac{f(c)}{c}$.

41．设 $f(x)$ 在 $[a,b]$ 上二阶可导，且 $f(a)=f(b)=0$，$M=\sup|f''(x)|$，证明 $|f'(a)|+|f'(b)| \leqslant M(b-a)$.

证明：由于 $f(x)$ 在 $[a,b]$ 上满足罗尔中值定理条件，故存在 $c \in (a,b)$，使 $f'(c)=0$．又 $f'(x)$ 分别在 $[a,c]$ 和 $[c,b]$ 上满足拉格朗日中值定理条件，则存在 $\xi_1 \in (a,c)$ 和 $\xi_2 \in (c,b)$，使

$$|f'(a)|=|f'(c)-f'(a)|=|f''(\xi_1)(c-a)|$$

$$|f'(b)|=|f'(b)-f'(c)|=|f''(\xi_2)(b-c)|$$

则

$$|f'(a)|+|f'(b)|=|f''(\xi_1)|(c-a)+|f''(\xi_2)|(b-c) \leqslant M(b-a)$$

42．设 $f(x)$ 在 $[0,2]$ 上二阶可导，且 $|f(x)| \leqslant 1$，$|f''(x)| \leqslant 1$，证明：对 $x \in [0,2]$，有 $|f'(x)| \leqslant 2$.

证明：对 $x \in [0,2]$，将 $f(x)$ 在 x 点展成泰勒公式

$$f(x+\Delta x)=f(x)+f'(x)\Delta x+\frac{f''(\xi)}{2}\Delta x^2$$

分别取 $x+\Delta x=0$ 和 $x+\Delta x=2$，得

$$f(0)=f(x)+f'(x)(-x)+\frac{f''(\xi_1)}{2}x^2$$

$$f(2)=f(x)+f'(x)(2-x)+\frac{f''(\xi_2)}{2}(2-x)^2$$

由上两式得

$$2|f'(x)|=|f(2)-f(0)-\frac{1}{2}[f''(\xi_2)(2-x)^2-f''(\xi_1)x^2]|$$

$$\leqslant |f(2)|+|f(0)|+\frac{1}{2}|f''(\xi_2)|(2-x)^2+\frac{1}{2}|f''(\xi_1)|x^2$$

$$\leqslant 2+\frac{1}{2}[(2-x)^2+x^2]=2+\frac{1}{2}[4-4x+2x^2]$$

$$=2+(x^2-2x+2)=(x-1)^2+3 \leqslant 4, \qquad 0 \leqslant x \leqslant 2$$

从而有 $|f'(x)| \le 2$.

43. 设 $f(x)$ 在 $[a,b]$ 上有二阶连续导数，且 $f''(x) \le 0$，证明：

$$\int_a^b f(x)\mathrm{d}x \le (b-a)f\left(\frac{a+b}{2}\right).$$

证明：由 $f''(x) \le 0 \Rightarrow f'(x)$ 单调不增，而

$$\int_a^b \left[f(x) - f\left(\frac{a+b}{2}\right) \right]\mathrm{d}x$$

$$= \int_a^{\frac{a+b}{2}} \left[f(x) - f\left(\frac{a+b}{2}\right) \right]\mathrm{d}x + \int_{\frac{a+b}{2}}^b \left[f(x) - f\left(\frac{a+b}{2}\right) \right]\mathrm{d}x$$

$$= \int_a^{\frac{a+b}{2}} f'(c_1)\left(x - \frac{a+b}{2} \right)\mathrm{d}x + \int_{\frac{a+b}{2}}^b f'(c_2)\left(x - \frac{a+b}{2} \right)\mathrm{d}x$$

因 $c_1 \in \left(a, \frac{a+b}{2} \right) \Rightarrow f'(c_1) \ge f'\left(\frac{a+b}{2}\right) \Rightarrow$

$$\left(x - \frac{a+b}{2} \right)f'(c_1) \le \left(x - \frac{a+b}{2} \right)f'\left(\frac{a+b}{2}\right), \qquad x \in \left[a, \frac{a+b}{2} \right]$$

又因 $c_2 \in \left(\frac{a+b}{2}, b \right) \Rightarrow f'(c_2) \le f'\left(\frac{a+b}{2}\right) \Rightarrow$

$$\left(x - \frac{a+b}{2} \right)f'(c_2) \le f'\left(\frac{a+b}{2}\right)\left(x - \frac{a+b}{2} \right), \qquad x \in \left[\frac{a+b}{2}, b \right]$$

所以

$$\int_a^b \left[f(x) - f\left(\frac{a+b}{2}\right) \right]\mathrm{d}x$$

$$= \int_0^{\frac{a+b}{2}} f'(c_1)\left(x - \frac{a+b}{2} \right)\mathrm{d}x + \int_{\frac{a+b}{2}}^b f'(c_2)\left(x - \frac{a+b}{2} \right)\mathrm{d}x$$

$$\le f'\left(\frac{a+b}{2}\right)\int_a^{\frac{a+b}{2}}\left(x - \frac{a+b}{2} \right)\mathrm{d}x + f'\left(\frac{a+b}{2}\right)\int_{\frac{a+b}{2}}^b\left(x - \frac{a+b}{2} \right)\mathrm{d}x$$

$$= f'\left(\frac{a+b}{2}\right)\left[\left.\frac{\left(x - \frac{a+b}{2} \right)^2}{2}\right|_a^{\frac{a+b}{2}} + \left.\frac{\left(x - \frac{a+b}{2} \right)^2}{2}\right|_{\frac{a+b}{2}}^b \right] = 0$$

即

$$\int_a^b f(x)\mathrm{d}x - \int_a^b f\left(\frac{a+b}{2}\right)\mathrm{d}x \le 0 \Rightarrow \int_a^b f(x)\mathrm{d}x \le \int_a^b f\left(\frac{a+b}{2}\right)\mathrm{d}x = (b-a)f\left(\frac{a+b}{2}\right)$$

44. 设 $y = f(x)$ 是 $[0,1]$ 上的任一非负连续函数.

（1）试证存在 $\xi \in (0,1)$，使 $[0,\xi]$ 上以 $f(\xi)$ 为高的矩形面积等于 $[\xi,1]$ 上以 $y = f(x)$ 为曲边的曲边梯形面积；

（2）又设 $f(x)$ 在 $(0,1)$ 内可导，且 $f'(x) > -\dfrac{2f(x)}{x}$，证明（1）中的 ξ 是唯一的.

证明：（1）设 $F(x) = x\displaystyle\int_1^x f(t)\mathrm{d}t$. 易见 $F(x)$ 在 $[0,1]$ 上连续，在 $(0,1)$ 内可导，且 $F(0) = f(1) = 0$，则 $F(x)$ 在 $[0,1]$ 上满足罗尔中值定理条件 $\Rightarrow$ 存在 $\xi \in (0,1)$，使 $F'(\xi) = 0$，即 $\xi f(\xi) - \displaystyle\int_1^\xi f(t)\mathrm{d}t = 0$ 或 $\xi f(\xi) = \displaystyle\int_\xi^1 f(t)\mathrm{d}t$，此证结论.

（2）由 $f(x)$ 可导 $\Rightarrow F'(x) = xf(x) - \displaystyle\int_1^x f(t)\mathrm{d}t$ 可导，且 $F''(x) = 2f(x) + xf'(x) > 0 \Rightarrow F'(x)$ 在 $(0,1)$ 内是单调递增的，所以 $F'(x) = 0$ 的根只有一个，即 ξ 唯一.

45．设 $y = f(x)$ 在 $(-1,1)$ 内有二阶连续导数，且 $f''(x) \ne 0$，证明：

（1）对 $(-1,1)$ 内的任一 $x \ne 0$，存在唯一的 $\theta(x) \in (0,1)$，使 $f(x) = f(0) + xf'(\theta(x)x)$ 成立；

（2）$\displaystyle\lim_{x \to 0} \theta(x) = \dfrac{1}{2}$.

证法一：（1）任给非零 $x \in (-1,1)$，由拉格朗日中值定理得 $f(x) = f'(0) + xf'(\theta(x)x)$，$0 < \theta(x) < 1$.

因为 $f''(x)$ 在 $(-1,1)$ 内连续，且 $f''(x) \ne 0$，所以 $f''(x)$ 在 $(-1,1)$ 内不变号，不妨设 $f''(x) > 0$，则 $f'(x)$ 在 $(-1,1)$ 内严格单调，故 $\theta(x)$ 唯一.

（2）由泰勒公式得

$$f(x) = f(0) + f'(0)x + \frac{1}{2}f''(\xi)x^2, \quad \xi \text{ 在 } 0 \text{ 与 } x \text{ 之间}$$

所以

$$xf'(\theta(x)x) = f(x) - f(0) = f'(0)x + \frac{1}{2}f''(\xi)x^2$$

从而

$$\theta(x)\frac{f'(\theta(x)x) - f'(0)}{\theta(x)x} = \frac{1}{2}f''(\xi)$$

由 $\displaystyle\lim_{x \to 0}\frac{f'(\theta(x)x) - f'(0)}{\theta(x)x} = f''(0)$，$\displaystyle\lim_{x \to 0}f''(\xi) = \lim_{\xi \to 0}f''(\xi) = f''(0)$，故 $\displaystyle\lim_{x \to 0}\theta(x) = \dfrac{1}{2}$.

证法二：（1）同证法一.

（2）对非零 $x \in (-1,1)$，由拉格朗日中值定理得

$$f(x) = f(0) + xf'(\theta(x)x), \qquad 0 < \theta(x) < 1$$

所以

$$\frac{f'(\theta(x)x) - f'(0)}{x} = \frac{f(x) - f(0) - f'(0)x}{x^2}$$

由于

$$\lim_{x \to 0}\frac{f'(\theta(x)x) - f'(\theta)}{\theta(x)x} = f''(0)$$

$$\lim_{x\to 0}\frac{f(x)-f(0)-f'(0)x}{x^2}=\lim_{x\to 0}\frac{f'(x)-f'(0)}{2x}=\frac{1}{2}f''(0)$$

故 $\lim_{x\to 0}\theta(x)=\frac{1}{2}$.

46． 设 $f(x),g(x)$ 在 $[a,b]$ 上连续，在 (a,b) 内有二阶导数，且存在相等的最大值，$f(a)=g(a)$，$f(b)=g(b)$，证明：存在 $\xi\in(a,b)$，使 $f''(\xi)=g''(\xi)$.

证明： 令 $\varphi(x)=f(x)-g(x)$，分以下两种情况讨论.

（1）若 $f(x)$ 和 $g(x)$ 在 (a,b) 内的同一点 $c\in(a,b)$ 处取到最大值，则 $\varphi(c)=f(c)-g(c)=0$.
又 $\varphi(a)=\varphi(b)=0$，由罗尔中值定理，存在 $\xi_1\in(a,c)$，使 $\varphi'(\xi_1)=0$；存在 $\xi_2\in(c,b)$，使 $\varphi'(\xi_2)=0$.
对 $\varphi'(x)$ 在 $[\xi_1,\xi_2]$ 上用罗尔中值定理得，存在 $\xi\in(a,b)$，使 $\varphi''(\xi)=0$.

（2）若 $f(x)$ 和 $g(x)$ 在 (a,b) 内不同点处取到最大值，不妨设 $f(x)$ 和 $g(x)$ 分别在 x_1 和 x_2（$x_1<x_2$）处取到在 (a,b) 内的最大值，则

$$\varphi(x_1)=f(x_1)-g(x_1)>0，\quad \varphi(x_2)=f(x_2)-g(x_2)<0$$

由连续函数的介值定理知，存在 $c\in(x_1,x_2)$，使 $\varphi(c)=0$.

后续证明与（1）相同.

47． 若 $f(x)$ 有二阶导数，且满足 $f(2)>f(1)$，$f(2)>\int_2^3 f(x)\mathrm{d}x$，证明：至少存在一点 $\xi\in(1,3)$，使 $f''(\xi)<0$.

证明： 由积分中值定理知，存在一点 $\eta\in[2,3]$，使 $\int_2^3 f(x)\mathrm{d}x=f(\eta)(3-2)=f(\eta)$.

又由 $f(2)>\int_2^3 f(x)\mathrm{d}x=f(\eta)$ 知，$2<\eta\leq 3$.

对 $f(x)$ 在 $[1,2]$ 和 $[2,\eta]$ 上分别应用拉格朗日中值定理，并注意到 $f(1)<f(2)$，$f(\eta)<f(2)$，得

$$f'(\xi_1)=\frac{f(2)-f(1)}{2-1}>0，\quad 1<\xi_1<2$$

$$f'(\xi_2)=\frac{f(\eta)-f(2)}{\eta-2}<0，\quad 2<\xi_2<\eta\leq 3$$

在 $[\xi_1,\xi_2]$ 上对 $f'(x)$ 应用拉格朗日中值定理，有

$$f''(\xi)=\frac{f'(\xi_2)-f'(\xi_1)}{\xi_2-\xi_1}<0，\quad \xi\in(\xi_1,\xi_2)\subset(1,3)$$

48． 试确定常数 A,B,C 的值，使 $e^x(1+Bx+Cx^2)=1+Ax+o(x^3)$，其中，$o(x^3)$ 是当 $x\to 0$ 时比 x^3 高阶的无穷小.

解： 因为 $e^x=1+x+\frac{x^2}{2}+\frac{x^3}{6}+o(x^3)$，将其代入题设等式，整理得

$$1+(1+B)x+(\frac{1}{2}+B+C)x^2+(\frac{1}{6}+\frac{B}{2}+C)x^3=1+Ax+o(x^3)$$

故有

$$\begin{cases} 1+B=A \\ \dfrac{1}{2}+B+C=0 \\ \dfrac{1}{6}+\dfrac{B}{2}+C=0 \end{cases}$$

解得 $A=\dfrac{1}{3}$ ，$B=-\dfrac{2}{3}$ ，$C=\dfrac{1}{6}$.

49．已知 $f(x)$ 在 $[0,1]$ 上连续，在 $(0,1)$ 内可导，且 $f(0)=0$ ，$f(1)=1$ ．证明：

（1）存在 $\xi\in(0,1)$ ，使 $f(\xi)=1-\xi$ ；

（2）存在两个不同的点 $\eta,\varsigma\in(0,1)$ ，使得 $f'(\eta)f'(\varsigma)=1$ ．

证明：（1）令 $g(x)=f(x)+x-1$ ，则 $g(x)$ 在 $[0,1]$ 上连续，且 $g(0)=-1<0$ ，$g(1)=1>0$ ，所以存在 $\xi\in(0,1)$ ，使 $g(\xi)=f(\xi)+\xi-1=0$ ，即 $f(\xi)=1-\xi$ ．

（2）由拉格朗日中值定理，存在 $\eta\in(0,\xi)$ ，$\varsigma\in(\xi,1)$ ，使

$$f'(\eta)=\frac{f(\xi)-f(0)}{\xi}=\frac{1-\xi}{\xi}$$

$$f'(\varsigma)=\frac{f(1)-f(\xi)}{1-\xi}=\frac{1-(1-\xi)}{1-\xi}=\frac{\xi}{1-\xi}$$

从而 $f'(\eta)f'(\varsigma)=\dfrac{1-\xi}{\xi}\cdot\dfrac{\xi}{1-\xi}=1$ ．

50．已知 $y(x)$ 由方程 $x^3+y^3-3x+3y-2=0$ 确定，求 $y(x)$ 的极值．

解： 方程 $x^3+y^3-3x+3y-2=0$ 两端对 x 求一阶导和二阶导，有

$$3x^2+3y^2y'-3+3y'=0$$

$$6x+6y(y')^2+3y^2y''+3y''=0$$

在第一个式子中，令 $y'=0$ ，得 $x=-1$ 或 $x=1$ ．由极值的必要条件可知，极值可能点为 $x=-1$ ，$x=1$ ．当 x 分别取 -1 和 1 时，由 $x^3+y^3-3x+3y-2=0$ ，得 $y(-1)=0$ ，$y(1)=1$ ．

将 $x=-1$ ，$y(-1)=0$ 及 $y'(-1)=2>0$ 代入第二个式子，得 $y''(-1)=2$ ．因为 $y'(-1)=0$ ，$y''(-1)=2>0$ ，根据极值第二充分条件，$y(-1)=0$ 是 $y(x)$ 的极小值．

将 $x=1$ ，$y(1)=1$ 及 $y'(1)=1$ 代入第二个式子，得 $y''(1)=-1$ ．因为 $y'(1)=0$ ，$y''(1)=-1<0$ ，根据极值第二充分条件，$y(1)=1$ 是 $y(x)$ 的极大值．

51．设 $\lim\limits_{x\to0}\dfrac{x+a\ln(1+x)+bx\sin x}{kx^3}=1$ ，求 a,b,k ．

解： 由麦克劳林公式得

$$\lim_{x\to0}\frac{x+a\left(x-\dfrac{1}{2}x^2+\dfrac{1}{3}x^3+o(x^3)\right)+bx\left(x-\dfrac{1}{3!}x^3+o(x^3)\right)}{kx^3}=1$$

即

$$\lim_{x \to 0} \frac{(1+a)x + \left(-\dfrac{a}{2}+b\right)x^2 + \dfrac{a}{3}x^3 + o(x^3)}{kx^3} = 1$$

故 $a+1=0$, $-\dfrac{a}{2}+b=0$, $\dfrac{\dfrac{a}{3}}{k}=1$. 解得 $a=-1$, $b=-\dfrac{1}{2}$, $k=-\dfrac{1}{3}$.

52. 设 $f(x)$ 在 $[0,2]$ 上有连续导数, $f(0)=f(2)=0$, $M=\max\limits_{x\in[0,2]}\{|f(x)|\}$. 证明:

(1) 存在 $\xi\in(0,2)$, 使 $|f'(\xi)|\geqslant M$;

(2) 若对任意 $x\in(0,2)$, $|f'(x)|\leqslant M$, 则 $M=0$.

解: (1) 当 $M=0$ 时, $f(x)=0$, 结论显然成立.

当 $M>0$ 时, 存在 $c\in(0,2)$, 使 $|f(x)|$ 取最大值, 即 $|f(c)|=M$. 若 $c\in[0,1]$, 由拉格朗日中值定理, 存在 $\xi_1\in(0,c)$, 使 $f(c)-f(0)=f'(\xi_1)c$, 从而 $|f'(\xi_1)|=\dfrac{M}{c}\geqslant M$; 若 $c\in(1,2]$, 由拉格朗日中值定理, 存在 $\xi_2\in(c,2)$, 使 $f(2)-f(c)=f'(\xi_2)(2-c)$, 从而 $|f'(\xi_2)|=\left|\dfrac{f(2)-f(c)}{2-c}\right|=\dfrac{M}{2-c}\geqslant M$. 综上可知, 存在 $\xi\in(1,2)$, 使 $|f'(\xi)|\geqslant M$.

(2) 若 $M>0$, 由 $f(0)=f(2)=0$ 可知, $c\in(0,2)$, 且 $|f(c)|=M$. 由罗尔中值定理, 存在 $\eta\in(0,2)$, 使 $f'(\eta)=0$, 不妨设 $\eta\in(0,c]$, 则

$$M=|f(c)|=|f(c)-f(0)|=\left|\int_0^c f'(x)\mathrm{d}x\right|\leqslant\left|\int_0^c|f'(x)\mathrm{d}x\right| < Mc$$

而

$$M=|f(c)|=|f(2)-f(c)|=\left|\int_c^2 f'(x)\mathrm{d}x\right|\leqslant\left|\int_0^c|f'(x)\mathrm{d}x\right|\leqslant M(2-c)$$

于是 $2M<Mc+M(2-c)=2M$ 矛盾, 所以 $M=0$.

第5章 不定积分习题解析

1. 选择题.

(1) 答案 (C). (2) 答案 (D). (3) 答案 (A). (4) 答案 (B). (5) 答案 (A).

2. 填空题.

(1) $x+\mathrm{e}^x+C$. (2) $\int\mathrm{e}^x\arcsin\sqrt{1-\mathrm{e}^{2x}}-\sqrt{1-\mathrm{e}^{2x}}+C$. (3) $\dfrac{1}{2}(\ln x)^2$.

(4) $\dfrac{9}{5}x^{\frac{5}{3}}+C$. (5) 1.

3. 计算下列不定积分.

(1) $\displaystyle\int\frac{\mathrm{d}x}{2+3x^2}=\frac{1}{3}\int\frac{\mathrm{d}x}{\dfrac{2}{3}+x^2}=\frac{1}{3}\frac{1}{\sqrt{\dfrac{2}{3}}}\arctan\frac{x}{\sqrt{\dfrac{2}{3}}}+c$

(2) $\displaystyle\int\frac{\mathrm{d}x}{2-3x^2}=\frac{1}{3}\int\frac{\mathrm{d}x}{\dfrac{2}{3}-x^2}=\frac{1}{3}\frac{1}{2\sqrt{\dfrac{2}{3}}}\ln\left|\frac{x+\sqrt{\dfrac{2}{3}}}{x-\sqrt{\dfrac{2}{3}}}\right|+c$

（3）$\displaystyle\int\frac{\mathrm{d}x}{\sqrt{3x^2-2}}=\frac{1}{\sqrt{3}}\int\frac{\mathrm{d}x}{\sqrt{x^2-\frac{2}{3}}}=\frac{1}{\sqrt{3}}\ln\left(x+\sqrt{x^2-\frac{2}{3}}\right)+c$

（4）$\displaystyle\int\sqrt{5x^2\pm3}\,\mathrm{d}x=\sqrt{5}\int\sqrt{x^2\pm\frac{3}{5}}\,\mathrm{d}x=\sqrt{5}\left(\frac{x}{2}\sqrt{x^2\pm\frac{3}{5}}\pm\frac{3}{10}\ln\left(x+\sqrt{x^2\pm\frac{3}{5}}\right)\right)+c$

（5）$\displaystyle\int\sqrt{5-4x-x^2}\,\mathrm{d}x=\int\sqrt{3^2-(x+2)^2}\,\mathrm{d}x\overset{x+2=u}{=}\int\sqrt{3^2-u^2}\,\mathrm{d}u$

$\displaystyle=\frac{u}{2}\sqrt{3^2-u^2}+\frac{3^2}{2}\arcsin\frac{u}{3}+c=\frac{x+2}{2}\sqrt{5-4x-x^2}+\frac{9}{2}\arcsin\frac{x+2}{3}+c$

（6）$\displaystyle\int\frac{\mathrm{d}x}{1+\sin x}=\int\frac{-\mathrm{d}\left(\frac{\pi}{2}-x\right)}{1+\cos\left(\frac{\pi}{2}-x\right)}=-\tan\frac{\left(\frac{\pi}{2}-x\right)}{2}+c$

（7）$\displaystyle\int\frac{x\,\mathrm{d}x}{4+x^4}=\frac{1}{4}\int\frac{\frac{1}{2}\mathrm{d}x^2}{1+\left(\frac{x^2}{2}\right)^2}=\frac{1}{4}\arctan\frac{x^2}{2}+c$

（8）$\displaystyle\int\frac{\mathrm{d}x}{x\sqrt{x^2+1}}=\int\frac{\mathrm{d}x}{x^2\sqrt{1+\frac{1}{x^2}}}=-\int\frac{\mathrm{d}\frac{1}{x}}{\sqrt{1+\left(\frac{1}{x}\right)^2}}=-\ln\left(\frac{1}{x}+\sqrt{1+\frac{1}{x^2}}\right)+c=-\ln\left(\frac{1+\sqrt{1+x^2}}{x}\right)+c$

（9）$\displaystyle\int\frac{\mathrm{d}x}{\sqrt{1+\mathrm{e}^{2x}}}=\int\frac{\mathrm{e}^{-x}\mathrm{d}x}{\sqrt{1+(\mathrm{e}^{-x})^2}}=-\ln(\mathrm{e}^{-x}+\sqrt{1+\mathrm{e}^{-2x}})+c$

（10）$\displaystyle\int\frac{1}{1-x^2}\ln^2\frac{1+x}{1-x}\mathrm{d}x=\frac{1}{2}\int\ln^2\frac{1+x}{1-x}\mathrm{d}\ln\frac{1+x}{1-x}=\frac{1}{6}\ln^3\frac{1+x}{1-x}+c$

（11）$\displaystyle\int x^2\sqrt[3]{1-x}\,\mathrm{d}x\overset{\sqrt[3]{1-x}=t}{\underset{x=1-t^3}{=}}\int(1-t^3)^2t(-3t^2)\mathrm{d}t$

$\displaystyle=-\frac{3}{4}t^4+\frac{6}{7}t^7-\frac{3}{10}t^{10}+c=-\frac{3}{4}(1-x)^{\frac{4}{3}}+\frac{6}{7}(1-x)^{\frac{7}{3}}-\frac{3}{10}(1-x)^{\frac{10}{3}}+c$

（12）$\displaystyle\int\frac{x^2}{\sqrt{2-x}}\mathrm{d}x\overset{2-x=t}{=}\int-(2-t)^2t^{-\frac{1}{2}}\mathrm{d}t$

$\displaystyle=-4t^{\frac{1}{2}}+\frac{8}{3}t^{\frac{3}{2}}-\frac{2}{5}t^{\frac{5}{2}}+c=-4\sqrt{2-x}+\frac{8}{3}(2-x)^{\frac{3}{2}}-\frac{2}{5}(2-x)^{\frac{5}{2}}+c$

（13）$\displaystyle\int\frac{\mathrm{d}x}{x^3\sqrt{a^2-x^2}}\overset{\sqrt{a^2-x^2}=t}{\underset{\mathrm{d}x=\frac{t}{\sqrt{a^2-t^2}}\mathrm{d}t}{=}}-\int\frac{\mathrm{d}t}{(a^2-t^2)^2}$

解： 不用三角代换，而用分部积分，给出一种类似推导递推公式的方法.

$$\int\frac{\mathrm{d}t}{a^2-t^2}=\frac{t}{a^2-t^2}-\int\frac{2t^2}{(a^2-t^2)^2}\mathrm{d}t=\frac{t}{a^2-t^2}+2\int\frac{a^2-t^2-a^2}{(a^2-t^2)^2}\mathrm{d}t$$

$$=\frac{t}{a^2-t^2}+2\int\frac{\mathrm{d}t}{a^2-t^2}-2a^2\int\frac{1}{(a^2-t^2)^2}\mathrm{d}t$$

$$\int \frac{1}{(a^2-t^2)^2}dt = \frac{1}{2a^2}\left(\frac{t}{a^2-t^2} + \int \frac{1}{a^2-t^2}dt\right) = \frac{1}{2a^2}\left(\frac{t}{a^2-t^2} + \frac{1}{2a}\ln\left|\frac{t+a}{t-a}\right|\right)+c$$

$$原式 = -\frac{1}{2a^2}\left(\frac{\sqrt{a^2-x^2}}{x^2} + \frac{1}{2a}\ln\left|\frac{\sqrt{a^2-x^2}+a}{\sqrt{a^2-x^2}-a}\right|\right)+c$$

（14） $\displaystyle\int \frac{dx}{(1+\sqrt[3]{x})\sqrt{x}} \overset{x=t^6}{=} \int \frac{6t^5dt}{(1+t^2)t^3} = 6\int \frac{t^2+1-1}{1+t^2}dt = 6(\sqrt[6]{x}-\arctan\sqrt[6]{x})+c$

（15） $\displaystyle\int \cos^5 x\sqrt{\sin x}dx \overset{\sin x=t}{=} \int(1-t^2)^2 t^{\frac{1}{2}}dt = \frac{2}{3}t^{\frac{3}{2}} - \frac{4}{7}t^{\frac{7}{2}} + \frac{2}{11}t^{\frac{11}{2}} + c$

$$= \frac{2}{3}\sin^{\frac{3}{2}}x - \frac{4}{7}\sin^{\frac{7}{2}}x + \frac{2}{11}\sin^{\frac{11}{2}}x + c$$

（16） $\displaystyle\int \frac{\ln x}{x\sqrt{1+\ln x}}dx = \int \frac{\ln x}{\sqrt{1+\ln x}}d\ln x \overset{\ln x=t}{=} \int \frac{t}{\sqrt{1+t}}dt = \int\sqrt{1+t}dt - \int\frac{1}{\sqrt{1+t}}dt$

$$= \frac{2}{3}(1+t)^{\frac{3}{2}} - 2\sqrt{1+t} + c = \frac{2}{3}(1+\ln x)^{\frac{3}{2}} - 2\sqrt{1+\ln x} + c$$

（17） $\displaystyle\int\sqrt{\frac{a+x}{a-x}}dx = \int\sqrt{\frac{(a+x)^2}{a^2-x^2}}dx = \int\frac{a+x}{\sqrt{a^2-x^2}}dx \overset{x=a\sin t}{=} \int\frac{a(1+\sin t)}{a\cos t}a\cos t dt$

$$= a(t-\cos t) = a\arcsin\frac{x}{a} - \sqrt{a^2-x^2} + c$$

（18） $\displaystyle\int x^{-1}\sqrt{\frac{x}{2a-x}}dx$

解：令 $\sqrt{\dfrac{x}{2a-x}} = t$，$x = \dfrac{2at^2}{1+t^2}$，$dx = \dfrac{4at}{(1+t^2)^2}dt$，代入得

$$\int x^{-1}\sqrt{\frac{x}{2a-x}}dx = \int\frac{1+t^2}{2at^2}\cdot t\cdot\frac{4at}{(1+t^2)^2}dt = \int\frac{2}{1+t^2}dt = 2\arctan\sqrt{\frac{x}{2a-x}} + c$$

（19） $\displaystyle\int\left(\frac{\ln x}{x}\right)^2 dx = -\int\ln^2 x d\frac{1}{x} = -\frac{1}{x}\ln^2 x + \int\frac{1}{x}2\ln x\cdot\frac{1}{x}dx$

$$= -\frac{\ln^2 x}{x} - 2\int\ln x d\frac{1}{x} = -\frac{\ln^2 x}{x} - \frac{2}{x}\ln x - 2\frac{1}{x} + c = -\frac{1}{x}(\ln^2 x + 2\ln x + 2) + c$$

（20） $\displaystyle\int\sqrt{a^2-x^2}dx = x\sqrt{a^2-x^2} + \int\frac{x^2}{\sqrt{a^2-x^2}}dx$

$$= x\sqrt{a^2-x^2} + \int\frac{a^2-(a^2-x^2)}{\sqrt{a^2-x^2}}dx$$

$$= x\sqrt{a^2-x^2} + a^2\arcsin\frac{x}{a} - \int\sqrt{a^2-x^2}dx$$

$$\int\sqrt{a^2-x^2}dx = \frac{x}{2}\sqrt{a^2-x^2} + \frac{a^2}{2}\arcsin\frac{x}{a} + c$$

（21） $\displaystyle\int\frac{x\arctan x}{\sqrt{1+x^2}}dx = \int\frac{\arctan x}{2\sqrt{1+x^2}}d(1+x^2)$

$$= \int \arctan x \mathrm{d}\sqrt{1+x^2} = \sqrt{1+x^2}\arctan x - \int \frac{\mathrm{d}x}{\sqrt{1+x^2}}$$

$$= \sqrt{1+x^2}\arctan x - \ln\left|x+\sqrt{1+x^2}\right| + c$$

（22）$\displaystyle\int\sin^n x\mathrm{d}x = -\int\sin^{n-1}x\mathrm{d}\cos x = -\sin^{n-1}x\cos x + \int\cos x\mathrm{d}\sin^{n-1}x$

$$= -\sin^{n-1}x\cos x + (n-1)\int\sin^{n-2}x(1-\sin^2 x)\mathrm{d}x$$

$$= -\sin^{n-1}x\cos x + (n-1)\int\sin^{n-2}x\mathrm{d}x - (n-1)\int\sin^n x\mathrm{d}x$$

$$\int\sin^n x\mathrm{d}x = -\frac{1}{n}\sin^{n-1}x\cos x + \frac{n-1}{n}\int\sin^{n-2}x\mathrm{d}x$$

（23）$\displaystyle\int\frac{1}{1-x^2}\frac{1}{\sqrt{1+x^2}}\mathrm{d}x \overset{x=\tan t}{=} \int\frac{\mathrm{d}t}{(1-\tan^2 t)\dfrac{1}{\cos t}\cdot\cos^2 t}$

$$= \int\frac{\mathrm{d}t}{\cos t - \dfrac{\sin^2 t}{\cos t}} = \int\frac{\mathrm{d}\sin t}{1-2\sin^2 t} = \frac{1}{2\sqrt{2}}\ln\left|\frac{\sqrt{2}\sin t+1}{\sqrt{2}\sin t-1}\right| + c$$

$$= \frac{1}{2\sqrt{2}}\ln\left|\frac{\sqrt{1+x^2}+\sqrt{2}x}{\sqrt{1+x^2}-\sqrt{2}x}\right| + c$$

（24）$\displaystyle\int\frac{x}{1+\sqrt{1+x^2}}\mathrm{d}x \overset{\sqrt{1+x^2}=t}{=} \int\frac{x}{1+t}\cdot\frac{t}{x}\mathrm{d}t = \int\mathrm{d}t - \int\frac{1}{1+t}\mathrm{d}t$

$$= t - \ln(t+1) + c = \sqrt{1+x^2} - \ln\left(1+\sqrt{1+x^2}\right) + c$$

（25）$\displaystyle\int\mathrm{e}^{2x}\arctan\sqrt{\mathrm{e}^x-1}\mathrm{d}x = \frac{1}{2}\int\arctan\sqrt{\mathrm{e}^x-1}\mathrm{d}\mathrm{e}^{2x}$

$$= \frac{1}{2}\mathrm{e}^{2x}\arctan\sqrt{\mathrm{e}^x-1} - \frac{1}{4}\int\frac{\mathrm{e}^{2x}}{\sqrt{\mathrm{e}^x-1}}\mathrm{d}x$$

又 $\displaystyle\int\frac{\mathrm{e}^{2x}}{\sqrt{\mathrm{e}^x-1}}\mathrm{d}x = \int\frac{\mathrm{e}^x}{\sqrt{\mathrm{e}^x-1}}\mathrm{d}\mathrm{e}^x = \int\frac{(\mathrm{e}^x-1)+1}{\sqrt{\mathrm{e}^x-1}}\mathrm{d}(\mathrm{e}^x-1)$

$$= \int\sqrt{\mathrm{e}^x-1}\mathrm{d}(\mathrm{e}^x-1) + \int\frac{1}{\sqrt{\mathrm{e}^x-1}}\mathrm{d}(\mathrm{e}^x-1)$$

$$= \frac{2}{3}(\mathrm{e}^x-1)\sqrt{\mathrm{e}^x-1} + 2\sqrt{\mathrm{e}^x-1} + c$$

所以

$$\int\mathrm{e}^{2x}\arctan\sqrt{\mathrm{e}^x-1}\mathrm{d}x = \frac{1}{2}\mathrm{e}^{2x}\arctan\sqrt{\mathrm{e}^x-1} - \frac{1}{6}(\mathrm{e}^x+2)\sqrt{\mathrm{e}^x-1} + c$$

（26）$\displaystyle\int\frac{1}{a^2\sin^2 x + b^2\cos^2 x}\mathrm{d}x = \int\frac{\mathrm{d}x}{(a^2\tan^2 x + b^2)\cos^2 x}$

$$= \int\frac{\mathrm{d}\tan x}{b^2 + a^2\tan^2 x} = \frac{1}{ab}\arctan\left(\frac{a}{b}\tan x\right) + c$$

（27）$\displaystyle\int\mathrm{e}^{\sqrt{2x-1}}\mathrm{d}x \overset{\sqrt{2x-1}=t}{\underset{\mathrm{d}x=t\mathrm{d}t}{=}} \int t\mathrm{e}^t\mathrm{d}t = \int t\mathrm{d}\mathrm{e}^t = t\mathrm{e}^t - \int\mathrm{e}^t\mathrm{d}t = t\mathrm{e}^t - \mathrm{e}^t + c = \mathrm{e}^{\sqrt{2x-1}}(\sqrt{2x-1}-1) + c$

（28） $\int \dfrac{x\,dx}{x^4 + 2x^2 + 5} = \dfrac{1}{2}\int \dfrac{d(x^2+1)}{4+(x^2+1)^2} = \dfrac{1}{4}\arctan\dfrac{x^2+1}{2} + c$

（29） $\int \dfrac{1}{x\ln^2 x}\,dx = \int \ln^{-2} x\,d\ln x = -\dfrac{1}{\ln x} + c$

（30） $\int \dfrac{x + \ln(1-x)}{x^2}\,dx = \ln x - \int \ln(1-x)\,d\dfrac{1}{x} = \ln x - \dfrac{1}{x}\ln(1-x) - \int \dfrac{1}{x}\dfrac{1}{1-x}\,dx$

$\qquad = \ln x - \dfrac{1}{x}\ln(1-x) - \int\left(\dfrac{1}{x} + \dfrac{1}{1-x}\right)dx$

$\qquad = \ln x - \dfrac{1}{x}\ln(1-x) - \ln x + \ln(1-x) + c$

$\qquad = \ln(1-x)\left(1 - \dfrac{1}{x}\right) + c$

（31） $\int \dfrac{\ln x}{(1-x)^2}\,dx = \int \ln x\,d\dfrac{1}{1-x} = \dfrac{\ln x}{1-x} - \int \dfrac{1}{1-x}\cdot\dfrac{1}{x}\,dx$

$\qquad = \dfrac{\ln x}{1-x} - \ln x + \ln(1-x) + c$

（32） $\int \dfrac{x\cos^4\frac{x}{2}}{\sin^3 x}\,dx = \int \dfrac{x\cos^4\frac{x}{2}}{8\sin^3\frac{x}{2}\cos^3\frac{x}{2}}\,dx = \dfrac{1}{4}\int \dfrac{x\,d\sin\frac{x}{2}}{\sin^3\frac{x}{2}}$

$\qquad = -\dfrac{1}{8}\int x\,d\dfrac{1}{\sin^2\frac{x}{2}} = -\dfrac{1}{8}\left[x\dfrac{1}{\sin^2\frac{x}{2}} - \int \dfrac{1}{\sin^2\frac{x}{2}}\,dx\right]$

$\qquad = -\dfrac{1}{8}x\dfrac{1}{\sin^2\frac{x}{2}} - \dfrac{1}{4}\cot\dfrac{x}{2} + c$

（33） $\int x\sin^2 x\,dx = \dfrac{1}{2}\int(x - x\cos 2x)\,dx = \dfrac{1}{4}x^2 - \dfrac{1}{4}\int x\,d\sin 2x$

$\qquad = \dfrac{1}{4}x^2 - \dfrac{1}{4}(x\sin 2x - \int \sin 2x\,dx)$

$\qquad = \dfrac{1}{4}x^2 - \dfrac{1}{4}x\sin 2x - \dfrac{1}{8}\cos 2x + c$

（34） $\int \dfrac{x^2}{1+x^2}\arctan x\,dx = \int \arctan x\,dx - \int \dfrac{1}{1+x^2}\arctan x\,dx$

$\qquad = x\arctan x - \int \dfrac{x}{1+x^2}\,dx - \int \arctan x\,d\arctan x$

$\qquad = x\arctan x - \dfrac{1}{2}\ln(1+x^2) - \dfrac{1}{2}\arctan^2 x + c$

（35） $\int \dfrac{\arctan e^x}{e^x}\,dx = -\int \arctan e^x\,de^{-x}$

$\qquad = -e^{-x}\arctan e^x + \int e^{-x}\dfrac{1}{1+e^{2x}}e^x\,dx$

$$=-e^{-x}\arctan e^{x}+\int\frac{1}{1+e^{2x}}dx$$

$$=-e^{-x}\arctan e^{x}+\int\frac{e^{-2x}}{1+e^{-2x}}dx$$

$$=-e^{-x}\arctan e^{x}-\frac{1}{2}\ln(1+e^{-2x})+c$$

（36）$\int\frac{\tan x}{\sqrt{\cos x}}dx=\int\frac{\sin x}{\cos x\sqrt{\cos x}}dx=-\int\frac{d\cos x}{\cos^{\frac{3}{2}}x}=2\frac{1}{\sqrt{\cos x}}+c$

（37）$\int\frac{dx}{(2-x)\sqrt{1-x}}\overset{\sqrt{1-x}=t}{=}\int\frac{1}{(1+t^{2})t}\cdot(-2t)dt=-2\int\frac{dt}{1+t^{2}}=-2\arctan\sqrt{1-x}+c$

（38）$\int x^{3}e^{x^{2}}dx=\frac{1}{2}\int x^{2}e^{x^{2}}dx^{2}=\frac{1}{2}\int x^{2}de^{x^{2}}=\frac{1}{2}x^{2}e^{x^{2}}-\frac{1}{2}\int e^{x^{2}}dx^{2}=\frac{1}{2}x^{2}e^{x^{2}}-\frac{1}{2}e^{x^{2}}+c$

（39）$\int\frac{\arctan x}{x^{2}(1+x^{2})}dx=\int\frac{\arctan x}{x^{2}}dx-\int\frac{\arctan x}{1+x^{2}}dx$

$$=-\int\arctan xd\frac{1}{x}-\frac{1}{2}\arctan^{2}x$$

$$=-\frac{1}{x}\arctan x+\int\frac{1}{x(1+x^{2})}dx-\frac{1}{2}\arctan^{2}x$$

$$=-\frac{1}{x}\arctan x-\frac{1}{2}\arctan^{2}x+\int\left(\frac{1}{x}-\frac{x}{1+x^{2}}\right)dx$$

$$=-\frac{1}{x}\arctan x-\frac{1}{2}\arctan^{2}x+\ln x-\frac{1}{2}\ln(1+x^{2})+c$$

（40）$\int\frac{1}{\sqrt{x(4-x)}}dx=\int\frac{d(x-2)}{\sqrt{2^{2}-(x-2)^{2}}}=\arcsin\frac{x-2}{2}+c$

（41）$\int\frac{\ln x-1}{x^{2}}dx=\int(\ln x-1)d\left(-\frac{1}{x}\right)$

$$=\int(1-\ln x)d\frac{1}{x}=\frac{1}{x}(1-\ln x)+\int\frac{1}{x}\cdot\frac{1}{x}dx$$

$$=-\frac{\ln x}{x}+c$$

（42）$\int\frac{x+5}{x^{2}-6x+13}dx=\frac{1}{2}\int\frac{d(x^{2}-6x+13)}{x^{2}-6x+13}+8\int\frac{dx}{2^{2}+(x-3)^{2}}$

$$=\frac{1}{2}\ln|x^{2}-6x+13|+4\arctan\frac{x-3}{2}+c$$

（43）$\int\frac{\arcsin\sqrt{x}}{\sqrt{x}}dx=2\int\arcsin\sqrt{x}d\sqrt{x}$

$$=2\sqrt{x}\arcsin\sqrt{x}-2\int\sqrt{x}\cdot\frac{1}{\sqrt{1-x}}\cdot\frac{1}{2\sqrt{x}}dx$$

$$=2\sqrt{x}\arcsin\sqrt{x}+\int(1-x)^{-\frac{1}{2}}d(1-x)$$

$$=2\sqrt{x}\arcsin\sqrt{x}+2\sqrt{1-x}+c$$

（44）$\int \dfrac{\arctan e^x}{e^{2x}} dx = -\dfrac{1}{2}\int \arctan e^x de^{-2x}$

$$= -\dfrac{1}{2}e^{-2x}\arctan e^x + \dfrac{1}{2}\int e^{-2x}\dfrac{1}{1+e^{2x}}\cdot e^x dx$$

$$= -\dfrac{1}{2}e^{-2x}\arctan e^x + \dfrac{1}{2}\int \dfrac{e^{-x}}{1+e^{2x}} dx$$

$$\int \dfrac{e^{-x}}{1+e^{2x}} dx = \int \dfrac{dx}{e^x(1+(e^x)^2)} = \int\left(\dfrac{1}{e^x} - \dfrac{e^x}{1+(e^x)^2}\right)dx = -e^{-x} - \arctan e^x + c$$

原式 $= -\dfrac{1}{2}(e^{-2x}\arctan e^x + e^{-x} + \arctan e^x) + c$

（45）$\int \dfrac{3x+6}{(x-1)^2(x^2+x+1)} dx$

解：设 $\dfrac{3x+6}{(x-1)^2(x^2+x+1)} = \dfrac{A}{x-1} + \dfrac{B}{(x-1)^2} + \dfrac{Cx+D}{x^2+x+1}$

则

$$A(x-1)(x^2+x+1) + B(x^2+x+1) + (Cx+D)(x-1)^2 = 3x+6$$

所以

$$\begin{cases} A+C=0 \\ B-2C+D=0 \\ B+C-2D=3 \\ -A+B+D=6 \end{cases}$$

解得

$$\begin{cases} A=-2 \\ B=3 \\ C=2 \\ D=1 \end{cases}$$

故

$$\int \dfrac{3x+6}{(x-1)^2(x^2+x+1)} dx = -\int \dfrac{2}{x-1} dx + \int \dfrac{3}{(x-1)^2} dx + \int \dfrac{2x+1}{x^2+x+1} dx$$

$$= -2\ln|x-1| - \dfrac{3}{x-1} + \ln(x^2+x+1) + c$$

4. 设 $f(x) = \begin{cases} \ln x, & x \geq 1 \\ \dfrac{1}{2} - \dfrac{1}{1+x^2}, & x<1 \end{cases}$，求 $\int f(x)dx$.

解：因为 $f(x)$ 在 $(-\infty,+\infty)$ 上连续，所以原函数在 $(-\infty,+\infty)$ 上存在且可导，因而在 $x=1$ 点连续.

$$\int f(x)\mathrm{d}x = \begin{cases} \int \ln \mathrm{d}x = x\ln x - x + c, & x \geq 1 \\ \int \left(\dfrac{1}{2} - \dfrac{1}{1+x^2}\right)\mathrm{d}x = \dfrac{x}{2} - \arctan x + c_1, & x < 1 \end{cases}$$

且 $1\ln 1 - 1 + c = \dfrac{1}{2} - \dfrac{\pi}{4} + c_1$，解得 $c_1 = c + \dfrac{\pi}{4} - \dfrac{3}{2}$，故

$$\int f(x)\mathrm{d}x = \begin{cases} x\ln x - x + c, & x \geq 1 \\ \dfrac{x}{2} - \arctan x + \dfrac{\pi}{4} - \dfrac{3}{2} + c, & x < 1 \end{cases}$$

5. 设 $f(x^2 - 1) = \ln \dfrac{x^2}{x^2 - 2}$，且 $f[\varphi(x)] = \ln x$，求 $\int \varphi(x)\mathrm{d}x$.

解： $f(x^2 - 1) = \ln((x^2 - 1) + 1) - \ln((x^2 - 1) - 1)$

所以

$$f(x) = \ln \dfrac{x+1}{x-1}, \quad f[\varphi(x)] = \ln \dfrac{\varphi(x)+1}{\varphi(x)-1} = \ln x$$

令 $\dfrac{\varphi(x)+1}{\varphi(x)-1} = x$，解得

$$\varphi(x) = \dfrac{x+1}{x-1} = 1 + \dfrac{2}{x-1}$$

$$\int \varphi(x)\mathrm{d}x = x + \ln(x-1)^2 + c$$

第 6 章 定积分及反常积分习题解析

1. 选择题.

（1）答案（D）.（2）答案（A）.（3）答案（C）.（4）答案（C）.（5）答案（A）.
（6）答案（D）.（7）答案（B）.（8）答案（C）.

2. 填空题.

（1）$n + am$.（2）$\pi \ln 2$.（3）$y = x$.（4）$2 - \dfrac{\pi}{8}$.（5）1.（6）$\dfrac{\sqrt{3}+1}{12}\pi$.

（7）$\dfrac{1}{3}\rho g a^3$.（8）$\dfrac{9}{4}$.（9）$S = \int_0^1 (\mathrm{e}^x - \mathrm{e}x)\mathrm{d}x = \dfrac{\mathrm{e}}{2} - 1$.（10）$\dfrac{5}{6}$.

3. 求 $\int_0^{\frac{\pi}{4}} \dfrac{x}{1+\cos 2x}\mathrm{d}x$.

解： $\int_0^{\frac{\pi}{4}} \dfrac{x}{1+\cos 2x}\mathrm{d}x = \dfrac{1}{2}\int_0^{\frac{\pi}{4}} \dfrac{x}{\cos^2 x}\mathrm{d}x = \dfrac{1}{2}\int_0^{\frac{\pi}{4}} x\,\mathrm{d}\tan x$

$$= \dfrac{1}{2}\left(x\cdot\tan x\Big|_0^{\frac{\pi}{4}} - \int_0^{\frac{\pi}{4}} \tan x\,\mathrm{d}x\right) = \dfrac{\pi}{8} + \dfrac{1}{2}\ln\cos x\Big|_0^{\frac{\pi}{4}}$$

$$= \dfrac{\pi}{8} - \dfrac{1}{4}\ln 2$$

4．求 $\int_0^\pi \sqrt{1-\sin x}\,dx$ ．

解： $\int_0^\pi \sqrt{1-\sin x}\,dx = \int_0^\pi \sqrt{\left(\cos\dfrac{x}{2}-\sin\dfrac{x}{2}\right)^2}\,dx$

$$= \int_0^{\frac{\pi}{2}}\left(\cos\frac{x}{2}-\sin\frac{x}{2}\right)dx + \int_{\frac{\pi}{2}}^{\pi}\left(\sin\frac{x}{2}-\cos\frac{x}{2}\right)dx$$

$$= 2\left(\sin\frac{x}{2}+\cos\frac{x}{2}\right)\Big|_0^{\frac{\pi}{2}} - 2\left(\cos\frac{x}{2}+\sin\frac{x}{2}\right)\Big|_{\frac{\pi}{2}}^{\pi}$$

$$= 2(\sqrt{2}-1)-2(1-\sqrt{2}) = 4(\sqrt{2}-1)$$

5．求 $\lim\limits_{x\to+\infty}\dfrac{\left(\int_0^x e^{t^2}\,dt\right)^2}{\int_0^x e^{2t^2}\,dt}$ ．

解：原式 $= \lim\limits_{x\to+\infty}\dfrac{2e^{x^2}\int_0^x e^{t^2}\,dt}{e^{2x^2}} = 2\lim\limits_{x\to+\infty}\dfrac{\int_0^x e^{t^2}\,dt}{e^{x^2}} = 2\lim\limits_{x\to+\infty}\dfrac{e^{x^2}}{2xe^{x^2}} = 0$

6．求 $\int_0^1 x|x-a|\,dx$ ．

解：当 $a<0$ 时，

$$\int_0^1 x|x-a|\,dx = \int_0^1 (x^2-ax)\,dx = \left(\frac{x^3}{3}-\frac{ax^2}{2}\right)\Big|_0^1 = \frac{1}{3}-\frac{a}{2}$$

当 $0\leqslant a\leqslant 1$ 时，

$$\int_0^x |x-a|\,dx = \int_0^a x(a-x)\,dx + \int_a^1 x(x-a)\,dx = \left(\frac{ax^2}{2}-\frac{x^3}{3}\right)\Big|_0^a + \left(\frac{x^3}{3}-\frac{ax^2}{2}\right)\Big|_a^1$$

$$= \frac{a^3}{2}-\frac{a^3}{3}+\frac{1}{3}-\frac{a}{2}-\left(\frac{a^3}{3}-\frac{a^3}{2}\right) = \frac{1}{3}-\frac{a}{2}+\frac{a^3}{3}$$

当 $a>1$ 时，

$$\int_0^1 x|x-a|\,dx = \int_0^1 x(a-x)\,dx = \left(\frac{ax^2}{2}-\frac{x^3}{2}\right)\Big|_0^1 = \frac{a}{2}-\frac{1}{3}$$

7．求 $\int_1^e (x\ln x)^2\,dx$ ．

解：原式 $= \int_1^e \ln^2 x\,d\dfrac{x^3}{3} = \dfrac{x^3}{3}\ln^2 x\Big|_1^e - \dfrac{2}{3}\int_1^e x^2\ln x\,dx$

$$= \frac{e^3}{3}-\frac{2}{9}\int_1^e \ln x\,dx^3 = \frac{e^3}{3}-\frac{2}{9}(x^3\ln x)\Big|_1^e + \frac{2}{9}\int_1^e x^2\,dx$$

$$= \frac{e^3}{3}-\frac{2}{9}e^3+\frac{2}{27}x^3\Big|_1^e = \frac{5e^3}{27}-\frac{2}{27}$$

8. 证明 $\lim\limits_{n\to+\infty}\int_0^{\frac{\pi}{2}}\sin^n x\,\mathrm{d}x=0$.

证明： $\int_0^{\frac{\pi}{2}}\sin^n x\,\mathrm{d}x=\int_0^{\frac{\pi}{2}-\frac{1}{n}}\sin^n x\,\mathrm{d}x+\int_{\frac{\pi}{2}-\frac{1}{n}}^{\frac{\pi}{2}}\sin^n x\,\mathrm{d}x$

$$\leqslant \sin^n\xi\cdot\left(\frac{\pi}{2}-\frac{1}{n}\right)+\frac{1}{n},\qquad 0<\sin\xi<1$$

即可得证.

9. 证明 $\int_0^{+\infty}\dfrac{1}{(1+x^2)(1+x^a)}\,\mathrm{d}x$ 与 α 无关.

证明： $\int_0^{+\infty}\dfrac{1}{(1+x^2)(1+x^\alpha)}\,\mathrm{d}x=\int_0^1\dfrac{1}{(1+x^2)(1+x^\alpha)}\,\mathrm{d}x+\int_1^{+\infty}\dfrac{1}{(1+x^2)(1+x^\alpha)}\,\mathrm{d}x$

其中，$\displaystyle\int_0^1\dfrac{1}{(1+x^2)(1+x^\alpha)}\,\mathrm{d}x\xlongequal{x=\frac{1}{t}}\int_{+\infty}^1\dfrac{1}{\left(1+\frac{1}{t^2}\right)\left(1+\frac{1}{t^\alpha}\right)}\left(-\dfrac{\mathrm{d}t}{t^2}\right)$

$$=\int_1^{+\infty}\dfrac{t^\alpha}{(1+t^2)(1+t^\alpha)}\,\mathrm{d}t=\int_1^{+\infty}\dfrac{x^\alpha}{(1+x^2)(1+x^\alpha)}\,\mathrm{d}x$$

于是

$$\int_0^{+\infty}\dfrac{1}{(1+x^2)(1+x^\alpha)}\,\mathrm{d}x=\int_1^{+\infty}\left(\dfrac{x^\alpha}{(1+x^2)(1+x^\alpha)}+\dfrac{1}{(1+x^2)(1+x^\alpha)}\right)\mathrm{d}x$$

$$=\int_1^{+\infty}\dfrac{1}{1+x^2}\,\mathrm{d}x=\arctan x\,\Big|_1^{+\infty}=\dfrac{\pi}{2}-\dfrac{\pi}{4}=\dfrac{\pi}{4}$$

可见该广义积分与 α 无关.

10. 求 $\int_1^{+\infty}\dfrac{x\ln x}{(1+x^2)^2}\,\mathrm{d}x$.

解： 原式 $=-\dfrac{1}{2}\int_1^{+\infty}\ln x\,\mathrm{d}\dfrac{1}{1+x^2}=-\dfrac{1}{2}\left[\dfrac{\ln x}{1+x^2}\Big|_1^{+\infty}-\int_1^{+\infty}\dfrac{1}{x(1+x^2)}\,\mathrm{d}x\right]$

$$=\dfrac{1}{2}\int_1^{+\infty}\left(\dfrac{1}{x}-\dfrac{x}{1+x^2}\right)\mathrm{d}x=\dfrac{1}{2}\ln\dfrac{x}{\sqrt{1+x^2}}\Big|_1^{+\infty}=\dfrac{1}{4}\ln 2$$

11. 求 $\int_0^1\dfrac{1}{(2-x)\sqrt{1-x}}\,\mathrm{d}x$.

解： 原式 $=-2\int_0^1\dfrac{1}{1+(1-x)}\,\mathrm{d}\sqrt{1-x}=-2\arctan\sqrt{1-x}\,\Big|_0^1=\dfrac{\pi}{2}$

12. 设 $f(x)=\int_1^x\dfrac{\ln t}{1+t}\,\mathrm{d}t$，$x>0$，求 $f(x)+f\left(\dfrac{1}{x}\right)$.

解： 由于

$$f\left(\dfrac{1}{x}\right)=\int_1^{\frac{1}{x}}\dfrac{\ln t}{1+t}\,\mathrm{d}t\xlongequal{u=\frac{1}{t}}\int_1^x\dfrac{\ln u}{u(1+u)}\,\mathrm{d}u=\int_1^x\dfrac{\ln t}{t(1+t)}\,\mathrm{d}t$$

于是

$$f(x) + f\left(\frac{1}{x}\right) = \int_1^x \ln t\left(\frac{1}{1+t} + \frac{1}{t(1+t)}\right)dt = \int_1^x \frac{\ln t}{t}dt$$

$$= \frac{1}{2}(\ln t)^2 \Big|_1^x = \frac{1}{2}\ln^2 x$$

13. 设 $f(x) \in C_{(-\infty,+\infty)}$，且 $F(x) = \int_0^x (x-2t)f(t)dt$，试证：

（1）若 $f(x)$ 为偶函数，则 $F(x)$ 亦为偶函数；

（2）若 $f(x)$ 单调递减，则 $F(x)$ 单调递增.

证明：（1） $F(-x) = \int_0^{-x}(-x-2t)f(t)dt = -\int_0^{-x}(x+2t)f(t)dt$

$$\overset{t=-u}{=} \int_0^x (x-2u)f(u)du = \int_0^x (x-2t)f(t)dt = F(x)$$

即 $F(x)$ 为偶函数.

（2） $F(x) = x\int_0^x f(t)dt - 2\int_0^x tf(t)dt$，且 $f(x)$ 单调递减.

$$F'(X) = \int_0^x f(t)dt + xf(x) - 2xf(x) = \int_0^x f(t)dt - xf(x)$$

$$= (f(\xi) - f(x))x \geqslant 0$$

故 $F(x)$ 是单调递增的.

14. 求 $Ax^2 + 2Bxy + Cy^2 = 1 (AC - B^2 > 0)$ 所围图形的面积.

解： $Ax^2 + 2Bxy + Cy^2 = 1$ 改为极坐标形式为

$$r^2 = \frac{1}{A\cos^2\theta + 2B\cos\theta\sin\theta + C\sin^2\theta}$$

$$S = 2 \cdot \frac{1}{2} \int_{-\frac{\pi}{2}}^{\frac{\pi}{2}} \frac{1}{A\cos^2\theta + 2B\cos\theta\sin\theta + C\sin^2\theta}d\theta$$

$$= \int_{-\frac{\pi}{2}}^{\frac{\pi}{2}} \frac{1}{A + 2B\tan\theta + C\tan^2\theta}d\tan\theta$$

$$= \frac{1}{\sqrt{C}}\int_{-\frac{\pi}{2}}^{\frac{\pi}{2}} \frac{d\left(\sqrt{C}\tan\theta + \frac{B}{\sqrt{C}}\right)}{\left(\sqrt{C}\tan\theta + \frac{B}{\sqrt{C}}\right)^2 + \left(\sqrt{\frac{AC-B^2}{C}}\right)^2}$$

$$= \frac{1}{\sqrt{AC-B^2}}\arctan\sqrt{\frac{C}{AC-B^2}}\left(\sqrt{C}\tan\theta + \frac{B}{\sqrt{C}}\right)\Big|_{\frac{x}{2}}^{\frac{x}{2}} = \frac{\pi}{\sqrt{AC-B^2}}$$

15. 求 $y = |\ln x|$ 与 $y = 0, x = \frac{1}{e}, x = e$ 所围图形的面积.

解： $S = \int_{\frac{1}{e}}^1 -\ln x dx + \int_1^e \ln x dx = -(x\ln x - x)\Big|_{\frac{1}{e}}^1 + (x\ln x - x)\Big|_1^e$

$$= -(0-1) + \left(-\frac{1}{e} - \frac{1}{e}\right) + (e - e) - (0-1) = 2 - \frac{2}{e}$$

16．求曲线 $y=\mathrm{e}^{-x}\sin x\ (x\geqslant 0)$ 与 x 轴之间图形的面积.

解：所求面积为

$$S=\int_0^{+\infty}\mathrm{e}^{-x}\left|\sin x\right|\mathrm{d}x$$

$$=\sum_{n=0}^{\infty}(-1)^n\int_{n\pi}^{(n+1)\pi}\mathrm{e}^{-x}\sin x\mathrm{d}x$$

因为

$$\int_{n\pi}^{(n+1)\pi}\mathrm{e}^{-x}\sin x\mathrm{d}x=-\mathrm{e}^{-x}\cos x\Big|_{n\pi}^{(n+1)\pi}-\int_{n\pi}^{(n+1)\pi}\mathrm{e}^{-x}\cos x\mathrm{d}x$$

$$=(-1)^n\left[\mathrm{e}^{-(n+1)\pi}+\mathrm{e}^{-n\pi}\right]-\int_{n\pi}^{(n+1)\pi}\mathrm{e}^{-x}\sin x\mathrm{d}x$$

得

$$\int_{n\pi}^{(n+1)\pi}\mathrm{e}^{-x}\sin x\mathrm{d}x=\frac{(-1)^n}{2}\left[\mathrm{e}^{-(n+1)\pi}+\mathrm{e}^{-n\pi}\right]$$

故

$$S=\sum_{n=0}^{\infty}(-1)^n\int_{n\pi}^{(n+1)\pi}\mathrm{e}^{-x}\sin x\mathrm{d}x=\frac{\mathrm{e}^{\pi}+1}{2\left(\mathrm{e}^{\pi}-1\right)}\ .$$

17．求 $r=a(1+\cos\theta)$ 所围图形的面积.

解： $S=2\cdot\dfrac{1}{2}\int_0^{\pi}a^2(1+\cos\theta)^2\mathrm{d}\theta=a^2\int_0^{\pi}(1+2\cos\theta+\dfrac{1+\cos 2\theta}{2})\mathrm{d}\theta$

$$=\frac{3\pi a^2}{2}$$

18．过点 $P(1,0)$ 作抛物线 $y=\sqrt{x-2}$ 的切线，该切线与上述抛物线及 x 轴围成一平面图形，求此图形绕 x 轴旋转一周所得旋转体的体积.

解：设切点为 $(x_0,\sqrt{x_0-2})$ ，则切线方程为

$$y-\sqrt{x_0-2}=\frac{1}{2\sqrt{x_0-2}}(x-x_0)$$

将点 $P(1,0)$ 代入，得 $x_0=3$ ，切线方程为 $y=\dfrac{1}{2}x-\dfrac{1}{2}$ ，所求旋转体的体积为

$$V=\frac{\pi\cdot 2}{3}-\pi\int_2^3(x-2)\mathrm{d}x=\frac{2\pi}{3}-\pi\left(\frac{x^2}{2}-2x\right)\Big|_2^3=\frac{\pi}{6}$$

19．设函数 $f(x)$ 的定义域为 $(0,+\infty)$ ，且 $2f(x)+x^2f\left(\dfrac{1}{x}\right)=\dfrac{x^2+2x}{\sqrt{1+x^2}}$. 求 $f(x)$ ，并求曲线 y

$=f(x),y=\dfrac{1}{2},y=\dfrac{\sqrt{3}}{2}$ 及 y 轴围成图形绕 x 轴旋转所得旋转体的体积.

解：令 x 取 $\dfrac{1}{x}$ ，已知等式变为 $2f\left(\dfrac{1}{x}\right)+\dfrac{1}{x^2}f(x)=\dfrac{2x+1}{x\sqrt{1+x^2}}$ ，与原等式联立，消去 $f\left(\dfrac{1}{x}\right)$ ，

解得 $f(x)=\dfrac{x}{\sqrt{1+x^2}}$.

由 $f(x)=\dfrac{x}{\sqrt{1+x^2}}$ ，解得 $x=\dfrac{y}{\sqrt{1-y^2}}$ ，因此，所求旋转体的体积为

$$V=2\pi\int_{\frac{1}{2}}^{\frac{\sqrt{3}}{2}}y\cdot\dfrac{y}{\sqrt{1-y^2}}\mathrm{d}y=2\pi\int_{\frac{\pi}{6}}^{\frac{\pi}{3}}\sin^2t\mathrm{d}t=\dfrac{\pi^2}{6}$$

20．设容器上半段为圆柱形，底半径为 2m，高为 4m，下半段为半球形（半径为 2m），容器内水的高度为柱体部分的一半，容器埋于地下，容器口在地面以下 3m，求将容器内水全部吸出所要做的功.

解： $W=W_1+W_2=\int_5^7\rho g4\pi x\mathrm{d}x+\int_7^9\rho g\pi x[4-(x-7)^2]\mathrm{d}x=\dfrac{268\pi}{3}\rho g(\mathrm{N}\cdot\mathrm{m})$

21．求 $f(x)=\int_0^x\dfrac{3t+1}{t^2-t+1}\mathrm{d}t$ 在 $[0,1]$ 上的最大值与最小值.

解： $f'(x)=\dfrac{3x+1}{x^2-x+1}=\dfrac{3x+1}{\left(x-\frac{1}{2}\right)^2+\frac{3}{4}}>0$ ，故 $f(0)=0$ 为最小值.

最大值为

$$f(1)=\int_0^1\dfrac{3x+1}{x^2-x+1}\mathrm{d}x=\dfrac{3}{2}\int_0^1\dfrac{2x-1}{x^2-x+1}\mathrm{d}x+\dfrac{5}{2}\int_0^1\dfrac{1}{\left(x-\frac{1}{2}\right)^2+\left(\frac{\sqrt{3}}{2}\right)^2}\mathrm{d}x$$

$$=\dfrac{3}{2}\ln(x^2-x+1)\Big|_0^1+\dfrac{5}{2}\cdot\dfrac{2}{\sqrt{3}}\arctan\dfrac{x-\frac{1}{2}}{\frac{\sqrt{3}}{2}}\Big|_0^1$$

$$=\dfrac{5}{\sqrt{3}}\left(\dfrac{\pi}{61}-\left(-\dfrac{\pi}{6}\right)\right)=\dfrac{5\sqrt{3}\pi}{9}$$

22．设 $f(x)\in C_{(-\infty,+\infty)}$ ， $f(x)>0$ ，求证：

$$\int_0^1\ln f(x+t)\mathrm{d}t=\int_0^x\ln\dfrac{f(u+1)}{f(u)}\mathrm{d}u+\int_0^1\ln f(u)\mathrm{d}u$$

证明： 左端 $\overset{x+t=u+1}{=}\int_{x-1}^x\ln f(u+1)\mathrm{d}u=\int_{x-1}^0\ln f(u+1)\mathrm{d}u+\int_0^x\ln f(u+1)\mathrm{d}u$

又

$$\int_{x-1}^0\ln f(u+1)\mathrm{d}u\overset{u+1=v}{=}\int_x^1\ln f(v)\mathrm{d}v=\int_0^1\ln f(v)\mathrm{d}v-\int_0^x\ln f(v)\mathrm{d}v$$

代入即证.

23．求 $\int_{e^{-2\pi}}^1\left|\left[\cos\left(\ln\dfrac{1}{x}\right)\right]'\right|\mathrm{d}x$.

解：原式 $= \int_{e^{-2n\pi}}^{1} |\sin \ln x| \, d\ln x \overset{\ln x = u}{=} \int_{-2n\pi}^{0} |\sin u| \, du = 2n \int_{0}^{\pi} \sin u \, du = 4n$

24．讨论 $\int_{0}^{1} \dfrac{1}{2x - \sqrt{1-x^2}} dx$ 的敛散性．

解：由于 $2x - \sqrt{1-x^2} = 0$ 时，$x = \dfrac{1}{\sqrt{5}}$ 为瑕点，

$$\int_{0}^{1} \frac{1}{2x - \sqrt{1-x^2}} dx = \int_{0}^{\frac{1}{\sqrt{5}}} \frac{1}{2x - \sqrt{1-x^2}} dx + \int_{\frac{1}{\sqrt{5}}}^{1} \frac{1}{2x - \sqrt{1-x^2}} dx$$

$$\int_{0}^{\frac{1}{\sqrt{5}}} \frac{1}{2x - \sqrt{1-x^2}} dx = \lim_{\varepsilon \to 0^+} \int_{0}^{\frac{1}{\sqrt{5}} - \varepsilon} \frac{1}{2x - \sqrt{1-x^2}} dx$$

$$= \lim_{\varepsilon \to 0^+} \frac{\left[2\ln|2x - \sqrt{1-x^2}| - \arcsin x \right] \Big|_{0}^{\frac{1}{\sqrt{5}} - \varepsilon}}{5} = \infty$$

因此，该反常积分是发散的．

25．求 $\int_{0}^{100\pi} \sqrt{1 - \cos 2x} \, dx$．

解：$\int_{0}^{100\pi} \sqrt{1 - \cos 2x} \, dx = \sqrt{2} \int_{0}^{100\pi} |\sin x| \, dx = \sqrt{2} \cdot 100 \int_{0}^{\pi} \sin x \, dx = 200\sqrt{2}$

26．用定积分计算椭球体 $\dfrac{x^2}{a^2} + \dfrac{y^2}{b^2} + \dfrac{z^2}{c^2} \leqslant 1$ 的体积．

解：用与 xOy 坐标面平行的平面去截得椭圆的面积为 $\pi ab \left(1 - \dfrac{z^2}{c^2} \right)$，于是所求体积为

$$V = \pi ab \int_{-c}^{c} \left(1 - \frac{z^2}{c^2} \right) dz = 2\pi ab \left(z - \frac{z^3}{3c^2} \right) \Big|_{0}^{c} = \frac{4\pi}{3} abc$$

27．设函数 $f(x) = \int_{0}^{1} |t^2 - x^2| \, dt$，$x > 0$，求 $f'(x)$，并求 $f(x)$ 的最小值．

解：当 $0 < x \leqslant 1$ 时，

$$f(x) = \int_{0}^{x} (x^2 - t^2) \, dt + \int_{x}^{1} (t^2 - x^2) \, dt = \frac{4}{3} x^3 - x^2 + \frac{1}{3}$$

当 $x > 1$ 时，

$$f(x) = \int_{0}^{1} (x^2 - t^2) \, dt = x^2 - \frac{1}{3}$$

故

$$f(x) = \begin{cases} \dfrac{4}{3} x^3 - x^2 + \dfrac{1}{3}, & 0 < x \leqslant 1 \\ x^2 - \dfrac{1}{3}, & x > 1 \end{cases}$$

而

$$f'_-(1) = \lim_{x \to 1^-} \frac{\frac{4}{3}x^3 - x^2 + \frac{1}{3} - \frac{2}{3}}{x-1} = 2, \quad f'_+(1) = \lim_{x \to 1^+} \frac{x^2 - \frac{1}{3} - \frac{2}{3}}{x-1} = 2$$

所以

$$f'(x) = \begin{cases} 4x^2 - 2x, & 0 < x \leqslant 1 \\ 2x, & x > 1 \end{cases}$$

令 $f'(x) = 0$，得唯一驻点 $x = \frac{1}{2}$，又 $f''\left(\frac{1}{2}\right) > 0$，从而 $x = \frac{1}{2}$ 为 $f(x)$ 的最小值点，最小值

为 $f\left(\frac{1}{2}\right) = \frac{1}{4}$.

28. 求 $\lim\limits_{n \to \infty} \sum\limits_{k=1}^{n} \dfrac{k}{n^2} \ln\left(1 + \dfrac{k}{n}\right)$.

解：由定积分的定义知

$$\lim_{n \to \infty} \sum_{k=1}^{n} \frac{k}{n^2} \ln\left(1 + \frac{k}{n}\right) = \lim_{n \to \infty} \frac{1}{n} \sum_{k=1}^{n} \frac{k}{n} \ln\left(1 + \frac{k}{n}\right)$$

$$= \int_0^1 x \ln(1+x) \, dx = \frac{1}{2} \int_0^1 \ln(1+x) \, dx^2$$

$$= \frac{1}{2} x^2 \ln(1+x) \Big|_0^1 - \frac{1}{2} \int_0^1 \frac{x^2}{1+x} \, dx$$

$$= \frac{1}{2} \ln 2 - \frac{1}{2} \int_0^1 \left(x - 1 + \frac{1}{1+x} \, dx\right)$$

$$= \frac{1}{2} \ln 2 - \frac{1}{4}(x-1)^2 \Big|_0^1 - \frac{1}{2} \ln(1+x) \Big|_0^1$$

$$= \frac{1}{4}$$

29. 设 $y = f(x)$ 是 $[0,1]$ 上的任一非负连续函数.

（1）试证存在 $x_0 \in (0,1)$，使在 $[0, x_0]$ 上以 $f(x_0)$ 为高的矩形面积等于在 $[x_0, 1]$ 上以 $y = f(x)$ 为曲边的曲边梯形面积；

（2）又设 $f(x)$ 在 $(0,1)$ 内可导，且 $f'(x) > -\dfrac{2f(x)}{x}$，证明（1）中的 x_0 是唯一的.

解：（1）令 $F(x) = x \displaystyle\int_x^1 f(t) \, dt$，$F(0) = F(1) = 0$，$F(x)$ 在 $(0,1)$ 内可导，对 $F(x)$ 在 $[0,1]$ 上

应用罗尔中值定理，存在 $x_0 \in (0,1)$，使 $F'(x_0) = 0$，即 $\displaystyle\int_{x_0}^1 f(t) \, dt = x_0 f(x_0)$.

（2）令 $\varphi(x) = \displaystyle\int_x^1 f(t) \, dt - xf(x)$，于是

$$\varphi'(x) = -f(x) - f(x) - xf'(x) = -2f(x) - xf'(x) > 0$$

曲线 $f(x)$ 在 $[0,1]$ 上非负连续，故 $\varphi(0)=\int_0^1 f(t)\mathrm{d}t>0$，$\varphi(1)=-f(1)<0$，所以（1）中的 x_0 是唯一的.

30. 确定常数 a,b,c 的值，使 $\lim\limits_{x\to 0}\dfrac{ax-\sin x}{\displaystyle\int_b^x \frac{\ln(1+t^3)}{t}\mathrm{d}t}=c$，$c\neq 0$.

解： 由于 $x\to 0$ 时，$ax-\sin x\to 0$，要分式极限存在，应 $b=0$，于是

$$\text{原式}=\lim_{x\to 0}\frac{ax-\sin x}{\displaystyle\int_0^x \frac{\ln(1+t^3)}{t}\mathrm{d}t}=\lim_{x\to 0}\frac{a-\cos x}{\dfrac{\ln(1+x^3)}{x}}=\lim_{x\to 0}\frac{a-\cos x}{x^2}$$

于是 $a=1$，此时 $\lim\limits_{x\to 0}\dfrac{1-\cos x}{x^2}=\dfrac{1}{2}$，因此 $c=\dfrac{1}{2}$.

31. 求 $\displaystyle\int_{\frac{1}{2}}^{\frac{3}{2}}\frac{\mathrm{d}x}{\sqrt{|x-x^2|}}$.

解： $x=1$ 是瑕点，于是

$$\text{原式}=\int_{\frac{1}{2}}^{1}\frac{\mathrm{d}x}{\sqrt{x-x^2}}+\int_{1}^{\frac{3}{2}}\frac{\mathrm{d}x}{\sqrt{x^2-x}}$$

$$=\int_{\frac{1}{2}}^{1}\frac{\mathrm{d}x}{\sqrt{\dfrac{1}{4}-\left(x-\dfrac{1}{2}\right)^2}}+\int_{1}^{\frac{3}{2}}\frac{\mathrm{d}x}{\sqrt{\left(x-\dfrac{1}{2}\right)^2-\dfrac{1}{4}}}$$

$$=\arcsin\frac{x-\dfrac{1}{2}}{\dfrac{1}{2}}\Bigg|_{\frac{1}{2}}^{1}+\int_{\frac{1}{2}}^{1}\frac{\mathrm{d}u}{\sqrt{u^2-\dfrac{1}{4}}}=\frac{\pi}{2}+\ln\left(u+\sqrt{u^2-\frac{1}{4}}\right)\Bigg|_{\frac{1}{2}}^{1}=\frac{\pi}{2}+\ln(2+\sqrt{3})$$

32. 设 D 是由曲线 $y=\sqrt{1-x^2}$ $(0\leqslant x\leqslant 1)$ 与 $\begin{cases}x=\cos^3 t\\y=\sin^3 t\end{cases}$ $(0\leqslant t\leqslant\dfrac{\pi}{2})$ 围成的平面区域，求 D 绕 x 轴旋转一周所得旋转体的体积和表面积.

解： 设 D 绕 x 轴旋转一周所得旋转体的体积为 V，表面积为 S，则

$$V=\frac{2}{3}\pi-\int_0^1 \pi y^2(t)\mathrm{d}x(t)=\frac{2}{3}\pi-\int_{\frac{\pi}{2}}^{0}\pi\sin^6 t\,\mathrm{d}(\cos^3 t)$$

$$=\frac{2}{3}\pi+3\pi\int_0^{\frac{\pi}{2}}(1-\cos^2 t)^3\cos^2 t\,\mathrm{d}(\cos t)$$

$$=\frac{2}{3}\pi-\frac{16}{105}\pi=\frac{18}{35}\pi$$

$$S=2\pi+\int_0^{\frac{\pi}{2}}2\pi y(t)\sqrt{[x'(t)]^2+[y'(t)]^2}\,\mathrm{d}t$$

$$=2\pi+2\pi\int_0^{\frac{\pi}{2}}\sin^3 t\sqrt{9\cos^4 t\sin^2 t+9\sin^4 t\cos^2 t}\,\mathrm{d}t$$

$$= 2\pi + 6\pi \int_0^{\frac{\pi}{2}} \sin^4 t \cos t \, dt$$

$$= \frac{16}{5}\pi$$

33. 如右图所示，设直线 $y = ax$ 与抛物线 $y = x^2$ 所围图形的面积为 S_1，它们与直线 $x = 1$ 所围图形的面积为 S_2，且 $a < 1$。

（1）试确定 a 的值，使 $S_1 + S_2$ 达到最小，并求出最小值；

（2）求该最小值对应的平面图形绕 x 轴旋转一周所得旋转体的体积。

解：（1）当 $0 < a < 1$ 时，

$$S_1 = \int_0^a (ax - x^2) dx = \left(\frac{ax^2}{2} - \frac{x^3}{3} \right) \Big|_0^a = \frac{a^3}{6}$$

$$S_2 = \int_a^1 (x^2 - ax) dx = \left(\frac{x^3}{3} - \frac{ax^2}{2} \right) \Big|_a^1$$

$$= \frac{1}{3} - \frac{a}{2} + \frac{a^3}{b}$$

$$S = S_1 + S_2 = \frac{1}{3} - \frac{a}{2} + \frac{a^3}{3}, \quad \frac{dS}{da} = -\frac{1}{2} + a^2 = 0, \quad a = \frac{1}{\sqrt{2}}$$

$$\frac{d^2 S}{da^2} \Big|_{a=\frac{1}{\sqrt{2}}} = 2a \Big|_{a=\frac{1}{\sqrt{2}}} = \sqrt{2} > 0$$

故

$$\min S = S\left(\frac{1}{\sqrt{2}} \right) = \frac{2 - \sqrt{2}}{6}$$

当 $a \leqslant 0$ 时，如右图所示，

$$S_1 = \int_a^0 (ax - x^2) dx = \left(\frac{ax^2}{2} - \frac{x^3}{3} \right) \Big|_a^0 = -\frac{a^3}{6}$$

$$S_2 = \int_0^1 (x^2 - ax) dx = \left(\frac{x^3}{3} - \frac{ax^2}{2} \right) \Big|_0^1 = \frac{1}{3} - \frac{a}{2}$$

$$S = S_1 + S_2 = \frac{1}{3} - \frac{a}{2} - \frac{a^3}{6}$$

当 $a = 0$ 时，S 取最小值 $\min S = \frac{1}{3}$。

综上所讨论的结果，$S\left(\frac{1}{\sqrt{2}} \right) = \frac{2 - \sqrt{2}}{6}$ 为所求最小值。

（2）$V_x = \pi \int_0^a (a^2 x^2 - x^4) dx + \pi \int_a^1 (x^4 - a^2 x^2) dx$

$$= \pi \left(\frac{a^2 x^3}{3} - \frac{x^5}{5} \right) \Big|_0^a + \pi \left(\frac{x^5}{5} - \frac{a^2 x^3}{3} \right) \Big|_a^1$$

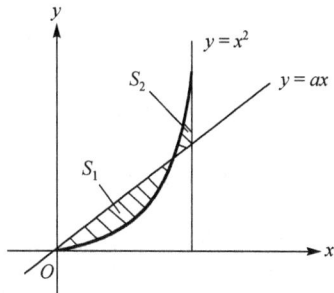

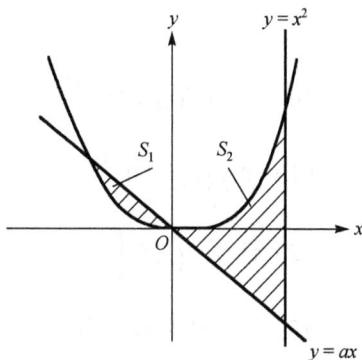

$$= \frac{2\pi a^5}{15} + \pi\left(\frac{1}{5} - \frac{a^2}{3}\right) + \frac{2\pi a^5}{15} = \pi\left(\frac{1}{5} - \frac{a^2}{3} + \frac{4a^5}{15}\right)$$

将 $a = \frac{1}{\sqrt{2}}$ 代入，得 $V_x = \frac{1+\sqrt{2}}{30}\pi$.

34. 设 $A>0$，D 是由曲线段 $y = A\sin x$ $\left(0 \leqslant x \leqslant \frac{\pi}{2}\right)$ 及直线 $y = 0$，$x = \frac{\pi}{2}$ 围成的平面区域，V_1, V_2 分别表示 D 绕 x 轴与绕 y 轴旋转所得旋转体的体积. 若 $V_1 = V_2$，求 A 的值.

解： $V_1 = \pi\int_0^{\frac{\pi}{2}} A^2\sin^2 x \, \mathrm{d}x = \pi A^2\int_0^{\frac{\pi}{2}}\sin^2 x \, \mathrm{d}x = \frac{\pi^2 A^2}{4}$

由 $A > 0$，可得

$$V_2 = 2\pi\int_0^{\frac{\pi}{2}} x \cdot A\sin x \, \mathrm{d}x = -2\pi A\int_0^{\frac{\pi}{2}} x \, \mathrm{d}\cos x$$

$$= -2\pi A\left(x\cos x\Big|_0^{\frac{\pi}{2}} - \int_0^{\frac{\pi}{2}}\cos x \, \mathrm{d}x\right) = 2\pi A$$

因为 $V_1 = V_2$，即 $\frac{\pi^2 A^2}{4} = 2\pi A$，所以 $A = \frac{8}{\pi}$.

35. 设有两条抛物线 $y = nx^2 + \frac{1}{n}$ 和 $y = (n+1)x^2 + \frac{1}{n+1}$，记它们交点的横坐标的绝对值为 a_n，求这两条抛物线所围平面图形的面积 S_n.

解： $a_n = \frac{1}{\sqrt{n(n+1)}}$

$$S_n = 2\int_0^{\frac{1}{\sqrt{n(n+1)}}}\left[\left(nx^2 + \frac{1}{n}\right) - \left((n+1)x^2 + \frac{1}{n+1}\right)\right]\mathrm{d}x$$

$$= 2\int_0^{\frac{1}{\sqrt{n+1}\sqrt{n}}}\left[\frac{1}{n(n+1)} - x^2\right]\mathrm{d}x = \frac{4}{3}\frac{1}{[n(n+1)]^{\frac{3}{2}}}$$

36. 已知 $f(x)$ 在 $\left[0, \frac{3\pi}{2}\right]$ 上连续，在 $\left(0, \frac{3\pi}{2}\right)$ 内是函数 $\frac{\cos x}{2x - 3\pi}$ 的一个原函数，且 $f(0) = 0$.

（1）求 $f(x)$ 在 $\left[0, \frac{3\pi}{2}\right]$ 上的平均值；

（2）证明 $f(x)$ 在 $\left(0, \frac{3\pi}{2}\right)$ 内存在唯一零点.

解：（1）由题意可知，$f(x) = \int_0^x \frac{\cos t}{2t - 3\pi}\mathrm{d}t$，$f(x)$ 在 $\left[0, \frac{3\pi}{2}\right]$ 上的平均值为

$$\bar{f} = \frac{2}{3\pi}\int_0^{\frac{3\pi}{2}} f(x)\mathrm{d}x = \frac{2}{3\pi}\int_0^{\frac{3\pi}{2}}\left(\int_0^x \frac{\cos t}{2t - 3\pi}\mathrm{d}t\right)\mathrm{d}x$$

利用积分换序，得

$$\bar{f} = \frac{2}{3\pi}\int_0^{\frac{3\pi}{2}}\mathrm{d}t\int_t^{\frac{3\pi}{2}} \frac{\cos t}{2t - 3\pi}\mathrm{d}x = -\frac{1}{3\pi}\int_0^{\frac{3\pi}{2}}\cos t \, \mathrm{d}t = \frac{1}{3\pi}$$

（2）由题意得

$$f'(x) = \frac{\cos x}{2x - 3\pi}, \quad x \in \left(0, \frac{3\pi}{2}\right)$$

当 $0 < x < \frac{\pi}{2}$ 时，$f'(x) < 0$，所以 $f(x) < f(0) = 0$，故 $f(x)$ 在 $\left(0, \frac{\pi}{2}\right)$ 内无零点，且 $f\left(\frac{\pi}{2}\right) < 0$。

由积分中值定理可知，存在 $x_0 \in \left[0, \frac{3\pi}{2}\right]$，使 $f(x_0) = \bar{f} = \frac{1}{3\pi} > 0$，由于当 $0 < x < \frac{\pi}{2}$ 时，$f(x) < 0$，所以 $x_0 \in \left(\frac{\pi}{2}, \frac{3\pi}{2}\right]$。

根据连续函数的介值定理，存在 $\xi \in \left[\frac{\pi}{2}, x_0\right]$，使 $f(\xi) = 0$。又由于当 $\frac{\pi}{2} < x < \frac{3\pi}{2}$ 时，

$f'(x) > 0$，所以 $f(x)$ 在 $\left(\frac{\pi}{2}, \frac{3\pi}{2}\right)$ 内至多有一个零点。

综上，$f(x)$ 在 $\left(0, \frac{3\pi}{2}\right)$ 内存在唯一零点。

37. 设 $f(x)$ 连续，且 $\int_0^x t f(2x - t) \mathrm{d}t = \frac{1}{2} \arctan x^2$，$f(1) = 1$，求 $\int_1^2 f(x) \mathrm{d}x$ 的值。

解：令 $u = 2x - t$，则

$$\int_0^x t f(2x - t) \mathrm{d}t = \int_x^{2x} (2x - u) f(u) \mathrm{d}u$$

$$= 2x \int_x^{2x} f(u) \mathrm{d}u - \int_x^{2x} u f(x) \mathrm{d}u$$

将 $2x \int_x^{2x} f(u) \mathrm{d}u - \int_x^{2x} u f(u) \mathrm{d}u = \frac{1}{2} \arctan x^2$ 两端关于 x 求导得

$$2 \int_x^{2x} f(u) \mathrm{d}u + 2x[2f(2x) - f(x)] - 4x f(2x) + x f(x) = \frac{x}{1 + x^4}$$

令 $x = 1$ 得

$$\int_1^2 f(u) \mathrm{d}u = \frac{3}{4}$$

38. 设函数 $S(x) = \int_0^x |\cos t| \, \mathrm{d}t$。

（1）当 n 为正整数，且 $n\pi \leqslant x < (n+1)\pi$ 时，证明 $2n \leqslant S(x) \leqslant 2(n+1)$；

（2）求 $\lim\limits_{x \to +\infty} \dfrac{S(x)}{x}$。

（1）证明：因 $|\cos t|$ 是以 π 为周期的函数，所以当 $n\pi \leqslant x < (n+1)\pi$ 时，

$$\int_0^{n\pi} |\cos t| \, \mathrm{d}t \leqslant \int_0^x |\cos t| \, \mathrm{d}t \leqslant \int_0^{(n+1)\pi} |\cos t| \, \mathrm{d}t$$

而

$$\int_0^{n\pi} |\cos t| \, \mathrm{d}t = n \int_{-\frac{\pi}{2}}^{\frac{\pi}{2}} |\cos t| \, \mathrm{d}t = 2n \int_0^{\frac{\pi}{2}} \cos t \, \mathrm{d}t = 2n \sin t \Big|_0^{\frac{\pi}{2}} = 2n$$

同理

$$\int_0^{(n+1)\pi} |\cos t|\,\mathrm{d}t = 2(n+1)$$

故有 $2n \leqslant S(x) \leqslant 2(n+1)$，当 $n\pi \leqslant x < (n+1)\pi$ 时．

（2）解：设 $n = [x]$，则由（1）知

$$\frac{2n}{n+1} \leqslant \frac{S(x)}{x} \leqslant \frac{2(n+1)}{n}$$

由夹挤准则，得 $\lim\limits_{n\to+\infty} \dfrac{S(x)}{x} = 2$．

39．设曲线 $y = ax^2$（$a>0, x \geqslant 0$）与 $y = 1-x^2$ 交于点 A，过坐标原点 O 与点 A 的直线与曲线 $y = ax^2$ 围成一平面图形，问 a 为何值时，该图形绕 x 轴旋转一周所得的旋转体的体积最大，最大体积是多少？

解：如右图所示，点 A 的坐标为 $\left(\dfrac{1}{\sqrt{1+a}}, \dfrac{a}{1+a}\right)$，所以 OA 的方程为

$$y = \frac{a}{\sqrt{1+a}} x$$

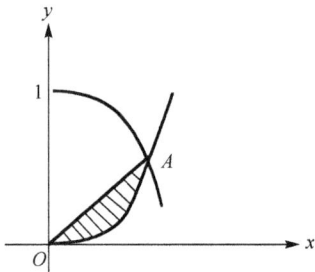

旋转体体积为

$$V = \pi \int_0^{\frac{1}{\sqrt{1+a}}} \left[\frac{a^2}{1+a} x^2 - a^2 x^4\right]\mathrm{d}x = \frac{2}{15} \frac{\pi a^2}{(1+a)^{\frac{5}{2}}}$$

$$V' = \frac{\pi}{15} \frac{a(4-a)}{(1+a)^{\frac{7}{2}}}$$

有唯一驻点 $a = 4$，又当 $a < 4$ 时，$V' > 0$；当 $a > 4$ 时，$V' < 0$，故 $a = 4$ 时体积最大，最大值为

$$V(4) = \frac{32\sqrt{5}}{1875}\pi$$

40．设 $f(x) = \displaystyle\int_1^x \mathrm{e}^{t^2}\mathrm{d}t$，证明：

（1）存在 $\xi \in (1,2)$，使 $f(\xi) = (2-\xi)\mathrm{e}^{\xi^2}$；

（2）存在 $\eta \in (1,2)$，使 $f(2) = \ln 2 \cdot \eta \cdot \mathrm{e}^{\eta^2}$．

证明：（1）设 $F(x) = f(x) - (2-x)\mathrm{e}^{x^2}$，则

$$F(1) = f(1) - \mathrm{e} = -\mathrm{e} < 0,\ F(2) = f(2) - 0 = f(2) > 0$$

由零点定理可知，存在 $\xi \in (1,2)$，使 $f(\xi) = 0$，即 $f(\xi) = (2-\xi)\mathrm{e}^{\xi}$．

（2）令 $g(x) = \ln x$，则 $f(x), g(x)$ 都在 $[1,2]$ 上可导，且 $g'(x) \neq 0$，由柯西中值定理可知，

存在 $\eta \in (1,2)$ ，使 $\dfrac{f(2)-f(1)}{g(2)-g(1)}=\dfrac{f'(\eta)}{g'(\eta)}$ ，即 $\dfrac{f(2)}{\ln 2}=\dfrac{e^{\eta^2}}{\dfrac{1}{\eta}}$ ，得 $f(2)=\ln 2 \cdot \eta \cdot e^{\eta^2}$.

41. 设 $f'(x)$ 在 $x=0$ 处连续，求 $\lim\limits_{a\to 0^+}\dfrac{1}{a^2}\displaystyle\int_{-a}^{a}[f(x+a)-f(x-a)]dx$.

解：因
$$\int_{-a}^{a}[f(x+a)-f(x-a)]dx=\int_{0}^{2a}f(u)du-\int_{-2a}^{0}f(v)dv$$

故由洛必达法则得
$$\lim_{a\to 0^+}\frac{1}{a^2}\int_{-a}^{a}[f(x+a)-f(x-a)]dx$$
$$=\lim_{a\to 0^+}\frac{2f(2a)+2f(-2a)}{2a}$$
$$=\lim_{a\to 0^-}\frac{f(2a)-f(0)}{a}+\lim_{x\to 0^+}\frac{f(-2a)-f(0)}{-a}=4f'(0)$$

42. 设 D 是位于曲线 $y=\sqrt{x}a^{-\frac{x}{2a}}$（ $a>1,0\le x<+\infty$ ）下方、 x 轴上方的无界区域.
（1）求区域 D 绕 x 轴旋转一周所成旋转体的体积 $V(a)$ ；
（2）当 a 为何值时 $V(a)$ 最小？并求此最小值.

解：（1）所求旋转体的体积为
$$V(a)=\pi\int_0^{+\infty}xa^{-\frac{x}{a}}dx=-\frac{a}{\ln a}\pi\left[xa^{-\frac{x}{a}}\Big|_0^{+\infty}-\int_0^{+\infty}a^{-\frac{x}{a}}dx\right]=\pi\left(\frac{a}{\ln a}\right)^2$$

（2） $V'(a)=2\pi\dfrac{a(\ln a-1)}{\ln^3 a}$ ，令 $V'(a)=0$ ，得 $a=e$.
当 $1<a<e$ 时， $V'(a)<0$ ， $V(a)$ 单调递减；
当 $a>e$ 时， $V'(a)>0$ ， $V(a)$ 单调递增.
所以当 $a=e$ 时最小，最小体积为 $V(e)=\pi e^2$.

43. 如下图所示， C_1 和 C_2 分别是 $y=\dfrac{1}{2}(1+e^x)$ 和 $y=e^x$ 的图像，过点$(0,1)$的曲线 C_3 是一单调递增函数的图像，过 C_2 上任一点 $M(x,y)$ 分别作垂直于 x 轴和 y 轴的直线 l_x 和 l_y ，记 C_1,C_2 与 l_x 所围图形的面积为 $S_1(x)$ ； C_2,C_3 与 l_y 所围图形的面积为 $S_2(y)$. 如果总有 $S_1(x)=S_1(y)$ ，求曲线 C_3 的方程 $x=\varphi(y)$.

解：由题设 $S_1(x)=S_1(y)$知
$$\int_0^x\left[e^x-\frac{1}{2}(1+e^x)\right]dx=\int_0^y\left[\ln y-\varphi(y)\right]dy$$

即
$$\int_0^x\left[\left(\frac{1}{2}e^x-\frac{1}{2}\right)\right]dx=\int_0^y\left[\ln y-\varphi(y)\right]dy$$

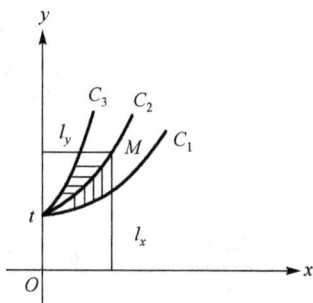

203

两端关于 x 求导，得

$$\frac{1}{2}e^x - \frac{1}{2} = [\ln y - \varphi(y)]\frac{dy}{dx}$$

由 $y = e^x$ 得

$$\frac{1}{2}e^x - \frac{1}{2} = [x - \varphi(e^x)]e^x$$

于是

$$\varphi(e^x) = x + \frac{1}{2e^x} - \frac{1}{2}$$

从而

$$\varphi(y) = \ln y + \frac{1}{2y} - \frac{1}{2}$$

故曲线 C_3 的方程为

$$x = \ln y + \frac{1}{2y} - \frac{1}{2}$$

第7章　微分方程习题解析

1．选择题.

（1）答案（A）．（2）答案（A）．（3）答案（C）．（4）答案（D）．（5）答案（D）．

（6）答案（D）．（7）答案（D）．（8）答案（A）．（9）答案（B）．（10）答案（D）.

2．求下列方程的通解.

（1）$y dx + \sqrt{x^2 + 1} dy = 0$

解：分离变量得 $\dfrac{dx}{\sqrt{x^2+1}} + \dfrac{1}{y} dy = 0$，积分得

$$\ln\left(x + \sqrt{x^2 + 1}\right) + \ln y = \ln c$$

故 $y\left(x + \sqrt{x^2 + 1}\right) = C$.

（2）$(xy^2 + x)dx + (y - x^2 y)dy = 0$

解：将方程改写成 $\dfrac{x}{1-x^2} dx + \dfrac{y}{1+y^2} dy = 0$，积分得

$$-\frac{1}{2}\ln|1-x^2| + \frac{1}{2}\ln(1+y^2) = c_1$$

所以 $\dfrac{1+y^2}{|1-x^2|} = e^{2c_1}$，即 $1 + y^2 = c|1 - x^2|$.

3．一曲线称为一曲线族的正交曲线，如果该曲线和曲线族每条曲线相交时总是正交的，求下列曲线族的正交曲线族.

（1）$y^2 = 2cx$；　　　　　　　　　　（2）$x^2 + y^2 = 2cx$.

解：（1）$2yy' = 2c$，消去 c，得 $y^2 = 2yy'x$．

$y' = \dfrac{y}{2x}$，则其正交曲线族有 $y' = -\dfrac{2x}{y}$，即 $2x\mathrm{d}x + y\mathrm{d}y = 0$，积分得 $2x^2 + y^2 = c_1^2$．

（2）$2x + 2yy' = 2c$，消去 c，得 $x^2 + y^2 = x(2x + 2yy')$．

$y' = \dfrac{y^2 - x^2}{2xy}$，则其正交曲线族有 $y' = \dfrac{2xy}{x^2 - y^2}$，$u = \dfrac{y}{x}$，$u + x\dfrac{\mathrm{d}u}{\mathrm{d}x} = \dfrac{2u}{1 - u^2}$，分离变量得

$$\left(\frac{1}{u} - \frac{2u}{1 + u^2}\right)\mathrm{d}u = \frac{\mathrm{d}x}{x}$$

积分得 $\ln\dfrac{u}{1 + u^2} = \ln c_1' x$．即 $\dfrac{u}{1 + u^2} = c_1' x$，代回 $u = \dfrac{y}{x}$，$\dfrac{y}{x^2 + y^2} = c_1'$，从而 $x^2 + y^2 = 2c_1 y$ $\left(2c_1 = \dfrac{1}{c_1'}\right)$．

4．求下列方程的解．

（1）$(4y + 3x)\dfrac{\mathrm{d}y}{\mathrm{d}x} + y - 2x = 0$

解：$\dfrac{\mathrm{d}y}{\mathrm{d}x} = -\dfrac{y - 2x}{4y + 3x} = -\dfrac{\dfrac{y}{x} - 2}{4\dfrac{y}{x} + 3}$，令 $y = ux$，则

$$u + x\frac{\mathrm{d}u}{\mathrm{d}x} = -\frac{u - 2}{4u + 3}$$

即 $\dfrac{\mathrm{d}x}{x} = -\dfrac{4u + 3}{2(2u^2 + 2u - 1)}\mathrm{d}u$，积分得

$$\ln|x| + c_1 = -\frac{1}{2}\int \frac{4u + 3}{2u^2 + 2u - 1}\mathrm{d}u$$

$$= -\frac{1}{2}\ln|2u^2 + 2u - 1| - \frac{1}{4}\int \frac{\mathrm{d}u}{\left(u + \dfrac{1 - \sqrt{3}}{2}\right)\left(u + \dfrac{1 + \sqrt{3}}{2}\right)}$$

$$= -\frac{1}{2}\ln|2u^2 + 2u - 1| - \frac{1}{4\sqrt{3}}\ln\left|\frac{2u + 1 - \sqrt{3}}{2u + 1 + \sqrt{3}}\right|$$

或 $\quad \ln x^4 + \ln(2u^2 + 2u - 1)^2 = -\dfrac{1}{\sqrt{3}}\ln\left|\dfrac{2u + 1 - \sqrt{3}}{2u + 1 + \sqrt{3}}\right| - 4c_1$

所以 $\quad x^4(2u^2 + 2u - 1)^2 = c\left(\dfrac{2u + 1 - \sqrt{3}}{2u + 1 + \sqrt{3}}\right)^{\frac{1}{\sqrt{3}}}$

即 $\quad (2y^2 + 2xy - x^2)^2 = c\left(\dfrac{y + \dfrac{1 - \sqrt{3}}{2}x}{y + \dfrac{1 + \sqrt{3}}{2}x}\right)^{\frac{1}{\sqrt{3}}}$

（2）$\dfrac{\mathrm{d}y}{\mathrm{d}x} = \dfrac{y - x + 1}{y - x + 5}$

解：令 $v = y - x$，则 $y = v + x$，$\dfrac{\mathrm{d}y}{\mathrm{d}x} = \dfrac{\mathrm{d}v}{\mathrm{d}x} + 1$，故 $\dfrac{\mathrm{d}v}{\mathrm{d}x} = \dfrac{v+1}{v+5} - 1$，$\mathrm{d}x = -\dfrac{v+5}{4}\mathrm{d}v$，积分得

$x + c_1 = -\dfrac{1}{8}v^2 - \dfrac{5}{4}v$. 即

$$v^2 + 10v + 8x = c, \quad (y-x)^2 + 10(y-x) + 8x = c \text{ 或 } (y-x)^2 + 10y - 2x = c$$

5．求下列方程的解.

（1）$x\dfrac{\mathrm{d}y}{\mathrm{d}x} + y - \mathrm{e}^x = 0, \ y(1) = \mathrm{e}$

解：$\dfrac{\mathrm{d}y}{\mathrm{d}x} + \dfrac{1}{x}y = \dfrac{\mathrm{e}^x}{x}$，$y = \mathrm{e}^{-\int \frac{1}{x}\mathrm{d}x}\left[c + \int \dfrac{\mathrm{e}^x}{x}\mathrm{e}^{\int \frac{1}{x}\mathrm{d}x}\mathrm{d}x\right]$

$y = \mathrm{e}^{-\ln x}\left[c + \int \mathrm{e}^x \dfrac{1}{x}\mathrm{e}^{\ln x}\mathrm{d}x\right] = \dfrac{1}{x}(c + \mathrm{e}^x)$

由初始条件求出 $c = 0$，特解为 $y = \dfrac{\mathrm{e}^x}{x}$.

（2）$(x\cos y + \sin 2y)y' = 1, \ y(0) = 0$

解：将方程改写为

$$\dfrac{\mathrm{d}x}{\mathrm{d}y} - x\cos y = \sin 2y$$

$$x = \mathrm{e}^{\int \cos y\,\mathrm{d}y}\left[c + \int \sin 2y\,\mathrm{e}^{-\int \cos y\,\mathrm{d}y}\mathrm{d}y\right] = \mathrm{e}^{\sin y}\left[c + 2\int \sin y\cos y\,\mathrm{e}^{-\sin y}\mathrm{d}y\right]$$

$$= \mathrm{e}^{\sin y}\left[c - 2\sin y\,\mathrm{e}^{-\sin y} + 2\int \mathrm{e}^{-\sin y}\mathrm{d}(\sin y)\right]$$

$$= \mathrm{e}^{\sin y}\left[c - 2\sin y\,\mathrm{e}^{-\sin y} - 2\mathrm{e}^{-\sin y}\right]$$

$$= -2\sin y - 2 + c\mathrm{e}^{\sin y}$$

由初始条件得 $c = 2$，特解为 $x = -2(\sin y + 1 - \mathrm{e}^{\sin y})$.

6．求下列方程的解.

（1）$(3x^2 + 6xy^2)\mathrm{d}x + (6x^2y + 4y^2)\mathrm{d}y = 0$

解：因 $\dfrac{\partial P}{\partial y} = 12xy = \dfrac{\partial Q}{\partial x}$ 是全微分方程，故

$$\int_0^x 3x^2\mathrm{d}x + \int_0^y (6x^2y + 4y^2)\mathrm{d}y = c$$

即 $x^3 + 3x^2y^2 + \dfrac{4}{3}y^3 = c$.

（2）$[\cos(x + y^2) + 3y]\mathrm{d}x + [2y\cos(x + y^2) + 3x]\mathrm{d}y = 0$

解：① 因 $\dfrac{\partial P}{\partial y} = -2y\sin(x + y^2) + 3 = \dfrac{\partial Q}{\partial x}$，所以方程通解为

$$\int_0^x \cos x\,\mathrm{d}x + \int_0^y [2y\cos(x + y^2) + 3x]\mathrm{d}y = c$$

$$\sin x + \sin(x + y^2) + 3xy - \sin x = c$$

故 $\sin(x+y^2)+3xy=c$.

② $[\cos(x+y^2)+3y]\mathrm{d}x+[2y\cos(x+y^2)+3x]\mathrm{d}y$

$\quad=\cos(x+y^2)(\mathrm{d}x+2y\mathrm{d}y)+3(y\mathrm{d}x+x\mathrm{d}y)$

$\quad=\cos(x+y^2)\mathrm{d}(x+y^2)+3\mathrm{d}(xy)$

$\quad=\mathrm{d}\left[\sin(x+y^2)+3xy\right]$

故 $\sin(x+y^2)+3xy=c$.

（3） $(y+x^4)\mathrm{d}x-x\mathrm{d}y=0$

解：将方程转化为 $\dfrac{\mathrm{d}y}{\mathrm{d}x}-\dfrac{y}{x}=x^3$

$$y=\mathrm{e}^{\int\frac{1}{x}\mathrm{d}x}\left[c+\int x^3\mathrm{e}^{\int-\frac{1}{x}\mathrm{d}x}\mathrm{d}x\right]=x\left[c+\frac{x^3}{3}\right]$$

（4） $2x^2\mathrm{d}y-(2xy^2\mathrm{d}y-y^3\mathrm{d}x)=0$

解：不难看出第一项积分因子 $\dfrac{1}{x^2}\varphi(y)$，而方程 $2xy^2\mathrm{d}y-y^3\mathrm{d}x=0$ 显然有积分因子 $\mu=\dfrac{1}{x^2y}$，于是上述方程可写为 $\dfrac{2y}{x}\mathrm{d}y-\dfrac{y^2}{x^2}\mathrm{d}x=0$，即 $\mathrm{d}\left(\dfrac{y^2}{x}\right)=0$. 为满足第一项，应有 $\varphi(y)=\dfrac{1}{y}$，从而原方程积分因子为 $\mu=\dfrac{1}{x^2y}$，于是

$$\frac{1}{x^2y}[2x^2\mathrm{d}y-(2xy^2\mathrm{d}y-y^3\mathrm{d}x)]=0$$

即 $\mathrm{d}(\ln y^2)-\mathrm{d}\left(\dfrac{y^2}{x}\right)=0$，积分得原方程通解为 $\ln y^2-\dfrac{y^2}{x}=c$.

注：如果方程 $P(x,y)\mathrm{d}x+Q(x,y)\mathrm{d}x=0$ 的左端不是全微分，这时有一个适当的函数 $\mu=\mu(x,y)$ 使方程 $\mu P\mathrm{d}x+\mu Q\mathrm{d}y=0$ 成为全微分方程那么函数 $\mu=\mu(x,y)$ 称为原方程的积分因子.

7. 求微分方程 $x\dfrac{\mathrm{d}y}{\mathrm{d}x}=x-y$ 满足条件 $y|_{x=\sqrt{2}}=0$ 的解.

解：将方程转化为

$$y'+\frac{1}{x}y=1,\quad y=\mathrm{e}^{-\int\frac{1}{x}\mathrm{d}x}\left[c+\int\mathrm{e}^{\int\frac{1}{x}\mathrm{d}x}\mathrm{d}x\right],\quad y=\frac{1}{x}\left[c+\frac{x^2}{2}\right]$$

由初始条件得 $c=-1$，原方程解为 $y=\dfrac{x}{2}-\dfrac{1}{x}$.

8. 求微分方程 $y'+\dfrac{1}{x}y=\dfrac{1}{x(x^2+1)}$ 的通解.

解： $y=\mathrm{e}^{-\int\frac{1}{x}\mathrm{d}x}\left[c+\int\dfrac{1}{x(x^2+1)}\mathrm{e}^{\int\frac{1}{x}\mathrm{d}x}\mathrm{d}x\right]$

$\quad=\dfrac{1}{x}\left[c+\int\dfrac{\mathrm{d}x}{1+x^2}\right]=\dfrac{1}{x}[c+\arctan x]$

9. 求微分方程 $xy' + (1-x)y = \mathrm{e}^{2x}$ $(0 < x < +\infty)$ 满足 $y(1) = 0$ 的解.

解：$y = \mathrm{e}^{-\int \frac{1-x}{x}\mathrm{d}x}\left[c + \int \frac{\mathrm{e}^{2x}}{x}\mathrm{e}^{\int \frac{1-x}{x}\mathrm{d}x}\mathrm{d}x\right] = \dfrac{c\mathrm{e}^x + \mathrm{e}^{2x}}{x}$

由初始条件得 $c = -\mathrm{e}$，原方程解为 $y = \dfrac{\mathrm{e}^x}{x}(\mathrm{e}^x - \mathrm{e})$.

10. 求微分方程 $x\ln x\mathrm{d}y + (y - \ln x)\mathrm{d}x = 0$ 满足条件 $y|_{x=\mathrm{e}} = 1$ 的特解.

解：将方程转化为 $y' + \dfrac{1}{x\ln x}y = \dfrac{1}{x}$

$$y = \mathrm{e}^{-\int \frac{\mathrm{d}x}{x\ln x}}\left[c + \int \frac{1}{x}\mathrm{e}^{\int \frac{1}{x\ln x}\mathrm{d}x}\mathrm{d}x\right] = \frac{1}{\ln x}\left[c + \frac{1}{2}\ln^2 x\right]$$

由初始条件得 $c = \dfrac{1}{2}$，特解为 $y = \dfrac{1}{2}\left(\ln x + \dfrac{1}{\ln x}\right)$.

11. 求微分方程 $y' + y\cos x = (\ln x)\mathrm{e}^{-\sin x}$ 的通解.

解：$y = \mathrm{e}^{-\int \cos x\mathrm{d}x}\left[c + \int (\ln x)\mathrm{e}^{-\sin x}\mathrm{e}^{\int \cos x\mathrm{d}x}\mathrm{d}x\right]$

$\qquad = \mathrm{e}^{-\sin x}[c + \int (\ln x)\mathrm{e}^{-\sin x}\mathrm{e}^{\sin x}\mathrm{d}x] = \mathrm{e}^{-\sin x}[c + \int \ln x\mathrm{d}x]$

$\qquad = \mathrm{e}^{-\sin x}(c + x\ln x - x)$

12. 求微分方程 $xy' + y = x\mathrm{e}^x$ 满足 $y(1) = 1$ 的特解.

解：$y = \mathrm{e}^{-\int \frac{1}{x}\mathrm{d}x}\left[c + \int \mathrm{e}^x\mathrm{e}^{\int \frac{1}{x}\mathrm{d}x}\mathrm{d}x\right] = \frac{1}{x}\left[c + \int x\mathrm{e}^x\mathrm{d}x\right]$

$\qquad = \dfrac{1}{x}[c + (x-1)\mathrm{e}^x]$

由初始条件得 $c = 1$，特解为 $y = \dfrac{x-1}{x}\mathrm{e}^x + \dfrac{1}{x}$.

13. 求微分方程 $xy\dfrac{\mathrm{d}y}{\mathrm{d}x} = x^2 + y^2$ 满足条件 $y|_{x=\mathrm{e}} = 2\mathrm{e}$ 的特解.

解：将方程转化为 $\dfrac{\mathrm{d}y}{\mathrm{d}x} = \dfrac{1 + \left(\dfrac{y}{x}\right)^2}{\dfrac{y}{x}}$，令 $u = \dfrac{y}{x}$，有

$$u + x\frac{\mathrm{d}u}{\mathrm{d}x} = \frac{1+u^2}{u}, \quad u\mathrm{d}u = \frac{\mathrm{d}x}{x}$$

积分得 $\dfrac{1}{2}u^2 = \ln|x| + c$，将 $u = \dfrac{y}{x}$ 代入，通解为 $y^2 = 2x^2(\ln|x| + c)$. 由初始条件 $c = 1$，特解为 $y^2 = 2x^2(\ln|x| + 1)$.

14. 求连续函数 $f(x)$，使它满足 $f(x) + 2\int_0^x f(t)\mathrm{d}t = x^2$.

解：两端求导得 $f'(x) + 2f(x) = 2x$，于是

$$f(x) = \mathrm{e}^{-\int 2\mathrm{d}x}\left[c + \int 2x\mathrm{e}^{\int 2\mathrm{d}x}\mathrm{d}x\right] = \mathrm{e}^{-2x}\left[c + \int 2x\mathrm{e}^{2x}\mathrm{d}x\right]$$

$$= ce^{-2x} + x - \frac{1}{2}$$

由 $f(0) = 0$，故 $c = \frac{1}{2}$，所求函数 $f(x) = \frac{1}{2}e^{-2x} + x - \frac{1}{2}$．

15. 求连续函数 $f(x)$，使它满足 $\int_0^1 f(tx)\mathrm{d}t = f(x) + x\sin x$．

解：令 $u = tx$，则将方程转化为

$$\int_0^x f(u)\mathrm{d}u = xf(x) + x^2\sin x$$

两端求导得

$$f'(x) = -2\sin x - x\cos x$$

积分得

$$f(x) = 2\cos x - \int x\mathrm{d}(\sin x) = \cos x - x\sin x + c$$

16. 求微分方程 $x^2 y' + xy = y^2$ 满足初始条件 $y|_{x=1} = 1$ 的特解．

解：（1）将方程转化为 $y' + \frac{1}{x}y = \frac{1}{x^2}y^2$ 即伯努利方程，令 $z = y^{-1}$，于是将方程转化为 $z' - \frac{1}{x}z = -\frac{1}{x^2}$

$$z = e^{\int \frac{1}{x}\mathrm{d}x}\left[c - \int \frac{1}{x^2}e^{-\int \frac{1}{x}\mathrm{d}x}\mathrm{d}x \right] = x\left[c - \int \frac{1}{x^3}\mathrm{d}x \right] = \frac{1}{2x} + cx$$

即 $y = \frac{2x}{1 + 2cx^2}$．由初始条件得 $c = \frac{1}{2}$，故 $y = \frac{2x}{1 + x^2}$．

（2）此题方程可转化为齐次微分方程．

17. 求微分方程 $(x^2 - 1)\mathrm{d}y + (2xy - \cos x)\mathrm{d}x = 0$ 满足初始条件 $y|_{x=0} = 1$ 的特解．

解：将原方程转化为 $\frac{\mathrm{d}y}{\mathrm{d}x} + \frac{2x}{x^2 - 1}y = \frac{\cos x}{x^2 - 1}$，

$$y = e^{-\int \frac{2x}{x^2-1}\mathrm{d}x}\left[c + \int \frac{\cos x}{x^2 - 1}e^{\int \frac{2x}{x^2-1}\mathrm{d}x}\mathrm{d}x \right]$$

$$= \frac{1}{x^2 - 1}\left[c + \int \frac{\cos x}{x^2 - 1}\cdot(x^2 - 1)\mathrm{d}x \right]$$

$$= \frac{1}{x^2 - 1}(c + \sin x)$$

由初始条件得 $c = -1$，故 $y = \frac{\sin x - 1}{x^2 - 1}$．

18. 假设：（1）函数 $y = f(x)$ $(0 \leqslant x < \infty)$ 满足条件 $f(0) = 0$ 和 $0 \leqslant f(x) \leqslant e^x - 1$；

（2）平行于 y 轴的直线 MN 与直线 $y = f(x)$ 和 $y = e^x - 1$ 分别相交于点 P_1 和 P_2；

（3）曲线 $y = f(x)$，直线 MN 与 x 轴所围封闭图形的面积 S 恒等于线段 P_1P_2 的长度，求 $y = f(x)$ 的表达式．

解：由右图可知

$$\int_0^x f(x)\mathrm{d}x = \mathrm{e}^x - 1 - f(x)$$

两端求导得

$$f(x) = \mathrm{e}^x - f'(x)$$

即 $f'(x) + f(x) = \mathrm{e}^x$，解之得

$$f(x) = c\mathrm{e}^{-x} + \frac{1}{2}\mathrm{e}^x$$

由初始条件 $f(0) = 0$ 得 $c = -\dfrac{1}{2}$. 于是所求函数为 $f(x) = \dfrac{1}{2}(\mathrm{e}^x - \mathrm{e}^{-x})$.

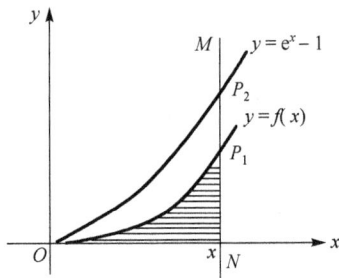

19．设函数 $f(x)$ 在 $[0, +\infty)$ 上连续，且满足方程

$$f(t) = \mathrm{e}^{4\pi t^2} + \iint\limits_{x^2 + y^2 \leqslant 4t^2} f\left(\frac{1}{2}\sqrt{x^2 + y^2}\right)\mathrm{d}x\mathrm{d}y$$

求 $f(t)$.

解： $f(t) = \mathrm{e}^{4\pi t^2} + \displaystyle\int_0^{2\pi}\mathrm{d}\theta\int_0^{2t} f\left(\frac{1}{2}r\right)r\mathrm{d}r = \mathrm{e}^{4\pi t^2} + 2\pi\int_0^{2t} f\left(\frac{r}{2}\right)r\mathrm{d}r$

$$f'(t) = 8\pi t\mathrm{e}^{4\pi t^2} + 2\pi f(t)2t \cdot 2 = 8\pi t\mathrm{e}^{4\pi t^2} + 8\pi tf(t)$$

得

$$f(t) = \mathrm{e}^{8\pi\int t\mathrm{d}t}[c + \int 8\pi t\mathrm{e}^{4\pi t^2} \cdot \mathrm{e}^{-\int 8\pi t\mathrm{d}t}\mathrm{d}t] = \mathrm{e}^{4\pi t^2}(c + 4\pi t^2)$$

代入 $f(0) = 1$ 得 $c = 1$.

于是 $f(t) = (4\pi t^2 + 1)\mathrm{e}^{4\pi t^2}$.

20．求微分方程 $(3x^2 + 2xy - y^2)\mathrm{d}x + (x^2 - 2xy)\mathrm{d}y = 0$ 的通解.

解：由 $\dfrac{\partial P}{\partial y} = 2x - 2y = \dfrac{\partial Q}{\partial x}$ ，于是

$$\int_0^x 3x^2\mathrm{d}x + \int_0^y (x^2 - 2xy)\mathrm{d}y = x^3 + x^2y - xy^2$$

即通解为 $x^3 + x^2y - xy^2 = C$.

21．设曲线 L 的极坐标方程为 $r = r(\theta)$ ， $M(r, \theta)$ 为 L 上任一点， $M_0(2, 0)$ 为 L 上一定点，若极径 OM_0, OM 与曲线 L 所围成曲边扇形的面积等于 L 上 M_0, M 两点间弧长值的一半，求曲线 L 的方程.

解：由已知条件得

$$\frac{1}{2}\int_0^\theta r^2\mathrm{d}\theta = \frac{1}{2}\int_0^\theta \sqrt{r^2 + r'^2}\mathrm{d}\theta$$

两端对 θ 求导得

$$r^2 = \sqrt{r^2 + r'^2} \ , \quad r' = \pm r\sqrt{r^2 - 1}$$

即

$$\frac{\mathrm{d}r}{\mathrm{d}\theta} = \pm r\sqrt{r^2 - 1} \ , \quad \frac{\mathrm{d}r}{r\sqrt{r^2 - 1}} = \pm \mathrm{d}\theta \ , \quad \int \frac{\mathrm{d}r}{r\sqrt{r^2 - 1}} = -\arcsin\frac{1}{r} + c$$

所以 $-\arcsin\frac{1}{r} + c = \pm\theta$ ，由初始条件 $r(0) = 2$ 知 $c = \dfrac{\pi}{6}$. 故曲线方程为 $\arcsin\dfrac{1}{r} = \dfrac{\pi}{6} \pm \theta$ ，

$$r = \frac{1}{\sin\left(\dfrac{\pi}{6} \pm \theta\right)} \ .$$

22．求一曲线，使其在任一点处的曲率为常数 $\dfrac{1}{a}$.

解：设曲线方程为 $F(x,y) = 0$ ，由曲率公式 $k = \dfrac{|y''|}{(1 + y'^2)^{\frac{3}{2}}}$ 得微分方程 $\dfrac{|y''|}{(1 + y'^2)^{\frac{3}{2}}} = \dfrac{1}{a}$ ，令

$y' = P$ ，则

$$P' / (\sqrt{1 + P^2})^3 = \pm\frac{1}{a}$$

积分得

$$\pm\frac{1}{a}(x + c_1) = \int \frac{\mathrm{d}P}{(1 + P^2)^{\frac{3}{2}}} = -\frac{P}{\sqrt{1 + P^2}}$$

整理得

$$P = \pm\frac{x + c_1}{\sqrt{a^2 - (x + a)^2}}$$

即

$$y' = \pm\frac{(x + c_1)}{\sqrt{a^2 - (x + c_1)^2}} \ , \quad y + c_2 = \pm\int \frac{x + c_1}{\sqrt{a^2 - (x + c_1)^2}}\mathrm{d}x = \mp\sqrt{a^2 - (x + c_1)^2}$$

即 $(x + c_1)^2 + (y + c_2)^2 = a^2$.

23．求下列方程的解.

（1） $2y'' + y' - 6y = 0$

解：特征方程为

$$2r^2 + r - 6 = 0 \ , \quad r_1 = \frac{3}{2} \ , \quad r_2 = -2$$

故通解为 $y = c_1 \mathrm{e}^{\frac{3}{2}x} + c_2 \mathrm{e}^{-2x}$.

（2） $\begin{cases} y'' - 4y' + 13y = 0 \\ y(0) = 0, \ y'(0) = 1 \end{cases}$

解：特征方程为 $r^2 - 4r + 13 = 0$ ， $r_1, r_2 = 2 \pm 3\mathrm{i}$ ，通解为 $y = \mathrm{e}^{2x}(c_1 \cos 3x + c_2 \sin 3x)$ ，由初始

条件知 $c_1 = 0$ ，$c_2 = \dfrac{1}{3}$ ，于是特解为 $y = \dfrac{1}{3}\mathrm{e}^{2x}\sin 3x$.

（3） $y''' - y'' - y' + y = 0$

解：特征方程为 $r^3 - r^2 - r + 1 = 0$ ，$r_1 = -1$ ，$r_2 = r_3 = 1$ ，故通解为 $y = c_1\mathrm{e}^{-x} + (c_2 + c_3 x)\mathrm{e}^x$.

（4） $y''' - 4y'' + y' + 6y = 0$

解：特征方程为 $r^3 - 4r^2 + r + 6 = 0$ ，$r_1 = -1$ ，$r_2 = 2$ ，$r_3 = 3$ ，故通解为 $y = c_1\mathrm{e}^{-x} + c_2\mathrm{e}^{2x} + c_3\mathrm{e}^{3x}$.

（5） $2y'' + y' + (2\sin^2 15°\cos^2 15°)y = 0$

解：因 $2\sin^2 15°\cos^2 15° = \dfrac{1}{2}\sin^2 30° = \dfrac{1}{8}$ ，特征方程为 $2r^2 + r + \dfrac{1}{8} = 0$ ，$r_1 = r_2 = -\dfrac{1}{4}$ ，故通解

为 $y = (c_1 + c_2 x)\mathrm{e}^{-\frac{x}{4}}$.

（6） $y'' - 2y' + (1 - a^2)y = 0,\ a > 0$

解：特征方程为 $r^2 - 2r + (1 - a^2) = 0$ ，$r_1 = 1 - a$ ，$r_2 = 1 + a,\ a > 0$ ，故通解为

$$y = c_1\mathrm{e}^{(1-a)x} + c_2\mathrm{e}^{(1+a)x}$$

24．求下列方程的通解.

（1） $y'' + y = (x - 2)\mathrm{e}^{3x}$

解：特征方程为 $r^2 + 1 = 0$ ，$r_1, r_2 = \pm\mathrm{i}$ ，相应齐次微分方程的通解为 $Y = c_1\cos x + c_2\sin x$ ，由 $\alpha = 3$ 不是特征根，设 $y^* = (b_0 x + b_1)\mathrm{e}^{3x}$ ，则

$$y^{*'} = (3b_0 x + 3b_1 + b_0)\mathrm{e}^{3x},\ y^{*''} = (9b_0 x + 9b_1 + 6b_0)\mathrm{e}^{3x}$$

代入方程得

$$(b_0 x + 9b_1 + 6b_0 + b_0 x + b_1)\mathrm{e}^{3x} = (x - 2)\mathrm{e}^{3x}$$

比较两系数得 $b_0 = \dfrac{1}{10}$ ，$b_1 = -\dfrac{13}{50}$ ，得 $y^* = \left(\dfrac{x}{10} - \dfrac{13}{50}\right)\mathrm{e}^{3x}$.

从而原方程通解为

$$y = c_1\cos x + c_2\sin x + \left(\dfrac{x}{10} - \dfrac{13}{50}\right)\mathrm{e}^{3x}$$

（2） $y'' - 3y' + 2y = \sin x + x^3$

解：特征方程 $r^2 - 3r + 2 = 0$ ，$r_1 = 1$ ，$r_2 = 2$ ，相应齐次微分方程的通解为

$$Y = c_1\mathrm{e}^x + c_2\mathrm{e}^{2x}$$

设 $y_1^* = A\cos x + B\sin x$ 为方程 $y'' - 3y' + 2y = \sin x$ 的特解，代入方程

$$(A - 3B)\cos x + (B + 3A)\sin x = \sin x$$

于是有 $\begin{cases} A - 3B = 0 \\ B + 3A = 1 \end{cases}$ ，得

$$A = \dfrac{3}{10},\quad B = \dfrac{1}{10},\quad y_1^* = \dfrac{3}{10}\cos x + \dfrac{1}{10}\sin x$$

设 $y_2^* = b_0 x^3 + b_1 x^2 + b_2 x + b_3$ 为方程 $y'' - 3y' + 2y = x^3$ 特解，代入方程得

$$2b_0 x^3 + (2b_1 - 9b_0)x^2 + (2b_2 - 6b_1 + 6b_0)x + 2b_3 - 3b_2 + 2b_1 = x^3$$

于是有 $\begin{cases} 2b_0 = 1 \\ 2b_1 - 9b_0 = 0 \\ 2b_2 - 6b_1 + 6b_0 = 0 \\ 2b_3 - 3b_2 + 2b_1 = 0 \end{cases}$ ，得

$$b_0 = \frac{1}{2}, \quad b_1 = \frac{9}{4}, \quad b_2 = \frac{21}{4}, \quad b_3 = \frac{45}{8}$$

$$y_2^* = \frac{x^3}{2} + \frac{9}{4}x^2 + \frac{21}{4}x + \frac{45}{8}$$

原方程通解为

$$y = c_1 e^x + c_2 e^{2x} + \frac{3}{10}\cos x + \frac{1}{10}\sin x + \frac{x^3}{2} + \frac{9}{4}x^2 + \frac{21}{4}x + \frac{45}{8}$$

（3） $y'' + 4y = \sin 2x$

解：特征方程为 $r^2 + 4 = 0$ ， $r_1, r_2 = \pm 2i$ ，相应齐次微分方程的通解为

$$Y = c_1 \cos 2x + c_2 \sin 2x$$

设特解 $y^* = x(A\cos 2x + B\sin 2x)$

$$y^{*\prime} = (A\cos 2x + B\sin 2x) + x(-2A\sin 2x + 2B\cos 2x)$$
$$y^{*\prime\prime} = (-2A\sin 2x + 2B\cos 2x) + (-2A\sin 2x + 2B\cos 2x) + x(-4A\cos 2x - 4B\sin 2x)$$
$$= -4A\sin 2x + 4B\cos 2x + x(-4A\cos 2x - 4B\sin 2x)$$

代入原方程得

$$-4A\sin 2x + 4B\cos 2x = \sin 2x$$

$$A = -\frac{1}{4}, \quad B = 0, \quad y^* = -\frac{1}{4}x\cos 2x$$

从而原方程的通解为 $y = c_1 \cos 2x + c_2 \sin 2x - \frac{x}{4}\cos 2x$.

（4） $y'' + y' + y = 3x^2$

解：特征方程为 $r^2 + r + 1 = 0$ ， $r_1, r_2 = -\frac{1}{2} \pm \frac{\sqrt{3}}{2}i$ ，相应齐次微分方程的通解为

$$Y = e^{-\frac{x}{2}}\left(c_1 \cos\frac{\sqrt{3}}{2}x + c_2 \sin\frac{\sqrt{3}}{2}x\right)$$

设特解为 $y^* = b_0 x^2 + b_1 x + b_2$ ，代入方程得

$$b_0 x^2 + (2b_0 + b_1)x + 2b_0 + b_1 + b_2 = 3x^2$$

得

$$b_0 = 3, \quad b_1 = -6, \quad b_2 = 0, \quad y^* = 3x^2 - 6x$$

于是通解为

$$y = \mathrm{e}^{-\frac{x}{2}}\left(c_1\cos\frac{\sqrt{3}}{2}x + c_2\sin\frac{\sqrt{3}}{2}x\right) + 3x^2 - 6x$$

（5）$y'' + \dfrac{1}{4}y = 6\sin\dfrac{x}{2}$，$y(0) = 0$，$y'(0) = 5$

解：特征方程为 $r^2 + \dfrac{1}{4} = 0$，$r_1, r_2 = \pm\dfrac{1}{2}\mathrm{i}$，相应齐次微分方程的通解为

$$Y = c_1\cos\frac{x}{2} + c_2\sin\frac{x}{2}$$

设 $y^* = x\left(A\cos\dfrac{x}{2} + B\sin\dfrac{x}{2}\right)$，代入方程得

$$-A\sin\frac{x}{2} + B\cos\frac{x}{2} = 6\sin\frac{x}{2}，\quad A = -6，\quad B = 0$$

于是 $y^* = -6x\cos\dfrac{x}{2}$，通解为 $y = c_1\cos\dfrac{x}{2} + c_2\sin\dfrac{x}{2} - 6x\cos\dfrac{x}{2}$.

由初始条件得 $c_1 = 0$，$c_2 = 22$，通解为 $y = 22\sin\dfrac{x}{2} - 6x\cos\dfrac{x}{2}$.

（6）$y'' - 4y = \mathrm{e}^{2x}\cos x$

解：特征方程为 $r^2 - 4 = 0$，$r_1 = 2$，$r_2 = -2$，相应齐次微分方程的通解为
$$Y = c_1\mathrm{e}^{2x} + c_2\mathrm{e}^{-2x}$$

设特解 $y^* = \mathrm{e}^{2x}(A\cos x + B\sin x)$，代入方程得

$$(4B - A)\mathrm{e}^{2x}\cos x - (4A + B)\mathrm{e}^{2x}\sin x = \mathrm{e}^{2x}\cos x$$

得
$$\begin{cases} -4A - B = 0 \\ 4B - A = 1 \end{cases}，\quad A = -\frac{1}{17}，\quad B = \frac{4}{17}$$

通解为 $y = c_1\mathrm{e}^{2x} + c_2\mathrm{e}^{-2x} + \mathrm{e}^{2x}\left(-\dfrac{1}{17}\cos x + \dfrac{4}{17}\sin x\right)$.

25．求下列微分方程的解.

（1）$y'' + 2y' + y = x\mathrm{e}^x$

解：特征方程 $r^2 + 2r + 1 = 0$，$r_1 = r_2 = -1$，相应齐次微分方程的通解为 $Y = (c_1 + c_2 x)\mathrm{e}^{-x}$，设 $y^* = (b_0 x + b_1)\mathrm{e}^x$，代入方程得 $b_0 = \dfrac{1}{4}$，$b_1 = -\dfrac{1}{4}$，于是 $y^* = \dfrac{1}{4}(x - 1)\mathrm{e}^x$，所求通解为

$$y = (c_1 + c_2 x)\mathrm{e}^{-x} + \frac{1}{4}(x - 1)\mathrm{e}^x$$

（2）$y'' + 5y' + 6y = 2\mathrm{e}^{-x}$

解：特征方程为 $r^2 + 5r + 6 = 0$，$r_1 = -2$，$r_2 = -3$，相应齐次微分方程的通解为 $Y = c_1\mathrm{e}^{-2x} + c_2\mathrm{e}^{-3x}$，设特解 $y^* = A\mathrm{e}^{-x}$，代入方程得 $A = 1$，故 $y^* = \mathrm{e}^{-x}$. 原方程通解为 $y = c_1\mathrm{e}^{-2x} + c_2\mathrm{e}^{-3x} + \mathrm{e}^{-x}$.

（3）$y'' + 4y' + 4y = e^{-2x}$

解：特征方程为 $r^2 + 4r + 4 = 0$，$r_1 = -2$，$r_2 = -2$，相应齐次微分方程的通解为 $Y = (c_1 + c_2 x)e^{-2x}$，设特解 $y^* = x^2 A e^{-2x}$，代入方程得 $A = \dfrac{1}{2}$，于是通解为 $y = (c_1 + c_2 x)e^{-2x} + \dfrac{x^2}{2}e^{-2x}$.

（4）$y'' + 4y' + 4y = e^{ax}$

解：特征方程为 $r^2 + 4r + 4 = 0$，$r_1 = r_2 = -2$，相应齐次微分方程的通解为 $Y = (c_1 + c_2 x)e^{-2x}$.

当 $a = -2$ 时，$y^* = \dfrac{x^2}{2}e^{-2x}$（与题（3）相同）；

当 $a \neq -2$ 时，得 $y^* = A e^{ax}$ 代入原方程得 $A = \dfrac{1}{(a+2)^2}e^{ax}$.

于是通解为

$$\begin{cases} (c_1 + c_2 x)e^{-2x} + \dfrac{1}{(a+2)^2}e^{ax}, & a \neq -2 \\[3mm] (c_1 + c_2 x)e^{-2x} + \dfrac{x^2}{2}e^{-2x}, & a = -2 \end{cases}$$

（5）$y'' + y = x + \cos x$

解：特征方程为 $r^2 + 1 = 0$，$r_1, r_2 = \pm i$，相应齐次微分方程的通解为 $Y = c_1 \cos x + c_2 \sin x$，设特解 $y^* = Ax + B + x(E\cos x + D\sin x)$，代入方程得 $A = 1$，$B = 0$，$E = 0$，$D = \dfrac{1}{2}$，所以 $y^* = x + \dfrac{x}{2}\sin x$，原方程通解为 $y = c_1 \cos x + c_2 \sin x + x + \dfrac{x}{2}\sin x$.

（6）$y'' + a^2 y = \sin x,\ a > 0$

解：相应齐次微分方程的通解 $Y = c_1 \cos ax + c_2 \sin ax$.

① 当 $a \neq 1$ 时，设特解 $y^* = A\sin x + B\cos x$，代入方程得

$$A(a^2 - 1)\sin x + B(a^2 - 1)\cos x = \sin x$$

得 $A = \dfrac{1}{a^2 - 1}$，$B = 0$，所以 $y^* = \dfrac{1}{a^2 - 1}\sin x$.

② 当 $a = 1$ 时，设 $y^* = x(A\sin x + B\cos x)$，代入方程得

$$2A\cos x - 2B\sin x = \sin x$$

得 $A = 0$，$B = -\dfrac{1}{2}$，所以 $y^* = -\dfrac{x}{2}\cos x$. 故原方程通解为

$$y = \begin{cases} c_1 \cos ax + c_2 \sin ax + \dfrac{1}{a^2 - 1}\sin x, & a \neq 1 \\[3mm] c_1 \cos x + c_2 \sin x - \dfrac{x}{2}\cos x, & a = 1 \end{cases}$$

注：此题也可用复数方法解.

（7）$y'' + y = -2x$

解：特征方程为 $r^2 + 1 = 0$，$r_1, r_2 = \pm i$，相应齐次微分方程的通解为 $Y = c_1 \cos x + c_2 \sin x$，设特解 $y^* = b_0 x + b_1$，代入方程得 $b_0 x + b_1 = -2x$，得 $b_0 = -2$，$b_1 = 0$，$y^* = -2x$，故通解为 $y = c_1 \cos x + c_2 \sin x - 2x$．

（8）$y''' + 6y'' + (9 + a^2)y' = 1$，$a > 0$

解：特征方程为 $r^3 + 6r^2 + (9 + a^2)r = 0$，$r_1 = 0$，$r_2, r_3 = -3 \pm ai$，相应齐次微分方程的通解为 $Y = c_1 + e^{-3x}(c_2 \cos ax + c_3 \sin ax)$，设特解 $y^* = Ax$，代入方程得 $A = \dfrac{1}{9 + a^2}$，于是原方程通解为

$$y = c_1 + e^{-3x}(c_2 \cos ax + c_3 \sin ax) + \frac{x}{9 + a^2}$$

26．设 $f(x) = \sin x - \displaystyle\int_0^x (x - t)f(t)\mathrm{d}t$，其中 f 为连续函数，求 $f(x)$．

解：$f(x) = \sin x - x\displaystyle\int_0^x f(t)\mathrm{d}t + \int_0^x tf(t)\mathrm{d}t$，两次求导后得 $f''(x) + f(x) = -\sin x$，且 $f(0) = 0$，$f'(0) = 1$，于是相应齐次微分方程的通解为 $y = c_1 \sin x + c_2 \cos x$，设特解 $y^* = x(a \sin x + b \cos x)$，代入方程得 $a = 0$，$b = \dfrac{1}{2}$，于是 $y^* = \dfrac{x}{2} \cos x$，通解为 $y = c_1 \sin x + c_2 \cos x + \dfrac{x}{2} \cos x$．由初始条件得 $c_1 = \dfrac{1}{2}$，$c_2 = 0$，从而 $f(x) = \dfrac{1}{2}\sin x + \dfrac{x}{2}\cos x$．

27．已知某商品的需求量 x 对价格 p 的弹性为 $\eta = -3p^3$，而市场对该商品的最大需求量为 1（万件），求需求函数（经济学应用题）．

解：由弹性的定义有 $\eta = \dfrac{p}{x}\dfrac{\mathrm{d}x}{\mathrm{d}p} = -3p^3$，即 $\dfrac{\mathrm{d}x}{x} = -3p^2\mathrm{d}p$ 或写成 $x'(p) + 3p^2 x = 0$，于是 $x = ce^{-p^3}$，由初始条件 $x(0) = 1$ 得 $c = 1$，于是所求的需求函数为 $x = e^{-p^3}$．

28．设函数 $y = y(x)$ 满足微分方程 $y'' - 3y' + 2y = 2e^x$，且其图形在点 $(0,1)$ 处的切线与曲线 $y = x^2 - x + 1$ 在该点的切线重合，求 $y(x)$．

解：特征方程为 $r^2 - 3r + 2 = 0$，$r_1 = 1$，$r_2 = 2$，于是相应齐次微分方程的解为 $Y = c_1 e^x + c_2 e^{2x}$，设特解 $y^* = Axe^x$，代入方程得 $A = -2$，原方程通解为

$$y = c_1 e^x + c_2 e^{2x} - 2xe^x$$

由题目假设可知初始条件 $y(0) = 1$，$y'(0) = -1$，故得 $c_1 = 1$，$c_2 = 0$，所求函数为 $y(x) = (1 - 2x)e^x$．

29．设二阶常系数线性微分方程 $y'' + \alpha y' + \beta y = re^x$ 的一个特解为 $y = e^{2x} + (1 + x)e^x$，试确定常数 α, β, r，并求该方程的通解．

解：（1）将所给特解写成 $y = e^{2x} + e^x + xe^x$ 形式，由所给微分方程形式，e^{2x} 和 e^x 应是相应齐次微分方程的解，从而 $r_1 = 2$，$r_2 = 1$．特征方程为 $r^2 - 3r + 2 = 0$，于是 $\beta = 2$，$\alpha = -3$．为确定 r 只需将 $y^* = xe^x$ 代入方程 $y_2 - 3y' + 2y = re^x$，得 $r = -1$，从而方程为 $y'' - 3y' + 2y = -e^x$，通解为 $y = c_1 e^x + c_2 e^{2x} + xe^x$．

（2）将 $y = e^{2x}(1+x)e^x$ 代入方程得

$$(4+2\alpha+\beta)e^{2x} + (3+2\alpha+\beta)e^x + (1+\alpha+\beta)xe^x = re^x$$

比较两端同类项的系数得

$$\begin{cases} 4+2\alpha+\beta = 0 \\ 3+2\alpha+\beta = r \\ 1+\alpha+\beta = 0 \end{cases}$$

解得 $\alpha = -3$，$\beta = 2$，$r = -1$.

于是方程为 $y'' - 3y' + 2y = -e^x$，通解为 $y = c_1 e^x + c_2 e^{2x} + xe^x$.

30．设函数 $f(u)$ 有二阶连续导数，而 $z = f(e^x \sin y)$ 满足方程 $\dfrac{\partial^2 z}{\partial x^2} + \dfrac{\partial^2 z}{\partial y^2} = e^{2x} z$，求 $f(u)$.

解：$\dfrac{\partial z}{\partial x} = e^x \sin y \, f'$，$\dfrac{\partial^2 z}{\partial x^2} = e^{2x} \sin^2 y \, f'' + e^x \sin y \, f'$

$\dfrac{\partial z}{\partial y} = e^x \cos y \, f'$，$\dfrac{\partial^2 z}{\partial y^2} = e^{2x} \cos^2 y \, f'' - e^x \sin y \, f'$

代入方程得 $e^{2x} f'' = e^{2x} f$，即 $f'' - f = 0$，故 $f(u) = c_1 e^u + c_2 e^{-u}$.

31．设单位质点在水平面内做直线运动,初始速度为 $v|_{t=0} = v_0$. 已知阻力与速度成正比（比例常数为 1），问 t 为多少时质点的速度为 $\dfrac{v_0}{3}$？并求此时刻该质点所经过的路程.

解：由牛顿第二定律，设质点的速度为 $v = v(t)$，则

$$\frac{dv}{dt} = -v, \quad v(0) = v_0$$

解此方程，得 $v = v_0 e^{-t}$，$\dfrac{v_0}{3} = v_0 e^{-t}$，$t = \ln 3$，此时刻该质点所经过的路程为

$$s = \int_0^{\ln 3} v_0 e^{-t} dt = \frac{2}{3} v_0$$

32．设函数 $y = f(x)$ 满足条件 $y'' + 4y' + 4y = 0$，$y(0) = 1$，$y'(0) = -4$，求广义积分 $\displaystyle\int_0^{+\infty} y(x)dx$.

解：特征方程为 $r^2 + 4r + 4 = 0$，$r_1 = r_2 = -2$，原方程通解为 $y = (c_1 + c_2 x)e^{-2x}$，由初始条件得 $c_1 = 2$，$c_2 = 0$，$y(x) = 2e^{-2x}$，得

$$\int_0^{+\infty} 2e^{-2x} dx = \int_0^{+\infty} e^{-2x} d(2x) = 1$$

33．设对任意 $x > 0$，曲线 $y = f(x)$ 上点 $(x, f(x))$ 处的切线在 y 轴上的截距等于 $\dfrac{1}{x} \displaystyle\int_0^x f(t)dt$，求 $f(x)$ 的一般表达式.

解：设曲线 $y = f(x)$ 在点 $(x, f(x))$ 处的切线方程为 $Y - f(x) = f'(x)(X - x)$ 在 y 轴上的截距.

令 $X = 0$，得 $Y = f(x) - xf'(x)$，即得 $\displaystyle\int_0^x f(t)dt = xf(x) - x^2 f'(x)$. 求导得 $xf''(x) + f'(x) = 0$，

$$\frac{\mathrm{d}}{\mathrm{d}x}(xf'(x)) = 0, \quad xf'(x) = c_1, \quad f(x) = \int \frac{c_1}{x}\mathrm{d}x + c_2 = c_1 \ln x + c_2, \quad x > 0.$$

34. 求方程 $y'' + y = \tan x$ 的解.

解： 特征方程为 $r^2 + 1 = 0$，齐次微分方程的通解为 $y = c_1 \cos x + c_2 \sin x$，设特解为 $y = c_1(x)\cos x + c_2(x)\sin x$，得（二阶线性方程常数变量法）方程组

$$\begin{cases} c_1'(x)\cos x + c_2'(x)\sin x = 0 \\ -c_1'(x)\sin x + c_2'(x)\cos x = \tan x \end{cases}$$

解得

$$c_1'(x) = -\frac{\sin^2 x}{\cos x}, \; c_2'(x) = \sin x$$

积分得

$$c_1(x) = \int -\frac{\sin^2 x}{\cos x}\mathrm{d}x = \int(\cos x - \sec x)\mathrm{d}x = \sin x - \ln|\sec x + \tan x|$$

$$c_2(x) = \int \sin x \mathrm{d}x = -\cos x$$

故原方程通解为 $y = c_1 \cos x + c_2 \sin x - \cos x \ln|\sec x + \tan x|$.

35. 设 $f(x)$ 在 $(0, +\infty)$ 上有二阶导数，$f(1) = 0$，$f'(1) = 1$. 若 $z = f(\sqrt{x^2 + y^2})$ 满足方程 $\frac{\partial^2 z}{\partial x^2} + \frac{\partial^2 z}{\partial y^2} = 0$，求 $f(x)$.

解： $\frac{\partial z}{\partial x} = f' \frac{x}{\sqrt{x^2 + y^2}}$，$\frac{\partial^2 z}{\partial x^2} = f'' \frac{x^2}{x^2 + y^2} + f' \frac{y^2}{(x^2 + y^2)^{\frac{3}{2}}}$

$$\frac{\partial z}{\partial y} = f' \frac{y}{\sqrt{x^2 + y^2}}, \quad \frac{\partial^2 z}{\partial y^2} = f'' \frac{y^2}{x^2 + y^2} + f' \frac{x^2}{(x^2 + y^2)^{\frac{3}{2}}}$$

代入方程得 $f'' + \frac{1}{\sqrt{x^2 + y^2}} f' = 0$，$u = \sqrt{x^2 + y^2}$，即 $f''(u) + \frac{1}{u} f'(u) = 0$，得 $f'(u) = \frac{c_1}{u}$. 又

$f'(1) = 1$，从而 $c_1 = 1$，$f'(u) = \frac{1}{u}$，$f(u) = \ln u + c_2$，代入 $f(1) = 0$ 得 $c_2 = 0$，即 $f(u) = \ln u$，

$f(x) = \ln x$.

36. 已知 $|x| < 1$ 时，微分方程 $xy'' + y' = \frac{1}{1-x}$ 有满足 $y(0) = 0$，$y'(0) = 1$ 的幂级数 $y = \sum_{n=0}^{\infty} a_n x^n$ 形式的解，求 y.

解： 由题意知幂级数 $y = \sum_{n=0}^{\infty} a_n x^n$ 的收敛半径 $R = 1$，当 $|x| < 1$ 时，可逐项微分. 且由初始条件知 $a_0 = 0$，$a_1 = 1$，把 y', y'' 逐项求导，将结果代入方程得

$$x(2a_2 + 6a_3 x + \cdots + n(n-1)a_n x^{n-2} + \cdots) + (1 + 2a_2 x + \cdots + na_n x^{n-1} + \cdots) = \frac{1}{1-x}$$

即

$$1+4a_2x+9a_3x^2+\cdots+n^2a_nx^{n-1}+\cdots=\frac{1}{1-x}$$

又 $\frac{1}{1-x}=1+x+x^2+\cdots+x^{n-1}+\cdots$，比较两端 x^{n-1} 的系数得 $a_n=\frac{1}{n^2}$，$n\geq1$，即 $y=\sum_{n=1}^{\infty}\frac{x^n}{n^2}$.

37．（1）验证函数 $y(x)=1+\frac{x^3}{3!}+\frac{x^6}{6!}+\frac{x^9}{9!}+\cdots+\frac{x^{3n}}{(3n)!}+\cdots(-\infty<x<+\infty)$，满足微分方程

$y''+y'+y=\mathrm{e}^x$；（2）利用（1）的结果求幂级数 $\sum_{n=0}^{\infty}\frac{x^{3n}}{(3n)!}$ 的和函数.

解：（1）因

$$y(x)=1+\frac{x^3}{3!}+\frac{x^6}{6!}+\frac{x^9}{9!}+\cdots+\frac{x^{3n}}{(3n)!}+\cdots$$

$$y'(x)=\frac{x^2}{2!}+\frac{x^5}{5!}+\cdots+\frac{x^{3n-1}}{(3n-1)!}+\cdots$$

$$y''(x)=x+\frac{x^4}{4!}+\frac{x^7}{7!}+\cdots+\frac{x^{3n-2}}{(3n-2)!}+\cdots$$

所以 $y''+y'+y=\mathrm{e}^x$.

（2）解此方程，特征根为

$$\lambda_{1,2}=-\frac{1}{2}\pm\frac{\sqrt3}{2}\mathrm{i}$$

相应齐次微分方程的通解为

$$y=\mathrm{e}^{-\frac{1}{2}x}\left[c_1\cos\frac{\sqrt3}{2}x+c_2\sin\frac{\sqrt3}{2}x\right]$$

设非齐次微分方程特解 $y^*=A\mathrm{e}^x$，代入得 $A=\frac{1}{3}$，于是 $y^*=\frac{1}{3}\mathrm{e}^x$.

故方程通解为

$$y=\mathrm{e}^{-\frac{x}{2}}\left[c_1\cos\frac{\sqrt3}{2}x+c_2\sin\frac{\sqrt3}{2}x\right]+\frac{1}{3}\mathrm{e}^x$$

当 $x=0$ 时，

$$y(0)=1=c_1+\frac{1}{3}$$

$$y'(0)=0=-\frac{1}{2}c_1+\frac{1}{3}+\frac{\sqrt3}{2}c_2$$

解得 $c_1=\frac{2}{3},c_2=0$.

于是，所求幂级数的和函数为

$$y=\frac{2}{3}e^{-\frac{x}{2}}\cos\frac{\sqrt{3}}{2}x+\frac{1}{3}e^{x}, \quad -\infty<x<+\infty$$

38．设对半空间 $x>0$ 内任意光滑有向封闭曲面 S，都有 $\iint\limits_{S}xf(x)\mathrm{d}y\mathrm{d}z-xyf(x)\mathrm{d}z\mathrm{d}x-$ $e^{2x}z\mathrm{d}x\mathrm{d}y=0$，其中，函数 $f(x)$ 在 $(0,+\infty)$ 上具有连续的一阶导数，且 $\lim\limits_{x\to0^{+}}f(x)=1$，求 $f(x)$．

解：$P(x,y,z)=xf(x)$，$Q(x,y,z)=-xyf(x)$，$R(x,y,z)=-e^{2x}z$

$$\frac{\partial P}{\partial x}=f(x)+xf'(x)，\quad \frac{\partial Q}{\partial y}=-xf(x)，\quad \frac{\partial R}{\partial z}=-e^{2x}$$

由高斯公式可得

$$\oiint\limits_{S}P(x,y,z)\mathrm{d}y\mathrm{d}z+Q(x,y,z)\mathrm{d}z\mathrm{d}x+R(x,y,z)\mathrm{d}x\mathrm{d}y$$

$$=\iiint\limits_{\Omega}\left(\frac{\partial P}{\partial x}+\frac{\partial Q}{\partial y}+\frac{\partial R}{\partial z}\right)\mathrm{d}\upsilon$$

$$=\iiint\limits_{\Omega}(f(x)+xf'(x)-xf(x)-e^{2x})\mathrm{d}\upsilon=0$$

其中，Ω 是由 S 所围成的空间区域，由 S 的任意性可得三重积分的被积函数为 0，即

$$f'(x)+\left(\frac{1}{x}-1\right)f(x)=\frac{1}{x}e^{2x}，\qquad x>0$$

$$f(x)=e^{\int\left(1-\frac{1}{x}\right)\mathrm{d}x}\left(c+\int\frac{1}{x}e^{2x}e^{\int\left(\frac{1}{x}-1\right)\mathrm{d}x}\mathrm{d}x\right)=\frac{e^{x}}{x}(e^{x}+c)$$

由已知 $\lim\limits_{x\to0^{+}}f(x)=1$，即 $\lim\limits_{x\to0^{+}}\frac{e^{x}(e^{x}+c)}{x}=1$．故有 $\lim\limits_{x\to0^{+}}e^{x}(e^{x}+c)=0\Rightarrow c=-1$．故

$$f(x)=\frac{e^{x}}{x}(e^{x}-1)$$

39．求全微分方程 $\dfrac{-y\mathrm{d}x+x\mathrm{d}y}{x^{2}+y^{2}}+x\mathrm{d}x+y\mathrm{d}y=0$ 在半平面 $x>y$ 上的通解．

解：$u(x,y)=\displaystyle\int_{(1,0)}^{(x,y)}\frac{-y\mathrm{d}x+x\mathrm{d}y}{x^{2}+y^{2}}+x\mathrm{d}x+y\mathrm{d}y$

$$=\frac{x^{2}+y^{2}-1}{2}+\int_{(1,0)}^{(x,y)}\frac{-y\mathrm{d}x+x\mathrm{d}y}{x^{2}+y^{2}}$$

令 $u_{1}(x,y)=\displaystyle\int_{(1,0)}^{(x,y)}\frac{-y\mathrm{d}x+x\mathrm{d}y}{x^{2}+y^{2}}$，当 $y\geqslant0$ 时，则 $x>y\geqslant0$，

$$u_{1}(x,y)=\int_{0}^{y}\frac{x\mathrm{d}y}{x^{2}+y^{2}}=\arctan\frac{y}{x}$$

当 $y<0$ 时，

$$u_1(x,y) = \int_1^x \frac{-y\mathrm{d}x}{x^2+y^2} + \int_0^y \frac{\mathrm{d}y}{1+y^2}$$

$$= \arctan\frac{x}{|y|}\bigg|_1^x + \arctan y = \arctan\frac{x}{|y|} - \arctan\frac{1}{|y|} + \arctan y$$

$$= -\arctan\frac{x}{y} + \arctan\frac{1}{y} + \arctan y = -\frac{\pi}{2} - \arctan\frac{x}{y}$$

（这里利用 $\arctan x + \arctan\dfrac{1}{x} = -\dfrac{\pi}{2}$, $x<0$ ）从而

$$u(x,y) = \begin{cases} \dfrac{x^2+y^2-1}{2} + \arctan\dfrac{y}{x}, & x > y \geqslant 0 \\ \dfrac{x^2+y^2-1}{2} - \dfrac{\pi}{2} - \arctan\dfrac{x}{y}, & x > y,\ y < 0 \end{cases}$$

方程通解为 $u(x,y) = c$.

40．求全微分方程 $\dfrac{\mathrm{d}x+\mathrm{d}y}{(x+y+1)\sqrt{x+y}} + 2xy\mathrm{d}x + x^2\mathrm{d}y = 0$ 的通解.

解：（1）方程可转化为 $\dfrac{\mathrm{d}(x+y)}{\sqrt{x+y}(x+y+1)} + \mathrm{d}(x^2y) = 0$ ，由于

$$\int \frac{\mathrm{d}u}{\sqrt{u}(u+1)} \overset{u=t^2}{=} \int \frac{2t\mathrm{d}t}{t(t^2+1)} = 2\arctan t = 2\arctan\sqrt{u}$$

从而方程可转化为 $\mathrm{d}[2\arctan\sqrt{x+y} + x^2y] = 0$ ，即 $2\arctan\sqrt{x+y} + x^2y = c$ 为通解.

（2） $u(x,y) = \displaystyle\int_{(1,1)}^{(x,y)} \frac{\mathrm{d}x+\mathrm{d}x}{(x+y+1)\sqrt{x+y}} + 2xy\mathrm{d}x + x^2\mathrm{d}y$

$$= x^2y - 1 + \int_{(1,1)}^{(x,y)} \frac{\mathrm{d}x+\mathrm{d}y}{(x+y+1)\sqrt{x+y}}$$

连接 $A(1,1)$ 与 $B(x,y)$ 的直线段方程为

$$\begin{cases} X = 1 + (x-1)t \\ Y = 1 + (y-1)t \end{cases}, 0 \leqslant t \leqslant 1$$

从而

$$u(x,y) = x^2y - 1 + \int_0^1 \frac{[(x-1)+(y-1)]\mathrm{d}t}{(3+(x+y-2)t)\sqrt{2+(x+y-2)t}}$$

$$\overset{v=(x+y-2)t}{=} x^2y - 1 + \int_0^{(x+y-2)} \frac{\mathrm{d}v}{(3+v)\sqrt{2+v}} \overset{t=\sqrt{2+v}}{=} x^2y - 1 + \int_{\sqrt{2}}^{\sqrt{x+y}} \frac{2t\mathrm{d}t}{t(1+t^2)}$$

$$= x^2y - 1 + 2\arctan\sqrt{x+y} - 2\arctan\sqrt{2}$$

从而方程的通解为 $x^2y + 2\arctan\sqrt{x+y} = c$.

41．一质量为 m 的物体，在黏性液体中由静止自由下落，假设液体阻力与运动速度成正比，试求物体运动的规律.

解：取物体下落的那条垂直线为 Ox 轴，且 $x(0)=0$ ，$v_0=\dfrac{\mathrm{d}x}{\mathrm{d}t}\Big|_{t=0}=0$ ，由牛顿第二定律得

$m\dfrac{\mathrm{d}v}{\mathrm{d}t}=mg-kv$ （ k 为比例常数），分离变量得 $\dfrac{m\mathrm{d}v}{mg-kv}=\mathrm{d}t$ ，积分得 $\displaystyle\int_0^v\dfrac{m\mathrm{d}v}{mg-kv}=\int_0^t\mathrm{d}t$ ，即

$-\dfrac{m}{k}\ln\left(1-\dfrac{kv}{mg}\right)=t$ ，得 $v=\dfrac{mg}{k}\left(1-\mathrm{e}^{-\frac{k}{m}t}\right)$ ，因 $v=\dfrac{\mathrm{d}x}{\mathrm{d}t}$ ，所以 $\dfrac{\mathrm{d}x}{\mathrm{d}t}=\dfrac{mg}{k}\left(1-\mathrm{e}^{-\frac{k}{m}t}\right)$.

当 $t=0$ 时，$x=0$ ，于是 $\displaystyle\int_0^x\mathrm{d}x=\int_0^t\dfrac{mg}{k}\left(1-\mathrm{e}^{-\frac{k}{m}t}\right)\mathrm{d}t$ ，即 $x=\dfrac{mg}{k}t+\dfrac{m^2g}{k^2}\left(\mathrm{e}^{-\frac{k}{m}t}-1\right)$.

42．一质点的加速度为 $a=5\cos 2t-9S$.

（1）若该质点在原点处由静止出发，求其运动方程及此质点离原点所达到的最大距离.

（2）若该质点由原点出发，其速度为 $v=6$ ，求其运动方程.

解：质点运动满足的微分方程是 $S''=5\cos 2t-9S$ ，特征方程为 $r^2+9=0$ ，$r_1,r_2=\pm 3\mathrm{i}$ ，故 $S=c_1\cos 3t+c_2\sin 3t$ ．设 $S^*=a\cos 2t+b\sin 2t$ ，代入方程得 $a=1$ ，$b=0$ ，故 $S^*=\cos 2t$ ，从而 $S=c_1\cos 3t+c_2\sin 3t+\cos 2t$.

（1）此时运动的初始条件为 $S(0)=0$ ，$S'(0)=0$ ，代入通解知 $c_1=-1$ ，$c_2=0$ ，故此时质点运动方程为 $S=\cos 2t-\cos 3t$ ，显然 $S_{\max}=2$ （ $t=\pi$ 时）.

（2）此时运动的初始条件为 $S(0)=0$ ，$S'(0)=6$ ，代入通解知 $c_1=-1$ ，$c_2=2$ ，故此时运动方程为 $S=\cos 2t-\cos 3t+2\sin 3t$.

43．求曲线族，使它在 Ox 轴上点 $(a,0),(x,0)$ 与曲线上的点 $A(a,f(a)),B(x,f(x))$ 之间的曲边梯形的面积和弧长成比例.

解：设曲线为 $y=f(x)$ ，据题意有

$$\int_0^x f(t)\mathrm{d}t=k\int_0^x\sqrt{1+[f'(t)]^2}\,\mathrm{d}t$$

两端求导得 $f(x)=k\sqrt{1+[f'(x)]^2}$ ，即 $y^2=k^2(1+y'^2)$ ，$\dfrac{\mathrm{d}y}{\mathrm{d}x}=\pm\dfrac{1}{k}\sqrt{y^2-k^2}$ ，分离变量后积分得

$$\ln|y+\sqrt{y^2-k^2}|=\pm\dfrac{x}{k}+c$$

44．设 L 是一条平面曲线，其上任意一点 $P(x,y)(x>0)$ ，到坐标原点的距离恒等于该点处的切线在 y 轴上的截距，且 L 经过点 $\left(\dfrac{1}{2},0\right)$ ，试求曲线 L 的方程.

解：设曲线 L 过点 $P(x,y)$ 的切线方程为 $Y-y=y'(X-x)$ ，令 $X=0$ ，则得该切线在 y 轴上的截距为 $y-xy'$ ，由题设知

$$\sqrt{x^2+y^2}=y-xy'$$

令 $u=\dfrac{y}{x}$ ，则此方程可转化为

$$\dfrac{\mathrm{d}u}{\sqrt{1+u^2}}=-\dfrac{\mathrm{d}x}{x}$$

解得

$$y + \sqrt{x^2 + y^2} = c$$

由 L 经过点 $\left(\dfrac{1}{2}, 0\right)$ 知 $c = \dfrac{1}{2}$，于是 L 方程为 $y + \sqrt{x^2 + y^2} = \dfrac{1}{2}$，即 $y = \dfrac{1}{4} - x^2$.

45. 设函数 $f(x), g(x)$ 满足 $f'(x) = g(x)$，$g'(x) = 2e^x - f(x)$，且 $f(0) = 0$，$g(0) = 2$，求
$\displaystyle\int_0^\pi \left[\dfrac{g(x)}{1+x} - \dfrac{f(x)}{(1+x)^2} \right] dx$.

解：由 $f'(x) = g(x)$ 得 $f''(x) = g'(x) = 2e^x - f(x)$，于是得

$$\begin{cases} f''(x) + f(x) = 2e^x \\ f(0) = 0, f'(0) = 2 \end{cases}$$

特解为

$$f(x) = \sin x - \cos x + e^x$$

$$\int_0^\pi \left[\frac{g(x)}{1+x} - \frac{f(x)}{(1+x)^2} \right] dx = \int_0^\pi \frac{g(x)(1+x) - f(x)}{(1+x)^2} dx$$

$$= \int_0^\pi \frac{f'(x)(1+x) - f(x)}{(1+x)^2} dx = \int_0^\pi d\left(\frac{f(x)}{1+x} \right) = \left. \frac{f(x)}{1+x} \right|_0^\pi$$

$$= \frac{f(\pi)}{1+\pi} - f(0) = \frac{\sin \pi - \cos \pi + e^\pi}{1+\pi} - \sin 0 + \cos 0 - e^0$$

$$= \frac{1 + e^\pi}{1+\pi}$$

46. 求下列微分方程组的通解.

（1）$\begin{cases} \dfrac{dx}{dt} = -2y \\ \dfrac{dy}{dt} = -2x \end{cases}$

解：对第一个方程微分并将其代入第二个方程，得 $\dfrac{d^2 x}{dt^2} - 4x = 0$，解得 $x = c_1 e^{2t} + c_2 e^{-2t}$，于是 $y = -\dfrac{1}{2} \dfrac{dx}{dt} = -c_1 e^{2t} + c_2 e^{-2t}$.

原方程组的通解为

$$\begin{cases} x = c_1 e^{2t} + c_2 e^{-2t} \\ y = -c_1 e^{2t} + c_2 e^{-2t} \end{cases}$$

（2）$\begin{cases} \dfrac{dx}{dt} = x + y \\ \dfrac{dy}{dt} = x - y \end{cases}$

解：将第一个方程对 t 求导，得 $\dfrac{\mathrm{d}^2 x}{\mathrm{d}t^2} = \dfrac{\mathrm{d}x}{\mathrm{d}t} + \dfrac{\mathrm{d}y}{\mathrm{d}t}$，将方程组中两个方程相加，得 $\dfrac{\mathrm{d}x}{\mathrm{d}t} + \dfrac{\mathrm{d}y}{\mathrm{d}t} = 2x$，

于是得 $\dfrac{\mathrm{d}^2 x}{\mathrm{d}t^2} = 2x$，通解为 $x = c_1 \mathrm{e}^{\sqrt{2}t} + c_2 \mathrm{e}^{-\sqrt{2}t}$，代入原方程组中第一个方程，得

$$y = \frac{\mathrm{d}x}{\mathrm{d}t} - x = c_1(\sqrt{2}-1)\mathrm{e}^{\sqrt{2}t} - c_2(\sqrt{2}+1)\mathrm{e}^{-\sqrt{2}t}$$

原方程组的通解为

$$\begin{cases} x = c_1 \mathrm{e}^{\sqrt{2}t} + c_2 \mathrm{e}^{-\sqrt{2}t} \\ y = c_1(\sqrt{2}-1)\mathrm{e}^{\sqrt{2}t} - c_2(\sqrt{2}+1)\mathrm{e}^{-\sqrt{2}t} \end{cases}$$